浙江大学魏绍相计算机教材建设基金资助
高等院校计算机专业课程综合实验系列规划教材

操作系统课程设计

李善平　季江民　尹康凯　编著

蒋宗礼　主审

浙江大学出版社

图书在版编目（CIP）数据

操作系统课程设计／李善平，季江民，尹康凯编著.
杭州：浙江大学出版社，2009.6
（高等院校计算机专业课程综合实验系列规划教材）
ISBN 978-7-308-06798-0

Ⅰ．操… Ⅱ．①李…②季…③尹… Ⅲ．操作系统－课程设计－高等学校－教学参考资料 Ⅳ．TP316

中国版本图书馆 CIP 数据核字（2009）第 083026 号

操作系统课程设计
李善平　季江民　尹康凯　编著
蒋宗礼　主审

丛书主编	何钦铭　陈根才
策　划	黄娟琴　希　言
责任编辑	黄娟琴
封面设计	陈　辉
出版发行	浙江大学出版社
	（杭州天目山路148号　邮政编码310028）
	（网址：http://www.zjupress.com）
排　版	杭州中大图文设计有限公司
印　刷	临安市曙光印务有限公司
开　本	787mm×1092mm　1/16
印　张	21.25
字　数	504 千
版印次	2009 年 6 月第 1 版　2009 年 6 月第 1 次印刷
印　数	0001—3000
书　号	ISBN 978-7-308-06798-0
定　价	38.00 元

版权所有　翻印必究　印装差错　负责调换
浙江大学出版社发行部邮购电话（0571）88925591

序　言

近 10 多年来，以计算机和通信技术为代表的信息技术迅猛发展，并已深入渗透到国民经济与社会发展的各个领域。信息技术成为国家产业结构调整和推动国民经济与社会快速发展的最重要的支撑技术。与此同时，深入掌握计算机专业知识、具有良好系统设计与分析能力的计算机高级专业人才在社会上深受欢迎。

计算机科学与技术是一门实践性很强的学科。良好的系统设计和分析能力的培养需要通过长期、系统的训练（包括理论和实践两方面）才能获得。高等学校的实践教学一般包括课程实验、综合性设计（课程设计）、课外科技活动、社会实践、毕业设计等，基本上可以分为三个层次：第一，是紧扣课堂教学内容，以掌握和巩固课程教学内容为主的课程实验和综合性设计；第二，是以社会体验和科学研究体验为主的社会实践和课外科技活动；第三，是以综合应用专业知识和全面检验专业知识应用能力的毕业设计。课程实践（含课程实验和课程设计）是大学教育中最重要也最基础的实践环节，直接影响后继课程的学习以及后继实践的质量。由于课程设计是以培养学生的系统设计与分析能力为目标，通过团队式合作、研究式分析、工程化设计完成较大型系统或软件的设计题目，因此课程设计不仅有利于学生巩固、提高和融合所学的专业课程知识，更重要的是能够培养学生多方面的能力，如综合设计能力、动手能力、文献检索能力、团队合作能力、工程化能力、研究性学习能力、创新能力等。

浙江大学计算机学院在专业课程中实施课程设计（project）已有 10 多年的历史，积累了丰富的经验和资料。为全面总结专业课程设计建设的经验，推广建设成果，我们特别组织相关课程的骨干任课教师编写了这套综合实验系列教材。本系列教材的作者们不仅具有丰富的教学和科研经验，而且是浙江大学计算机学院和软件学院的教学核心力量。这支队伍目前已经获得了两门国家精品课程以及四门省部级精品课程，出版了几十部教材。

本套教材由《C 程序设计基础课程设计》、《软件工程课程设计》、《数据结构课程设计》、《数值分析课程设计》、《编译原理课程设计》、《逻辑与计算机设计基础实验与课程设计》、《操作系统课程设计》、《数据库课程设计》、《Java 程序设计课程设计》、《面向对象程序设计课程设计》、《计算机组成课程设计》、《计算机体系结构课程设计》和《计算机图形学课程设计》等十三门课程的综合实验教材所组成。该系列教材构思新颖、案例丰富，许多案例直接取材于作者多年教学、科研以及企业工程经验的积累，适用于作为计算机以及相关专业课程设计的实验教材；也适用于对计算机有浓厚兴趣的专业人士进一步提升计算机的系统设计与分析能力。从实践的角度出发，大部分教材配备了随书光盘，以方便读者练习。

可以说，本套教材涵盖了计算机专业绝大部分必修课程和部分选修课程，是一套比较完整的专业课程设计系列教材，也是国内第一套由研究型大学计算机学院独立组织编写的专业课程设计系列教材。鉴于书中难免存在的谬误之处，敬请读者指正，以便不断完善。

主编　何钦铭、陈根才
2007 年 6 月于求是园

前　言

学习计算机专业知识必须动手实践。

那么学习操作系统怎么实践呢？我们近年来承担了浙江大学计算机科学与技术学院及软件学院操作系统类课程的教学，更需认真思考、回答这个问题了。

首先面临的问题是如何选择实验对象和环境。Linux 操作系统内核是一个较好的选择。其强大的生命力源自其开放的源代码。我们在 Linux 内核分析方面小有积累，也编写了几本教材。2006 年，我们的"操作系统"课程被评为国家精品课程。

我们自己在学习 Linux 过程中，耗费了许多精力和时间搜集资料，又耗费了许多精力和时间分析、整理这些资料。我们开设了一个网站（http://os.zju.edu.cn）作为交流平台，还需要投入更大精力，特别希望集众人之力，使它不断丰富，发挥更大的作用。

本书介绍了 Linux 操作系统机制，分析了部分 Linux 内核代码，并列出了操作系统针对性的实验；从 Linux 操作系统环境、系统调用、定时器、内核模块、进程调度、虚拟存储、文件系统，循序渐进到 Linux 内核的改动。Linux 操作系统环境使用放在本书的附录中，对于没有学习过 Linux 操作系统命令的读者来说，需要掌握这方面的知识。

另一方面，我们本身也是程序员，对程序设计过程中的"创造性"有一定的体会。建议读者在使用本书时，大可不必循规蹈矩，读者可以用自己的思路学习 Linux 内核，这样既学到 Linux 源程序本身，更学到程序的"灵魂"。

本书是操作系统课程的实验教材，适合计算机及相关专业的本科生使用。所以，在书的编排上由浅入深，也自成单元。根据我们的经验，按照本书章节的顺序做实验是比较合适的。

全书由李善平、季江民、尹康凯共同编写，阅读后敬请读者提出宝贵意见。作者邮箱：jijm@cs.zju.edu.cn。

作　者
2009 年 3 月

目 录

第1章　操作系统课程设计概要	1
1.1　课程设计目的	1
1.2　课程设计实验报告基本要求	2
1.3　课程设计实验报告样例	2
第2章　Linux 操作系统环境	5
第3章　编译 Linux 内核	12
3.1　Linux 内核基础	12
3.1.1　Linux 源程序的目录分布	13
3.1.2　kernel 目录	14
3.1.3　mm 目录	15
3.1.4　fs 目录	15
3.1.5　arch 目录	16
3.1.6　include 目录	16
3.1.7　net 目录	16
3.2　实验　编译 Linux 内核	16
3.2.1　下载内核源代码	17
3.2.2　部署内核源代码	17
3.2.3　配置内核	17
3.2.4　编译内核和模块	18
3.2.5　启动 Linux 内核	19
3.2.6　应用 grub 配置启动文件	21
第4章　系统调用	23
4.1　系统调用基础知识	23
4.1.1　一个使用系统调用的例子	23
4.1.2　系统调用是什么	24
4.1.3　为什么需要系统调用	24
4.2　Linux 系统调用实现机制分析	25

  4.2.1 entry.S 汇编文件 ………………………………………………………… 25

  4.2.2 traps.c(arch/i386/kernel/traps.c)文件 …………………………… 32

  4.2.3 系统调用中普通参数的传递及 unistd.h ………………………………… 33

  4.2.4 getuid()系统调用的实现 ……………………………………………… 41

 4.3 实验1 添加一个简单系统调用 ……………………………………………… 43

 4.4 实验2 添加一个更复杂的系统调用 …………………………………………… 45

第5章 进程管理 ……………………………………………………………………… 49

 5.1 Linux 进程 ………………………………………………………………………… 49

  5.1.1 进程是什么 ……………………………………………………………… 49

  5.1.2 Linux 进程控制块 ……………………………………………………… 50

 5.2 Linux 进程创建及分析 …………………………………………………………… 65

  5.2.1 第一个进程 ……………………………………………………………… 65

  5.2.2 fork、clone、kernel_thread ……………………………………………… 69

  5.2.3 exec 装载与执行进程 …………………………………………………… 84

  5.2.4 Linux 中的线程 ………………………………………………………… 88

 5.3 实验1 分析系统调用 sys_exit 函数 ………………………………………… 89

 5.4 实验2 用 fork() 创建子进程 ……………………………………………… 90

 5.5 实验3 用 clone() 创建子进程 …………………………………………… 91

第6章 /proc 文件系统 ………………………………………………………………… 95

 6.1 /proc 文件系统的介绍 …………………………………………………………… 95

  6.1.1 系统信息 ………………………………………………………………… 97

  6.1.2 进程信息 ………………………………………………………………… 99

 6.2 /proc 文件系统的使用 ………………………………………………………… 100

  6.2.1 创建与删除 proc 文件 ………………………………………………… 101

  6.2.2 读写 proc 文件 ………………………………………………………… 103

 6.3 /proc 文件系统分析 …………………………………………………………… 105

  6.3.1 /proc 文件数据结构定义 ……………………………………………… 105

  6.3.2 /proc 下文件的创建和删除 …………………………………………… 108

  6.3.3 /proc 下超级块和索引节点的操作 …………………………………… 112

  6.3.4 /proc 文件系统初始化 ………………………………………………… 115

 6.4 实验1 分析/proc 文件系统初始化 ………………………………………… 115

 6.5 实验2 /proc 文件系统的一个简单应用 …………………………………… 116

第7章 内核模块 …………………………………………………………………… 121

 7.1 什么是内核模块 ………………………………………………………………… 121

 7.2 内核模块实现机制 ……………………………………………………………… 123

  7.2.1 内核模块和应用程序的比较 …………………………………………… 123

目录

- 7.2.2 内核符号表 ... 124
- 7.2.3 模块依赖 ... 124
- 7.2.4 内核代码分析 ... 124
- 7.3 如何使用内核模块 ... 132
  - 7.3.1 模块的加载 ... 132
  - 7.3.2 模块的卸载 ... 132
  - 7.3.3 模块实用程序 modutils ... 133
- 7.4 实验1 编写一个简单的内核模块 ... 134
- 7.5 实验2 多文件内核模块的实现 ... 135

第8章 虚拟内存管理 ... 141

- 8.1 Linux 虚拟内存管理 ... 141
  - 8.1.1 虚拟内存的抽象模型 ... 141
  - 8.1.2 Linux 的分页管理 ... 143
  - 8.1.3 虚存段(vma)的组织和管理 ... 146
  - 8.1.4 页面分配与回收 ... 150
- 8.2 实验1 统计系统缺页次数 ... 167
- 8.3 实验2 统计一段时间内系统缺页次数 ... 171

第9章 时钟与定时器 ... 176

- 9.1 时钟和定时器介绍 ... 176
  - 9.1.1 系统时钟 ... 177
  - 9.1.2 定时器 ... 177
  - 9.1.3 bottom half ... 178
- 9.2 Linux 系统时钟 ... 179
  - 9.2.1 系统时钟的正常运行 ... 180
  - 9.2.2 系统时钟的设置和调整 ... 187
- 9.3 Linux 系统定时器 ... 194
  - 9.3.1 定时器的实现机制 ... 194
  - 9.3.2 定时器具体实现 ... 195
- 9.4 实验1 一个简单的定时器的实现 ... 204
- 9.5 实验2 统计进程的时间 ... 206

第10章 文件系统 ... 212

- 10.1 Linux 文件系统概念 ... 212
- 10.2 VFS 文件系统分析 ... 213
  - 10.2.1 什么是 VFS 文件系统 ... 213
  - 10.2.2 为什么需要 VFS ... 214
  - 10.2.3 VFS 文件系统的结构 ... 214

  10.2.4 进程与文件的关系……229
  10.2.5 文件系统的安装（mount）……231
  10.2.6 路径的定位和查找……238
 10.3 ext2 文件系统……245
  10.3.1 ext2 体系结构……246
  10.3.2 ext2 的关键数据结构……247
  10.3.3 ext2 的操作实现……251
  10.3.4 ext2 数据块分配机制……252
 10.4 文件操作分析……253
  10.4.1 open 操作……253
  10.4.2 read 操作……255
  10.4.3 ext2 的 read、write 操作……258
 10.5 实验1 分析 close 和 write 操作……263
 10.6 实验2 添加一个文件系统……263
附录 Linux 操作系统环境……278
参考文献……327

第 1 章
操作系统课程设计概要

1.1 课程设计目的

操作系统是计算机科学与技术领域中最为活跃的学科之一,因而操作系统课程也自然是计算机专业的一门核心专业基础课。操作系统课程内容综合了基础理论教学、课程实践教学、最新技术追踪等多项内容。但由于操作系统的高度复杂性,使得它成为专业课中最难学的课程之一。

通过对操作系统原理的学习,要求理解操作系统在计算机系统中的作用、地位和特点,熟练掌握和运用操作系统在进行计算机软硬件资源管理和调度时常用的概念、方法、策略、算法、手段等。

操作系统课程概念多、内容广、难度大,抽象强。因此,操作系统课程的学习面临这样一些难题:如何形象化地学习和理解抽象的操作系统概念及原理,如何紧跟飞速发展的操作系统技术。为了解决这些问题,我们认为不但要学好操作系统原理,还要加强操作系统实验。操作系统实验可帮助学生理论联系实际,巩固和复习所学过的操作系统概念与原理;也增强学生的实践能力,培养学生的动手能力,提高学生综合分析问题和解决问题的能力。

Linux 是目前常用的流行操作系统之一,其最大的特点是开放源代码。使用 Linux 操作系统和分析 Linux 内核代码是学习操作系统课程的很好选择。通过对 Linux 操作系统内核源代码的分析和实践,可以帮助学生对操作系统的用户界面和编程界面、体系结构、各组成部分的实现技术等,有更深入的整体认识;帮助学生进一步掌握操作系统原理。

Linux 内核的学习可以分两个阶段:在 Linux 内核分析阶段,通过阅读 Linux 内核源代码,改变部分内核源程序,改变系统行为,从而学习操作系统各个组成部分的实现机理,巩固操作系统原理知识。在 Linux 内核改进阶段,通过深入、综合分析 Linux 操作系统的实现机理,通过一定规模的源代码重写,使 Linux 系统功能或行为产生实质性变化,这个阶段可以锻炼学生综合知识运用的能力。

本书第 2 章为 Linux 操作系统环境实验,对于已经掌握 Linux 命令行界面各种命令使用的学生,可以跳过这个实验。对于本书第 3~10 章内容,每章可以安排 1~2 个实验。

在实验过程中,要深入 Linux 内核,分析源代码,了解它的工作原理。学生可以自主设计实验方案,编制实验步骤,整理实验结果,并且反映到实验报告中。

1.2　课程设计实验报告基本要求

本课程主要有两类实验,第一类是 Linux 操作系统环境和内核代码分析;第二类是在 Linux 环境下,通过修改内核、编译内核、编写用户态程序,来完成实验。每完成一个实验,要提交一个按照规范撰写的实验报告。

对于第一类实验,只要在实验报告中写出操作结果或内核代码的分析结果。

对于第二类实验,在实验报告中,要求写出实验方法和步骤、提交源程序、实验过程中的屏幕截图和运行结果等。在实验报告的"实验结果和分析"部分,要分析实验的最终结果,分析实验中产生异常的原因。在 Linux 内核实验中,会出现各种各样的问题。这些问题是怎样产生的,又是如何解决的,都可以写进实验报告的"讨论和心得"部分。

1.3　课程设计实验报告样例

操作系统课程设计实验报告

实验名称：<u>重建 Linux 内核</u>　　实验类型：<u>综合型</u>
学生姓名：<u>张布尔</u>　　专业：<u>计算机科学与技术</u>　　学号：<u>106018001</u>
指导老师：<u>李老师</u>　　实验日期：<u>2008 年 9 月 21 日</u>

一、实验目的

学习重新编译 Linux 内核,理解、掌握 Linux 内核和发行版本的区别。

二、实验内容

重新编译内核。要求在 RedHat Fedora Core 5 的 Linux 系统里,下载并重新编译其内核源代码;然后配置 GNU 的启动引导工具 grub,成功运行刚刚编译的 Linux 内核。

三、操作方法和实验步骤

1. 查找并且下载一份内核源代码
在 Linux 的官方网站:www.kernel.org,下载内核版本。
……
2. 部署内核源代码
将压缩包移到主目录下：
mv linux－2.6.17.tgz ~
进入主目录：
cd ~
解开 rpm 包

tar zxvf linux - 2.6.17.tgz

解压出来的是 linux - 2.6.17 目录，目录里是 2.6.17 的内核源代码目录树。

……

3. 配置内核

在编译内核前，一般来说都需要对内核进行相应的配置，配置可以精确控制新内核功能。配置过程也控制哪些需编译到内核的二进制映像中（在启动时被载入），哪些是需要时才装入的内核模块（module）。

……

4. 编译内核和模块

用 make 工具编译内核：

#make

……

5. 应用 grub 配置启动文件

编辑 /boot/grub/grub.conf 文件，修改系统引导配置。使用 vi 编辑工具：

vi /boot/grub/grub.conf

……

四、实验结果和分析

解压内核压缩包，如图 1.1 所示。

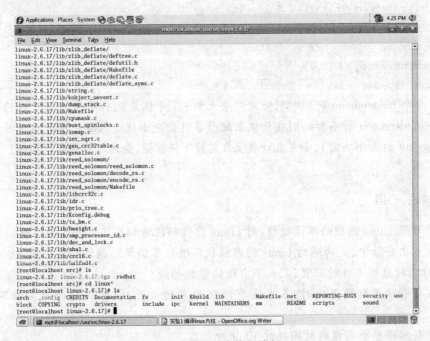

图 1.1 解压内核压缩包

……

grub.conf 文件内容如下：

```
# grub.conf generated by anaconda
#
# Note that you do not have to rerun grub after making changes to this file
# NOTICE:  You do not have a /boot partition.  This means that
#          all kernel and initrd paths are relative to /, eg.
#          root (hd0,5)
#          kernel /boot/vmlinuz-version ro root=/dev/hda6
#          initrd /boot/initrd-version.img
#boot=/dev/hda
default=2
timeout=10
splashimage=(hd0,5)/boot/grub/splash.xpm.gz
hiddenmenu
title Fedora Core (2.6.17)
    root (hd0,5)
    kernel /boot/vmlinuz-2.6.17 ro root=LABEL=/ rhgb quiet
    initrd /boot/initrd-2.6.17.img

title Fedora Core (2.6.15-1.2054_FC5)
    root (hd0,5)
    kernel /boot/vmlinuz-2.6.15-1.2054_FC5 ro root=LABEL=/ rhgb quiet
    initrd /boot/initrd-2.6.15-1.2054_FC5.img

title win_xp
    rootnoverify (hd0,0)
    chainloader +1
```

若在命令 hiddenmenu 前加#，则使此命令无效，在开机系统引导时直接进入选择界面。若在命令 hiddenmenu 前不加#，则在开机系统引导时会先出现进入默认系统的延时计数(计数值由 timeout 的大小决定)，如果在计数至 0 前按下任意键，会进入系统选择界面。
……

五、讨论、心得

1. 学习了 Linux 内核的编译过程，对 Linux 源代码的结构有了进一步的了解。
2. 在本次实验中，成功地对 Linux 的内核代码进行了编译。通过配置内核，选择加载模块；通过对内核启动文件的配置，完成了内核的替换功能。
3. 在重新配置内核模块时，基本没有修改原来的设置，以保证后面的实验不会出大差错。
4. 重新编译整个内核的时间耗时 40 分钟左右。
5. 一般来说，编译完内核后不用 make clean 命令，下次编译时时间会更快。
……

第 2 章

Linux 操作系统环境

【实验目的】
- 掌握 Linux 常用的命令。
- 掌握 Linux 环境下的一些编程工具。

【实验内容】

(1) 使用 man 和 info 命令来获得每个 Linux 命令的帮助手册,用 man ls,man passwd,info pwd 命令得到 ls、passwd、pwd 三个命令的帮助手册;也可以使用:命令名 -- help 格式来显示该命令的帮助信息,如 who -- help。通过 Linux 的 man、info 命令查找得到下面的 shell 命令、系统调用和库函数功能描述及每个命令使用例子,填写表 2.1。

表 2.1 Linux 常用命令

命令	命令功能的简要描述	实例
ls		
who		
mkdir		
cp		
cd		
pwd		
open		
read		
write		
pipe		
socket		
printf		

(2) 使用 whoami 命令找到用户名。使用下面的命令显示计算机系统信息:uname(显示操作系统的名称),uname -n(显示系统域名),uname -p(显示系统的 CPU 名称)。

① 你的用户名是什么?
② 你的操作系统名字是什么?
③ 你的计算机系统的域名是什么?

④你的计算机系统的 CPU 名字是什么?

(3)在你的主目录下建立如图 2.1 所示的目录树。给出完成这项工作的所有会话(会话是指你的命令的输入和结果的输出,你提交的实验报告应包含这些内容)。

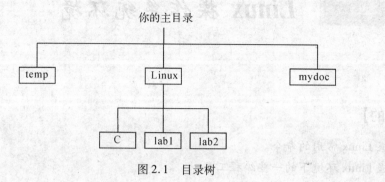

图 2.1 目录树

(4)通过(3)所建立的目录树,在主目录下,执行 cd Linux/lab1 命令,回答下列问题:
①你的主目录的绝对路径是什么?给出获得该绝对路径的命令及命令输出。
②给出 lab1 目录的两个相对路径。
③给出获得你的主目录的 3 个不同命令。

(5)Linux 系统规定,隐含文件是首字符为"."的文件,如.profile。在你的系统中查找.bash_profile 和.bash_logout 文件,它们在什么地方,给出这两个文件的部分内容。

(6)下面这些目录的 inode 号是多少:root、你的主目录(home directory)、~/temp、~/mydoc 和 ~/Linux/lab? 写出会话过程。

(7)在 lab1 目录下,用文本编辑器创建一个名字为 lab 的文件,文件的内容为:"Use a text editor to create a file called lab1 under the labs directory in your directory hierarchy. The file should contain the text of this problem."回答下列问题:
①lab 文件的类型,用 Linux 命令回答这个问题,给出会话过程。
②lab 文件内容的类型,用 Linux 命令回答这个问题,给出会话过程。

(8)在 Linux 系统中,头文件以.h 为扩展名。在/usr/include 目录中,显示所有以 t 字母开头的头文件的名字,给出会话过程。

(9)创建几个大小不等的文本文件,供本实验和后面几个实验用。用 man cat > mediumFile 命令创建中等大小的文件;用 man bash > largeFile 命令创建一个大文件;再创建一个名字为 smallFile 关于学生数据的小文件,文件每行内容如下,第一行为各自段的含义,注意字段之间用 tab 符隔开。

FirstName	LastName	Major	GPA	Email	Phone
Al	Davis	CS	2.63	davis@a.lakers.org	41.222.2222
Ahmad	Rashid	MBA	3.04	ahmad@mba.org	41.222.4444
Sam	Chu	ECE	3.68	chu@sam.ab.com	41.222.5555
Arun	Roy	SS	3.86	roy@ss.arts.edu	41.222.8888
Rick	Marsh	CS	2.34	marsh@a.b.org	41.222.6666
Nabeel	Ali	EE	3.56	ali@ee.eng.edu	41.41.8888

Tom	Nelson	ECE	3.81	nelson@ tn.abc.org	41.41.6666
Pat	King	SS	3.77	king@ pk.xyz.org	41.41.7777
Jake	Zulu	CS	3.00	zulu@ jz.sa.org	41.41.9999
John	Lee	EE	3.64	jlee@ j.lee.com	41.41.2222
Sunil	Raj	ECE	3.86	raj@ sr.cs.edu	41.41.3333
Charles	Right	EECS	3.31	right@ cr.abc.edu	41.41.4444
Aziz	Inan	EECS	3.75	ainan@ ai.abc.edu	41.41.44

(10)使用 cat 和 nl 命令显示 smallFile 文件内容并显示行号,两个命令的输出应该完全相同。给出完成这项任务的命令。

(11)本实验目的是观察使用带 -f 选项的 tail 命令及学习如何使用 gcc 编译器,并观察进程运行。请查找下面源程序中函数(或系统调用)的功能。首先复制 smallFile 文件,文件名为 dataFile;然后创建一个文件名为 lab6.c 的 C 语言文件,内容如下:

```c
#include <stdio.h>
main()
{
    int i;
    i = 0;
    sleep(10);
    while (i < 5) {
        system("date");
        sleep(5);
        i++;
    }
    while (1) {
        system("date");
        sleep(10);
    }
}
```

在 shell 提示符下,依次运行下列 3 个命令:

```
$ gcc -o generate lab6.c
$ ./generate >> dataFile &
$ tail -f dataFile
```

①第一个命令生成一个 C 语言的可执行文件,文件名为 generate。
②第二个命令是每隔 5 秒和 10 秒把 date 命令的输出追加到 dataFile 文件中,这个命令为后台执行,注意在后台执行的命令尾部加上 & 字符。
③最后一个命令 tail -f dataFile,显示 dataFile 文件的当前内容和新追加的数据。
在输入 tail -f 命令 1 分钟左右后,按 <Ctrl> + <C> 终止 tail 程序。用 kill -9 pid 命令终止 generate 后台进程的执行。
最后用 tail dataFile 命令显示文件追加的内容。给出这些过程的会话。

提示:pid 是执行 generate 程序的进程号;使用 generate >> dataFile & 命令后,屏幕打印后台进程作业号和进程号,其中第一个字段方括号内的数字为作业号,第二个数字为进程号;也可以用 kill -9 %job 终止 generate 后台进程,job 为作业号。

(12)我们已在前面把 dataFile 文件复制为 smallFile 文件的拷贝。用 ls -l 命令观察这两个文件的修改时间是否一样。它们是不同的,dataFile 文件的修改时间应该是这个文件的创建时间。那么,什么命令能够保留这个修改时间不变呢?这两个文件的 inode 号是多少?把文件名 dataFile 改成(移动)newDataFile,文件 newDataFile 的 inode 是多少?与 dataFile 文件的 inode 号是否相同,若相同,为什么?再把文件 newDataFile 移动到/tmp 目录下,文件/tmp/newDataFile 的 inode 号是多少?比较结果如何,为什么?给出完成上述工作的会话过程。

(13)在屏幕上显示文件 smallFile、mediumFile、largeFile 和/tmp/newDataFile 的字节数、字数和行数。smallFile 和/tmp/newDataFile 文件应该是相同的。你能用其他命令给出这些文件的字节数的大小吗?什么命令?给出会话过程。

(14)在你的系统中有文件或目录分别是:/ 、/etc/passwd 、/bin/df 、~ 、~/.bash_profile。用长列表格式显示这些文件或目录,并填写表 2.2。

表 2.2 你的系统中的文件或目录

文件	文件类型	存取权限	链接数	所有者	组	文件大小
/						
/etc/passwd						
/bin/df						
~						
~/.bash_profile						

(15)在主目录的 temp、Linux 和 mydoc 三个子目录中,设置使自己(user)拥有读、写、执行3种访问权限,设置其他用户只有读和执行权限。在 ~/temp 目录下创建名为 d1、d2 和 d3 的目录。在 d1 目录下,用 touch 命令创建一个名为 f1 的空文件,给出 d1、d2、d3 和 f1 的访问权限。给出完成这些工作的会话。

(16)设置当前目录为你的主目录,再设置文件 ~/temp 仅有执行权限,然后执行 ls -ld temp,再执行 ls -l temp 命令。结果如何?成功执行 ls -l temp 命令需要的最小权限是什么?请设置 temp 目录的最小权限,然后再一次执行 ls -l temp 命令。给出这个过程的会话。注意:做这个实验不能使用 root 账户登录系统。

(17)在 ~/temp 目录下,把当前目录改变成 d2。创建一个名字为 newFile.hard,硬链接到 d1 目录下的 smallFile 文件。长列表格式显示 newFile.hard 文件,与 smallFile 文件的属性进行比较。如何确定 smallFile 和 smallFile.hard 是同一文件的两个名字,是链接数吗?给出你的会话过程。

(18)恢复/temp/d1/smallFile 文件。创建一个名字为 ~/temp/d2/smallFile.soft,软链接到 ~/temp/d1/smallFile 文件。长列表格式显示 smallFile.soft 文件,比较这两个文件的属性。如何确定 smallFile 和 smallFile.soft 是两个不同的文件?是这两个文件的大小吗?给出你的会话过程。

(19) 使用软链接文件 smallFile.soft 显示 smallFile 文件的内容,然后取消你本人对 smallFile 文件读(r)权限,再显示文件的内容,观察发生了什么?根据以上练习,能推断出什么?对 smallFile 文件增加读权限,再一次显示文件内容,发生了什么?最后作一个 smallFile 文件的备份,并删除 smallFile 文件,用 smallFile.soft 显示 smallFile 文件内容,又发生了什么?请解释练习过程中的现象。

(20) 搜索主目录,找到所有的 HTML 和 C 程序文件(文件有 .html、.htm 或 .c 扩展名),显示符合要求的文件路径和文件名。给出你的会话。

(21) 给出一条命令,在主目录下显示所有文件中包含字符串"LINUX"的文件名。

(22) 显示文件 midiumFile 和 largeFile 文件的大小。用 gzip 命令压缩文件 midiumFile 和 largeFile,压缩后的文件名字是什么?给出这两个文件压缩前后的大小及压缩率。如果系统中有 zmore 命令,使用这个命令显示压缩文件 midiumFile 的内容,最后再解压这两个文件。给出会话过程。

(23) 在进入系统时,有多少进程在运行?进程 init、bash、ps 的 PID 是多少?给出你得到这些信息的会话过程。

(24) Linux 系统中,进程可以在前台或后台运行。前台进程在运行结束前一直控制着终端。若干个命令用分号";"分隔形成一个命令行,用圆括号把多个命令挂起来,它们就在一个进程里执行。使用"&"符作为命令分隔符,命令将并发执行。可以在命令行末尾加"&"使之成为后台命令。请用一行命令实现以下功能:它一小时后在屏幕上显示文字"Time for Lunch!"来提醒你去吃午餐。给出会话过程。

(25) 写一命令行,使得 date、uname -a、who 和 ps 并发执行。给出会话过程。

(26) 写一命令行,先后执行 date、uname -a、who 和 ps 命令。后面 3 个命令的执行条件是:当只有前面一个命令执行成功后,才能执行后面一个命令。给出会话过程。

(27) 在前面建立 smallFile 文件包含学生信息记录。用一行命令实现按升序排序显示最前 5 个学生的记录,要求最高 GPA 学生的记录显示在前。给出你的会话过程。

(28) 用一行命令显示当前登录到系统中的用户的数量,给出命令和输出结果。计算命令 ls -l 的输出中的字符数、单词数和行数,并把它显示在显示器上,给出命令和输出结果。

(29) Makefile 文件中的每一行是描述文件间依赖关系的 make 规则。本实验是关于 Makefile 内容的,不需要在计算机上进行编程运行,只要书面回答下面这些问题。

对于下面的 Makefile 文件:

```
CC = gcc
OPTIONS = -O3 -o
OBJECTS = main.o stack.o misc.o
SOURCES = main.c stack.c misc.c
HEADERS = main.h stack.h misc.h
polish: main.c $(OPJECTS)
    $(CC) $(OPTIONS) power $(OBJECTS) -lm
main.o: main.c main.h misc.h
stack.o: stack.c stack.h misc.h
```

misc.o: misc.c misc.h

回答下列问题：
① 所有变量的名字是什么？
② 所有目标文件的名字是什么？
③ 每个目标的依赖文件是什么？
④ 生成每个目标文件所需执行的命令是什么？
⑤ 画出 Makefile 对应的依赖关系树。
⑥ 生成 main.o、stack.o 和 misc.o 时会执行哪些命令，为什么？

(30) 用编辑器创建 main.c、compute.c、input.c、compute.h、input.h 和 main.h 文件。下面是它们的内容。注意：compute.h 和 input.h 文件仅包含了 compute 和 input 函数的声明，但没有定义。定义部分是在 compute.c 和 input.c 文件中。main.c 包含的是两条显示给用户的提示信息。

```
$ cat compute.h
  /* compute 函数的声明原形 */
  double compute(double, double);
$ cat input.h
  /* input 函数的声明原形 */
  double input(char *);
$ cat main.h
  /* 声明用户提示 */
  #define PROMPT1 "请输入 x 的值:"
  #define PROMPT2 "请输入 y 的值:"
$ cat compute.c
  #include <math.h>
  #include <stdio.h>
  #include "compute.h"
  double compute(double x, double y)
  {   return (pow ((double)x,(double)y));}
$ cat input.c
  #include <stdio.h>
  #include "input.h"
  double input(char *s)
  {
      float x;
      printf("%s", s);
      scanf("%f", &x);
      return (x);
  }
$ cat main.c
  #include <stdio.h>
  #include "main.h"
```

```
#include "compute.h"
#include "input.h"

main()
{
    double x, y;
    printf("本程序从标准输入获取 x 和 y 的值并显示 x 的 y 次方.\n");
    x = input(PROMPT1);
    y = input(PROMPT2);
    printf("x 的 y 次方是:% 6.3f \n",compute(x,y));
}
```

为了得到可执行文件 power，我们必须首先从三个源文件编译得到目标文件，并把它们连接在一起。下面的命令将完成这一任务。注意：在生成可执行代码时不要忘了连接上数学库。

```
$ gcc -c main.c input.c compute.c
$ gcc main.o input.o compute.o -o power -lm
```

相应的 Makefile 文件是：

```
$ cat Makefile
power: main.o input.o compute.o
    gcc main.o input.o compute.o -o power -lm
main.o: main.c main.h input.h compute.h
    gcc -c main.c
input.o: input.c input.h
    gcc -c input.c
compute.o: compute.c compute.h
    gcc -c compute.c
```

① 创建上述三个源文件和相应头文件，用 gcc 编译器生成 power 可执行文件，并运行 power 程序。给出完成上述工作的步骤和程序运行结果。

② 创建 Makefile 文件，使用 make 命令，生成 power 可执行文件，并运行 power 程序。给出完成上述工作的步骤和程序运行结果。

具体的实验指导请参阅附录。

第 3 章
编译 Linux 内核

【实验目的】
- 学习怎样重新编译 Linux 内核。
- 理解、掌握 Linux 标准内核和发行版本内核的区别。

【实验内容】

本实验要求在 RedHat Fedora Core 5 的 Linux 系统里,下载并重新编译其内核源代码(版本号 KERNEL-2.6.15-1.2054);然后,配置 GNU 的启动引导工具 grub,成功运行你刚刚编译的 Linux 内核。

Linux 是当今流行的操作系统之一。由于其源码的开放性,现代操作系统设计的思想和技术能够不断运用于它的新版本中。因此,读懂并修改 Linux 内核源代码无疑是学习操作系统设计技术的有效方法。本章概要介绍 Linux 内核,以及查看系统运行状况的方法。首先介绍 Linux 内核的特点、源码结构和重新编译内核的方法,讲述如何通过 Linux 系统所提供的/proc 虚拟文件系统了解操作系统运行状况的方法,最后对 Linux 编程环境中的常用工具作一简单介绍。其间,我们将编程实现一个系统状况观察工具。

3.1 Linux 内核基础

Linux 是类 Unix 操作系统的一个分支,它最初由 Linus Torvalds 于 1991 年为基于 Intel 80386 的 IBM 兼容机开发的操作系统(Linus Torvards. JUST FOR FUN. ISBN 0-06-662072-4.2001)。在加入自由软件组织 GNU 后,经过 Internet 上全体开发者的共同努力,已成为能够支持各种体系结构(包括 Alpha、ARM、SPARC、Motorola、MC680x0、PowerPC、IBM System/390 等)的具有很大影响的操作系统。Linux 最大的优势在于它不是商业操作系统,其源代码受 GNU 通用公共许可证(GPL)的保护,是完全开放的,任何人都能下载。

通过学习 Linux,你可以体会到一个现代的操作系统是如何设计实现的。我们的目的就是指引你进入这个神秘的境地去探索操作系统的奥秘。

Linux 其实只是一个内核的标识,不同于我们平时所说的 RedHat Linux、Debian GNU/Linux 等发行版本,这些发行版本除了内核外,还包括了不同的外部应用程序,以方便用户使用和管理操作系统。内核(kernel)是操作系统的内部核心程序,它向外部提供了对计算机设备的核心管理调用。一般来讲,操作系统上运行的代码可以分成两部分:内核所在的地址空间称作内核空间;内核以外剩下的程序统称为外部管理程序,它们大部分用于对外围设备的管理和界面操作。外部管理程序与用户进程所占据的地址空间称为外部空间或者用户空间。通常,一个程序会跨越两个空间。当执行到内核空间的一段代码时,我们称程序处于内核态,而当程序执行到外部空间代码时,我们称程序处于用户态。

Linux 与大部分 Unix 内核一样是单内核体系结构(monolithic kernel)的,即它是由几个逻辑功能上不同的部分组合而成的大程序。与之对应的是微内核体系结构,这种内核只包括同步原语、简单的进程调度以及进程间通信机制等功能,其他像内存管理、设备驱动和系统调用功能是由在微内核之上的一些系统进程实现的。一般而言,微内核相对于单内核要慢,因为在操作系统各层间调用时的消息传递有一定消耗;但微内核有模块化、易于移植到其他体系结构以及占用内存比单一内核少等优点。Linux 使用"模块"(module)来有效弥补单一内核的缺点,同时避免了引入微内核而带来的性能损失。模块是在运行时能够被动态链接到内核的目标文件,一般用于诸如文件系统的实现、设备驱动程序等属于内核上层的功能代码。与微内核中的外层部分不同,模块不是一个独立的进程,而是与其他静态链接到内核的功能一样在内核模式下执行。

目前,2.6 版的 Linux 内核并不支持完全意义上的用户态线程。线程是同时执行的共享资源的程序段。线程之间可以共享地址空间、物理内存页面,甚至打开的设备和文件。这样,在线程间切换要比在进程间切换的开销少,大量使用线程可以使系统的效率得到提高。所以,线程在现代操作系统中得到广泛应用,但在 Linux 中使用线程却很少见到,只是在内核态中定期执行某些函数时才会用到线程的概念。在用户态中,Linux 通过另一种方法解释并实现 LWP(Light Weight Process)的机制。Linux 中认为线程就是共享上下文(context)的进程,并可以通过非标准的系统调用 clone() 等操作来处理。

早期的 Linux 内核为非抢占式的(non-preemptive)。也就是说,Linux 在特权级执行时不会任意改变执行流程。这样,许多 Linux 内核代码中可以对某些重要的数据结构进行修改而不加任何保护措施,因为内核不必担心被其他程序所抢占。然而这种便利是以牺牲并发性,从而牺牲功能、性能特点为代价的。因此,从 2.6 版本开始,Linux 内核支持抢占式(http://www.osdl.net/newsroom/press_releases/2003/2003_12_18_beaverton_2_6_new.html)。

另外,Linux 内核还支持对称多处理器(Symmetric Multi Processing,简称 SMP)结构。这样,任意处理器可以执行任意程序。但是,本书所讨论的内容大都基于单处理器结构。

Linux 符合 IEEE 的 POSIX(Portable Operating System Interface)标准,为用户程序提供了规范的应用编程接口(Application Programming Interface,简称 API)。用户程序大部分时间执行在用户态下,它们不能直接访问内核态的数据也不能直接对硬件进行操作(某些操作系统如 DOS 可以允许用户对硬件直接访问);而只能通过内核提供的标准编程接口即系统调用请求内核服务,并切换到内核态执行,当内核完成用户请求,再将用户程序返回到用户态。图 3.1 反映了 Linux 内核与用户进程及硬件之间的关系。

3.1.1 Linux 源程序的目录分布

Linux 的源代码被组织成树形结构,以 Linux 为根,其目录结构如图 3.2 所示。一般我们都将它安装在/usr/src/linux 目录下,当然也可以将它放在任意目录中(本书中所有代码

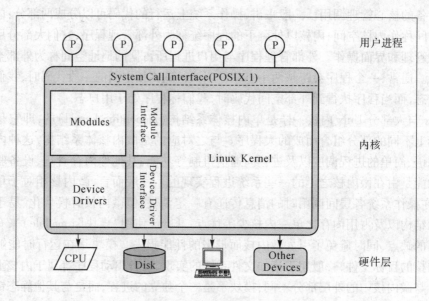

图 3.1　Linux 内核的结构

若未特别说明,均相对于/usr/src/linux 目录)。图 3.2 中显示了 Linux 目录下主要的目录和文件。内核的核心函数源码主要在 kernel 和 arch/<体系结构类型>/kernel 两个目录下,arch/<体系结构类型>目录下是与体系结构相关的代码,如一般使用的 Intel 80x86 体系结构,则<体系结构类型>就是 i386。

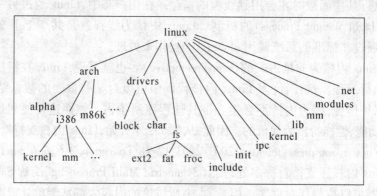

图 3.2　Linux 内核源代码目录结构

为方便阅读和分析 Linux 源代码,了解源程序层次结构中各目录、文件的分布情况,很有必要。

3.1.2　kernel 目录

kernel 目录下的文件和子目录,实现了大多数 Linux 系统的核心函数,其中最重要、最主要的文件当属 sched.c。sched.c 文件定义的函数有:
- 调度程序 schedule 及相关操作,这是该文件最主要的功能模块。
- 为每个 CPU 分别定义的就绪运行队列(runqueue)及相关操作。
- 等待队列及相关操作。

第 3 章　编译 Linux 内核

- 关于调度策略控制的 goodness、nice 等。
- 进程在 CPU 之间的迁移及相关操作。

关于进程控制的文件也位于此目录下。fork.c 文件定义创建、"克隆"子进程的函数 do_fork()。exit.c 文件定义结束自身进程的 do_exit(),各种 wait 操作,以及发送信号(signal)操作 send_sig。而 signal.c 文件中的函数都是关于信号控制的。

Linux 设计一种 module 机制。这种机制可以让诸如设备驱动程序等软件模块动态地连接到系统内核中。此外,该目录下还包含一些重要的文件,如:

- time.c:提供用户程序与系统之间关于时间的操作界面。
- resource.c:关于 I/O 端口资源(port)的管理。
- dma.c:关于 DMA 通道的管理。
- softirq.c:关于软中断、tasklet 的操作。
- itimer.c:关于 itimer 定时器读写的系统调用。
- printk.c:展示系统工作参数的操作,如 printk。

3.1.3　mm 目录

Linux 中独立于 CPU 体系结构特征的内存管理文件几乎都集中在 mm 目录下,如分页式内存管理、内核内存分配器等。

文件 swap.c 并不实现任何交换算法,它仅仅处理命令行选项"swap ="和"buff ="。

swapfile.c 文件才是管理交换文件和交换设备的源程序所在。它包含 swapon、swapoff 系统调用的执行程序,以及从交换空间申请空闲页面的操作 get_swap_page。

page_io.c 文件则实现了内存与存储空间底层的数据传输。

swap_state.c 文件维护 swap cache,它包含(可以说)存储管理系统中最复杂、最难懂的操作和结构。

vmscan.c 文件定义后台交换进程 kswapd 的代码,以及内存空间扫描函数,实现 Linux 的页面换出策略,如 try_to_free_pages。

所有的存储分配策略都在 mm 目录里实现。例如,vmalloc.c 里包含 vmalloc()、vfree()、vremap() 等函数。物理页面的申请函数源程序集中在 page_alloc.c,如页面申请函数_get_free_pages()。

内存管理中底层核心函数大多安排在 memory.c 文件中,如缺页中断响应函数 do_no_page()、实现 Copy On Write(COW)特性的 do_wp_page(),以及众多页表管理函数。

虚拟空间映射(mapping)操作 do_mmap() 和 do_munmap(),以及系统调用 brk 的响应函数,都涉及进程虚拟空间地址的调整,相关源代码在 mmap.c 文件中。对 mremap 的操作代码则在 mremap.c 文件。

此外,mlock.c 文件实现四个关于内存 vma 段加锁操作的系统调用 mlock、munlock、mlockall、munlockall。mprotect.c 实现 mprotect 系统调用 mprotect。

3.1.4　fs 目录

文件处理是所有 Unix 系统都提供的基本功能。本目录源程序涵盖各种类型的文件系统,各种类型的文件操作。

本目录下的每个子目录则分门别类地描述某个特定的文件系统。

直接隶属本目录的文件分别是：
- exec.c：实现 execve 系统调用，其余 5 种关于装入执行程序的函数都由 C 语言库文件实现。execve 支持脚本(script)文件和多种格式的可执行文件。
- block_dev.c：包含缺省的读、写设备操作。
- super.c：定义超级块的读操作，以及文件系统的安装、卸装操作。
- inode.c：VFS inode 的读写操作，以及维护 inode cache 的程序。
- dcache.c：维护 dcache 的文件。
- namei.c：根据路径检索 dentry 的相关操作，如 open_namei、path_walk，访问权限检查。
- buffer.c：实现 buffer cache 的文件。
- open.c：文件的打开、关闭操作。系统调用 chown、chmod、fchown、fchmod、chroot、chdir、fchdir 等也由该文件实现。
- read_write.c：系统调用 read、write、lseek、llseek 的源程序。
- readdir.c：读目录项的系统调用 readdir 和 getdents 由此文件实现。
- select.c：集中存放 select 操作的几乎全部源代码。
- fifo.c：实现命名管道(fifo)。
- fcntl.c：实现关于 fcntl 操作命令的源代码。

3.1.5 arch 目录

与 CPU 类型相关的子目录和文件均集中安排在此目录下。这里又有子目录 alpha、arm、i386、ia64、m68k、mips、mips64、parisc、ppc、s390、sh、sparc，每个子目录对应一种 CPU，例如"arch/i386"就是关于 INTEL CPU 的子目录。

3.1.6 include 目录

include 容纳 Linux 源程序的所有头文件(header file)，其中，与平台无关的头文件在 include/linux 子目录下，与 INTEL CPU 相关的头文件在 include/asm-i386 子目录下，另外，还有关于 SCSI 设备的头文件目录 include/scsi 及关于网络设备的头文件目录 include/net。

3.1.7 net 目录

在 net 目录中存放的是和 Linux 网络相关的 C 文件。其中每一种网络地址族都为一个目录，如 appletalk、ipv4 等。在 core 目录下是各种网络地址族公用的文件。另外，在 sched 目录下存放的是对高性能网络的 QoS 支持；khttpd 目录中存放的是内核级别的 Web 服务器支持。

除上述目录外，Linux 源程序清单中还有 ipc、drivers、init 等目录。

3.2 实验 编译 Linux 内核

通过以下步骤完成 Linux 内核重建。

3.2.1 下载内核源代码

Linux 受 GNU 通用公共许可证(GPL)保护,其内核源代码是完全开放的。现在很多 Linux 的网站都提供内核代码的下载。Linux 的官方网站:http://www.kernel.org,在这里可以找到所有的内核版本。

由于作者安装的 RedHat Fedora Core 5 并不附带内核源代码,因此必须先获取合适版本的 Linux 内核代码。通过命令

```
# uname -r
  2.6.15-1.2054_FC5
```

这就是说,RedHat Fedora Core 5 采用的内核版本是 2.6.15-1.2054_FC5。浏览 RedHat 的官方网站,在页面 http://download.fedora.redhat.com/pub/fedora/linux/core/5/source/SRPMS 下载文件 kernel-2.6.15-1.2054 FC5.src.rpm,即 2.6.15-1.2054_FC5 版的内核源代码。下载后保存。需要说明的是,其实还有许多网站有此文件;有时候以 ISO 压缩包的形式出现,文件名为 kernel-2.6.15-1.2054_FC5.src.iso。

3.2.2 部署内核源代码

此过程比较机械、枯燥,因而容易出错。请严格按下述步骤来操作。

首先,解开 rpm 包,放在/usr/src/redhat。使用操作序列:

```
# rpm -Uvh kernel-2.6.15-1.2054_FC5.src.rpm
# cd /usr/src/redhat/SPECS
# rpmbuild -bp --target $(uname -m) kernel-2.6.spec
```

这里,命令 uname-m 检测 CPU 型号。作者的主机是 i686。假如执行 shell 命令:

```
# ls /usr/src/redhat/BUILD/kernel-2.6.15/
Config.mk linux-2.6.15.i686 vanilla xen xen-vanilla
```

可见,Linux 内核源代码已经在/usr/src/redhat/BUILD/kernel-2.6.15/linux-2.6.15.i686 下了。作者习惯了 RedHat 过去的部署,还是希望通过路径/usr/src/linux 去访问它。这只要建一个符号链接:

```
# cd /usr/src
# ln -s ./redhat/BUILD/kernel-2.6.15/linux-2.6.15.i686/  linux
```

3.2.3 配置内核

在进行这项工作之前,不妨先看一看/usr/src/linux 目录下内核源代码自带的 README 文件。在这份文件中,对怎样进行内核的解压、配置、安装都作了详细的讲解。但其介绍的步骤不完全符合我们的版本,所以还是以本书为准。

在编译内核前,一般来说都需要对内核进行相应的配置。配置是精确控制新内核功能的机会。配置过程也控制哪些需编译到内核的二进制映像中(在启动时被载入),哪些是需要时才装入的内核模块(module)。

```
# cd /usr/src/linux
# cp configs/kernel-2.6.15-i686.config .config
cp:overwrite '.config'? y
```

当前目录下的 Makefile 有一项内容：

```
EXTRAVERSION = -prep
```

因为版本号已经变成 2.6.15-1.2054_FC5 了，所以，使用任何一种文本编辑工具，将它换成：

```
EXTRAVERSION = -1.2054_FC5
```

第一次编译的话，有必要将内核源代码树置于一种完整和一致的状态。因此，我们推荐执行命令 make mrproper。它将清除目录下所有配置文件和先前生成核心时产生的 .o 文件：

```
#make mrproper
```

然后，

```
#make menuconfig
```

make menuconfig 是基于文本的选单式配置界面，作者一般使用这一配置命令。其他的配置界面如：

- make xconfig：使用 X Windows（Qt）界面。
- make gconfig：使用 X Windows（Gtk）界面。
- make oldconfig：使用文本界面，按照 ./.config 文件的内容取其缺省值。
- make silentoldconfig：与上一个一样，不同的是，不再逐项提问了。

进行配置时，大部分选项可以使用其缺省值，只有小部分需要根据用户不同的需要选择。例如，如果硬盘分区采用 ext2 文件系统（或 ext3 文件系统），则配置项应支持 ext2 文件系统（ext3 文件系统）。又例如，系统如果配有 SCSI 总线及设备，需要在配置中选择 SCSI 卡的支持。

对每一个配置选项，用户有三种选择，它们分别代表的含义如下：

- < * >或[*]：将该功能编译进内核。
- [ ]：不将该功能编译进内核。
- [M]：将该功能编译成可以在需要时动态插入内核中的模块。

将与其他核心部分关系较远且不经常使用的部分功能代码编译成可加载模块，有利于减小内核的长度，减小内核消耗的内存，简化该功能相应的环境改变时对内核的影响。许多功能都可以这样处理，例如像上面提到的对 SCSI 卡的支持等。

3.2.4 编译内核和模块

编译内核，用 make 工具：

```
#make
```

编译内核需要较长的时间，具体与机器的硬件条件及内核的配置等因素有关（作者采用 VMWare 虚拟机，需要约 50 分钟）。完成后产生的内核文件 bzImage 的位置在/usr/src/

linux/arch/i386/boot 目录下,当然这里假设用户的 CPU 是 Intel x86 型的,并且将内核源代码放在/usr/src/linux 目录下。

如果选择了可加载模块,编译完内核后,要对选择的模块进行编译。用下面的命令编译模块并安装到标准的模块目录中:

```
#make modules
#make modules_install
```

3.2.5 启动 Linux 内核

通常,Linux 在系统引导后从/boot 目录下读取内核映像到内存中。因此,如果我们想要使用自己编译的内核,就必须先将/usr/src/linux/arch/i386/boot 下的 bzImage 和 System.map 拷贝到/boot 目录下。

```
mv /usr/src/linux/arch/i386/boot/bzImage /boot
mv /usr/src/linux/arch/i386/boot/System.map /boot
```

或者,使用命令 make install 也能达到此目的。

现在,编译完毕的 Linux 内核已经在那里了。那么,如何让它运转呢? 或者说,当我们启动电脑后,如何告诉 CPU 加载、执行这个 Linux 内核呢? 让我们简单回忆一下 BIOS 工作原理,以及单一操作系统装入、启动原理。

主机上电后,通过 RESET 组合电路,给 CPU 一个稳定的启动信号,使 INTEL CPU(或与其兼容的 CPU)从地址为 0xf000:0xfff0 开始执行指令。加电入口地址 F000:FFF0 存放一条 JMP 指令。通常,主机将该跳转地址安排为 BIOS 的初始化程序的入口地址。所以,用户开机后,马上看到了 BIOS 的开机画面。

BIOS 的初始化过程将完成两部分工作:系统加电自检(Power On Self Test)和系统自举。系统自举就是操作系统的装入和引导。不过,在此之前先做加电自检,即对电脑系统硬件进行一系列测试。简要而言,BIOS 开机启动工作的工作流程如下:

①检测电脑系统中的内存、显卡等关键设备能否正常工作。

②查找显卡的 BIOS,然后调用显卡 BIOS 的初始化代码,由它来完成显卡的初始化。大多数显卡在这个过程通常会在屏幕上显示出一些显卡的信息,如生产厂商、图形芯片类型、显存容量等内容。

③查找其他设备的 BIOS 程序,找到之后同样要调用这些 BIOS 内部的初始化代码来初始化这些设备。在这个步骤里,可以看到键盘上的 NUM LOCK、CAPS LOCK、SCROLL LOCK 等指示灯都闪亮一下。另外,如果电脑正连接着一台针式打印机,将会听到打印头复位的声音。除了初始化系统硬件,初始化芯片中的寄存器,这个过程还要初始化能源管理模块,所有与电脑节能有关的寄存器、计时器等都从头开始。

④显示 BIOS 自己的启动画面,其中包括系统 BIOS 的类型、序列号和版本号等内容,同时屏幕底端左下角会出现主板信息代码,包含 BIOS 的日期、主板芯片组型号、主板的识别编码及厂商代码等。

⑤检测 CPU 的类型和工作频率,并将检测结果显示在屏幕上,这就是我们开机看到的 CPU 类型和主频。

⑥开始检测系统中安装的一些标准硬件设备,这些设备包括硬盘、CD-ROM、软驱、串行接口和并行接口等连接的设备。

⑦标准设备检测完毕后,开始检测和配置系统中安装的即插即用设备。每找到一个设备之后,BIOS 都会在屏幕上显示出设备的名称和型号等信息,同时为该设备分配中断、DMA 通道和 I/O 端口等资源。

上面描述的步骤是电脑在打开电源开关(或按 Reset 键)进行冷启动时所要完成的各种初始化工作。如果我们按<Ctrl>+<Alt>+<Del>组合键来进行热启动,那么前面两步将被跳过,直接从第三步开始;另外,第五步的检测 CPU 和内存测试也不会再进行。无论是冷启动还是热启动,BIOS 都会重复上面的硬件检测。

加电自检完成后,即根据用户指定的启动顺序从软盘、硬盘或光驱中寻找启动设备。一旦找到启动设备,就会将系统的控制权交给启动设备中的操作系统。BIOS 读取并执行硬盘上的主引导记录,主引导记录接着从分区表中找到第一个活动分区,然后读取并执行这个活动分区的分区引导记录,而分区引导记录将负责读取并执行操作系统的初始化程序。

不妨以从 Windows 下的 C 盘启动为例,分区引导记录将负责读取并执行 IO.SYS,这是 Windows 最基本的系统文件。Windows 中 IO.SYS 首先要初始化一些重要的系统数据,然后就显示出我们熟悉的如蓝天白云的启动画面,在这幅画面之下,Windows 将继续进行 DOS 部分或 GUI(图形用户界面)部分的引导和初始化工作。

任何操作系统都应首先考虑与 INTEL 微机的系统结构和 BIOS 的兼容性。按照早期 INTEL 微机与 DOS 的约定,电源开启后,由机器的 ROM BIOS(或主引导区)负责将启动盘第一扇区(boot sector)的内容从磁盘装入起始地址为 0X7C00 的内存空间,然后跳转至 0X7C00 位置开始执行。

如果电脑系统安装了多种操作系统,如 Linux 等,那么,BIOS 怎么引导指定的操作系统呢? 答案是,此时我们需要一个操作系统引导工具,如 grub。

通常主引导记录将被替换成该引导工具的引导代码,这些代码将允许用户选择一种操作系统,然后读取并执行该操作系统的基本引导代码。例如,Windows 的基本引导代码就是分区引导记录。

GNU grub 是一个多重操作系统启动管理器。类似的引导工具有很多,例如 LILO(Linux Loader)、Windows 中的 NTLOADER、PowerPC 架构中的 yaboot。grub 的一个重要特性是灵活性,它理解文件系统和内核的可执行格式,所以可以按自己喜欢的方式加载操作系统而不需要记录内核的物理地址。这样,就可以通过给出内核文件名和它所在的磁盘分区、路径来加载它。当启动 grub 后,可以使用命令行方式或者菜单方式启动内核。使用命令行方式时,需要手动输入磁盘信息和内核的文件名。菜单方式下,只需要选择要启动的操作系统就可以了。菜单显示的是之前就已经配置好的一个文件。菜单模式下,可以选择进入命令行模式,反之亦可,甚至可以在使用之前编辑菜单入口。

grub 源文件可以从其官方网站上下载 http://www.gnu.org/,不过,RedHat Fedora Core 5 已经附带了 grub 工具。

开机后,INTEL CPU 在实模式下(real mode)工作,只能使用低端 640KB 的内存空间,且一部分空间已经被 BIOS 占用。核心系统一般比这大,而且开始只能装入一个扇区,因而 Linux 不得不设计特殊的方法装入内核。方法之一就是经过压缩的核心模块 zImage。如果 zImage

第 3 章　编译 Linux 内核

还是放不下,那么就采用 big zImage 的加载方式,也就是我们刚刚编译生成的 bzImage。

不妨粗略看一下 arch/i386/boot 目录下的 bootsect.S 源文件,它是一个实模式下运行的汇编程序,经过汇编后生成二进制代码,存放在磁盘的引导区。

arch/i386/boot/bootsect.S

```
18 SETUPSECS    = 4                /* default nr of setup-sectors */
19 BOOTSEG      = 0x07C0           /* original address of boot-sector */
20 INITSEG      = DEF_INITSEG      /* we move boot here - out of the way */
21 SETUPSEG     = DEF_SETUPSEG     /* setup starts here */
22 SYSSEG       = DEF_SYSSEG       /* system loaded at 0x10000 (65536) */
23 SYSSIZE      = DEF_SYSSIZE      /* system size: # of 16-byte clicks */
                                   /* to be loaded */
```

这是 bootsect.S 中的最初几行,对几个段值做初始化,其中的几个宏 DEF_INITSEG、DEF_SETUPSEG、DEF_SYSSEG、DEF_SYSSIZE 定义在 include/asm-i386/boot.h:

```
#define DEF_INITSEG      0x9000
#define DEF_SYSSEG       0x1000
#define DEF_SETUPSEG     0x9020
#define DEF_SYSSIZE      0x7F00
```

如果仔细阅读 bootsect.S,就会发现,正是这个属于 Linux 内核源代码一部分的内核程序,将 Linux 内核(无论以 linuz 文件,还是以 zImage 文件,或者 bzImage 文件的形式保存)最终装进了主机内存,并且启动运行。

表 3.1 所示为 BIOS、grub、bootsect.S 在从主机加电至 Linux 操作系统运行时的作用。

表 3.1　系统启动时的顺序及分工

对　象	作　用
BIOS	上电后接管 CPU,装入操作系统引导工具,如 grub
grub	提供配置手段,或人机交互手段,将 CPU 交给用户指定的操作系统的内核
bootsect.S	从 grub 那里接管 CPU,并且加载 Linux 内核、运行初始化程序

3.2.6　应用 grub 配置启动文件

如果使用 grub 启动 Linux,则编辑/boot/grub/grub.conf 文件,修改系统引导配置。例如使用 vi 编辑工具:

#vi /boot/grub/grub.conf

```
# grub.conf generated by anaconda
#
# Note that you do not have to rerun grub after making changes to this file
# NOTICE:  You do not have a /boot partition.  This means that
#          all kernel and initrd paths are relative to /, eg.
#          root (hd0,0)
```

```
#           kernel /boot/vmlinuz-version ro root=/dev/sda1
#           initrd /boot/initrd-version.img
#boot=/dev/sda1
default=0
timeout=5
splashimage=(hd0,0)/boot/grub/splash.xpm.gz
hiddenmenu
title Fedora Core (2.6.15-1.2054_FC5)
        root (hd0,0)
        kernel /boot/vmlinuz-2.6.15-1.2054_FC5 ro root=LABEL=/
        initrd /boot/initrd-2.6.15-1.2054_FC5.img
title Project One
        root (hd0,0)
        kernel /boot/bzImage ro root=LABEL=/
        initrd /boot/initrd-2.6.15-1.2054_FC5.img
```

这里,以"#"开头的是注释行,grub 不会去解释、执行它。"default=0"命令表示,当用户没有在规定时间内响应时,将解释、执行第 1 个"title"选项。"timeout=5"规定用户有效响应时间是 5。"title"定义了启动菜单里面的菜单项,一旦选中了此菜单项,那么,只有这个"title"后面的命令才被 grub 解释、执行。"root"指定"根设备"的地址。通过"kernel"命令,要求 grub 从后面的路径中装入操作系统内核。grub 将从"initrd"命令指定的路径,装入一个 ramdisk 文件,并设定一些必需的参数;Linux 操作系统启动时,有时需要这样的文件在启动系统之前加载一些必要的模块等。

我们已经编译了内核 bzImage,放到了指定位置/boot;也配置了/boot/grub/grub.conf。现在,请重启主机系统,期待编译过的 Linux 操作系统内核正常运行!

当完成整个实验后,要清除编译时产生的临时文件,使用命令:

```
#make clean
```

注意,这些临时文件也许下次编译时还能重复利用。所以如果不是硬盘空间小,建议不要轻易删除它们。

【实验思考】

浏览/boot 目录,你一定发现了 System.map-2.6.15-1.2054_FC5 文件,以及 initrd-2.6.15-1.2054_FC5.img 文件。如果打开/boot/grub 目录下面的 grub.conf 文件,不难发现命令:

```
initrd /boot/initrd-2.6.15-1.2054_FC5.img
```

这两个文件分别起什么作用?你能否设计一个实验来验证你的判断?

第 4 章

系统调用

【实验目的】

学习 Linux 内核的系统调用，理解、掌握 Linux 系统调用的实现框架、用户界面、参数传递、进入/返回过程。

【实验内容】

用两种方法添加系统调用。

第一种方法：在系统中添加一个不用传递参数的系统调用；执行这个系统调用，使用户的 uid 等于 0。显然，这不是一个有实际意义的系统调用。我们的目的是通过最简单的例子，帮助熟悉对系统调用的添加过程，为下面添加更复杂的系统调用打好基础。

第二种方法：用 kernel module 机制，实现系统调用 gettimeofday 的简化版，返回调用时刻的日期和时间。

4.1 系统调用基础知识

4.1.1 一个使用系统调用的例子

在开始学习系统调用这一章之前，让我们先来看一个简单的例子。经典的编程书上都会使用到下面这个例子：

```
1:int main(){
2:    printf("Hello World!\n");
3:}
```

我们也准备了一个例子：

```
1. #include  <linux/unistd.h>  /* all system calls need this header */
2. int main(){
3:    int  i = getuid();
4:    printf("Hello World! This is my uid: %d\n", i);
5:}
```

这是一个最简单的系统调用的例子。与上面那个传统的例子相比，这个例子中多了 2 行，它们的作用如下。

第一行：包括 unistd.h 这个头文件。所有用到系统调用的程序都需要包括它，因为系统调用中需要的参数(例如,本例中的"__NR_getuid",以及_syscall0()函数)包括在unistd.h中;根据C语言的规定,include <linux/unistd.h> 意味着/usr/include/linux 目录下整个unistd.h 都属于Hello World 源程序了。

第三行:进行getuid()系统调用,并将返回值赋给变量i。

4.1.2 系统调用是什么

系统调用是内核提供的功能十分强大的一系列函数。它们在内核中实现,然后通过一定的方式(例如,软中断)呈现给用户,是用户程序与内核交互的一个接口。可以这么说,没有了系统调用,我们就不可能编写出十分强大的用户程序,因为失去了内核的支持。由此可见系统调用在一个系统中的重要性。

4.1.3 为什么需要系统调用

那么,我们为什么需要系统调用?除了上面提到的原因外(为用户程序提供强大的系统支持),还有安全和效率。

Linux 运行在两个模式(mode)下(实际上所有的类Unix 系统都是如此):用户态(user mode,或用户模式)和内核态(kernel mode,或内核模式)。关于这两个模式的具体情况,我们稍后介绍。总的说来,就是在内核态中可以运行一些特权指令,然后按照内核的特权方式进行内存的读写检查(例如在INTEL 的CPU 中,根据代码段寄存器cs 和数据段寄存器ds),当然还有堆栈也切换到内核堆栈(例如在INTEL 的CPU 中,堆栈寄存器ss 变为内核堆栈)。区分用户态与内核态的主要目的是出于安全的考虑,如用户态运行的程序不能"擅自"访问某些敏感的内核变量、内核函数。用户态的程序只有通过中断门(gate)陷入(trap)到系统内核中去,才能执行一些具有特权的内核函数。

系统调用是用户程序与内核的接口。通过系统调用进程,可由用户态转入内核态,在内核态下完成相应的服务后,返回到用户态。这种实现方式必然跨越两个模式:内核态与用户态。用户程序在用户态调用系统调用,通过门机制,系统进行模式切换(mode switch)进入内核态,执行相应的系统调用代码,返回(mode switch)用户态。我们可以画一个简图表示这个过程(如图4.1)。

至于效率,这涉及操作系统的总体设计。我们都知道,如果没有操作系统,则每个应用程序就将直接面对系统硬件。那么,如果想要运行你的程序,就得从面向底层硬件的代码编起。如果每个人都需要这么做,那么,不仅枯燥乏味,而且没有一定计算机专业功底的人是无法胜任的。幸好,操作系统替我们把这些事情都做了,它把硬件做了一个封装,给我们提供了一套统一的接口,这些接口就是系统调用。显然,它提高了我们写程序的效率。系统调用在这个模型中充当的角色就是一个接口,外面由用户程序(包括程序库)调用,内部连接内核的其他部分,共同实现用户的请求。

你可能会问:内核究竟是什么?在Unix 中,有一个关于操作系统的标准POSIX(Portable Operating System Interface),其中有一节POSIX.1 专门规定了系统调用的接口标准。当然,这里所说的操作系统指的是内核部分(kernel),这也是传统意义上的操作系统(这区别于微软所提的操作系统概念。在微软看来,图形界面、IE 浏览器都算是操作系统的一部分。作者同意这个观点,因为操作系统的目标之一,就是尽量、持续不断地方便用户)。只要操系统的实现遵循 POSIX 标准,那么程序在这些操作系统之间的移植就变得非常容易,有些甚至根本不用改动。Linux 是遵循 POSIX 标准的操作系统。因此,很多 Unix 程序可以轻易地移植到 Linux 的世界中来。很多人都认为,这也是 Linux 之所以取得成功的重要原因。

把内核这个概念抽象出来,可以得到一个简明的图像(如图 4.2,内核的抽象数据结构)。

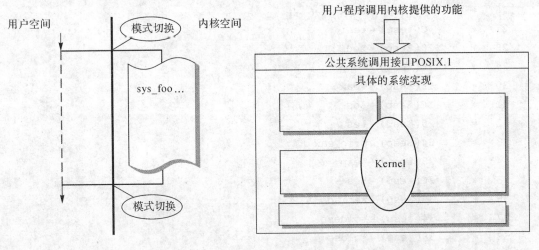

图 4.1　模式切换　　　　　　　　图 4.2　内核的抽象数据结构

4.2　Linux 系统调用实现机制分析

与系统调用相关的内核代码文件主要有:
- arch/i386/kernel/entry.S;
- arch/i386/kernel/traps.c;
- include/linux/unistd.h。

还有一些代码零散地分布在内核代码目录下的其他文件中。

4.2.1　entry.S 汇编文件

entry.S 汇编文件中包含了系统调用和异常的底层处理程序、信号量识别程序(这个调用在每次时钟中断和系统调用的时候都会发生),其中最关键的是文件中的汇编程序段 ENTRY(system_call),它是所有系统调用响应程序的入口;以及汇编程序段 ret_from_sys_call(所有系统调用和中断处理程序的返回点)。

1. 关于堆栈

arch/i386/kernel/entry.S

```
18   * Stack layout in 'ret_from_system_call':
19   *     ptrace needs to have all regs on the stack.
```

```
20      *       if the order here is changed, it needs to be
21      *       updated in fork.c:copy_process, signal.c:do_signal,
22      *       ptrace.c and ptrace.h
23      *
24      *        0(%esp) - %ebx
25      *        4(%esp) - %ecx
26      *        8(%esp) - %edx
27      *        C(%esp) - %esi
28      *       10(%esp) - %edi
29      *       14(%esp) - %ebp
30      *       18(%esp) - %eax
31      *       1C(%esp) - %ds
32      *       20(%esp) - %es
33      *       24(%esp) - orig_eax
34      *       28(%esp) - %eip
35      *       2C(%esp) - %cs
36      *       30(%esp) - %eflags
37      *       34(%esp) - %oldesp
38      *       38(%esp) - %oldss
39      *
40      * "current" is in register %ebx during any slow entries.
```

这一段代码块只是正式代码开始之前的一段注释，之所以把它写出来，只是想告诉大家，它真的很重要。如果我们清楚系统堆栈结构，那么我们在理解很多问题的时候就会豁然开朗，比如进程的拷贝（fork 时调用）、信号量、进程的追踪等，包括我们下面讲到的 SAVE_ALL、RESTALL_ALL 宏。

从 34~38 这几行中，按照压入堆栈的先后次序，依次保存了 oldss、oldesp、eflags、cs、eip 这五个寄存器。这是进程在执行 int 指令，陷入内核的时候，由于在不同的特权级别上进行切换，为了安全起见，系统会对堆栈进行切换。堆栈切换的时候，首先从当前任务的 TSS（任务状态段）中获取高优先级的核心堆栈信息（SS 和 ESP），然后把低优先级堆栈信息（SS 和 ESP）保留到高优先级堆栈（即核心栈）中，也就是这里所看到的 oldss 和 oldesp。然后再依次保存 eflags、cs、eip。从用户堆栈切换到内核堆栈的流程，如图 4.3（堆栈切换）所示。

首先选择内核堆栈（每一个进程都有自己的内核堆栈，就是与进程自己的 task_struct 共用两个页面的地方）；然后在内核堆栈中，压入用户堆栈的 ss、esp（也就是上面的 oldss、oldesp），以便到时候返回到用户的堆栈；再依次压入 EFLAGS，用户进程的 cs、eip。需要说明的是，这几步都是由硬件完成的。

关于压入堆栈的那些寄存器，我们稍后再介绍。

第 4 章 系统调用

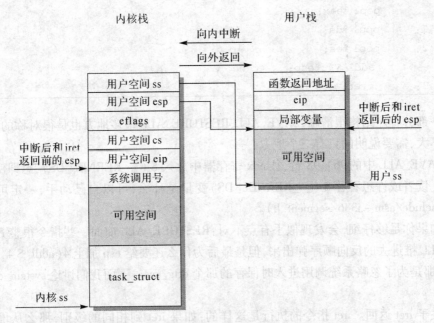

图 4.3 堆栈切换

2. 关于 SAVE_ALL, RESTALL_ALL

arch/i386/kernel/entry. S

```
85  #define SAVE_ALL              \
86      cld;                      \
87      pushl %es;                \
88      pushl %ds;                \
89      pushl %eax;               \
90      pushl %ebp;               \
91      pushl %edi;               \
92      pushl %esi;               \
93      pushl %edx;               \
94      pushl %ecx;               \
95      pushl %ebx;               \
96      movl $(__KERNEL_DS),%edx; \
97      movl %edx,%ds;            \
98      movl %edx,%es;

100 #define RESTORE_ALL           \
101     popl %ebx;                \
102     popl %ecx;                \
103     popl %edx;                \
104     popl %esi;                \
105     popl %edi;                \
106     popl %ebp;                \
```

```
107         popl %eax;              \
108 1:      popl %ds;               \
109 2:      popl %es;               \
110          addl $4,%esp;          \
111 3:       iret;                  \
```

这一部分程序结构很清晰,SAVE_ALL、RESTORE_ALL 很多地方也是很对称的,理解起来困难不大,需要说明的只有三个地方:

①SAVE_ALL 中的 96~98 行,往 edx 寄存器中放入 $(\_\_KERNEL\_DS)$,意即使用内核数据段。读者或许想看看 $(\_\_KERNEL\_DS)$ 变量是什么,可以自己动手,一定可以找到(提醒:include/asm-i386/segment.h)。

②如果你足够仔细,会发现似乎有点不对:RESTORE_ALL 前面一些指令很整齐地按照 SAVE_ALL 推进去的反向顺序弹出来,但是最后为什么还要给 esp 加上 4(addl $4,%esp)?事实上,那是为了忽略系统调用进入时保存的那个 orig_eas。下面我们讨论 system_call 时还会提到。

③关于 iret 返回。iret 指令的执行是这样的:如果 iret 到相同的级别,那么从堆栈中弹出 eip、cs 和 eflags。如果是 iret 到不同的特权级别,那么从堆栈中弹出的是 eip、cs、eflags、esp 和 ss。

3. 系统调用表(sys_call_table)

在这个文件中还有一个很重要的地方就是维护整个系统调用的一张表——系统调用表。系统调用表依次保存着所有系统调用的函数指针,以方便总的系统调用处理程序(system_call)进行索引调用。

arch/i386/kernel/entry.S
```
666 .section .rodata,"a"
667 #include "syscall_table.S"
668
669 syscall_table_size=(.-syscall_table)
```

arch/i386/kernel/syscall_table.S
```
1 ENTRY(sys_call_table)
2       .long SYMBOL_NAME(sys_ni_syscall)
3       .long SYMBOL_NAME(sys_exit)
4       .long SYMBOL_NAME(sys_fork)
5       .long SYMBOL_NAME(sys_read)
6       .long SYMBOL_NAME(sys_write)
7       .long SYMBOL_NAME(sys_open)             /* 5 */
        ...
        ...
319     .long SYMBOL_NAME(sys_ppoll)
```

```
320         .long SYMBOL_NAME(sys_unshare)        /* 310 */
```

两段汇编程序一起阅读、理解。汇编文件"syscall_table.S"定义了一个数组,数组名为 sys_call_table。".long"表示数组元素长度为4字节,而"SYMBOL_NAME(sys_open)"表示数组元素的值就是函数 sys_open()的入口地址。

汇编文件"entry.S"的第667行 include "syscall_table.S"将整个数组都装进来了。而第669行计算数组的长度 syscall_table_size(两个地址之间相差的byte数),其中,"."代表当前地址,sys_call_table 代表数组首地址。

4. system_call 和 ret_from_sys_call

arch/i386/kernel/entry.S

```
194  ENTRY(system_call)
195        pushl %eax                              # save orig_eax
196        SAVE_ALL
197        GET_CURRENT(%ebx)
198        testb $0x02,tsk_ptrace(%ebx)            # PT_TRACESYS
199        jne tracesys
200        cmpl $(NR_syscalls),%eax
201        jae badsys
202        call *SYMBOL_NAME(sys_call_table)(,%eax,4)
203        movl %eax,EAX(%esp)                     # save the return value
204  ENTRY(ret_from_sys_call)
205        cli                                     # need_resched and signals atomic test
206        cmpl $0,need_resched(%ebx)
207        jne reschedule
208        cmpl $0,sigpending(%ebx)
209        jne signal_return
210  restore_all:
211        RESTORE_ALL
```

这一部分代码取自第2.4.18版本。我们先讲解一下字面上的意思,至于要完全理解它的来由及用处,可能要等到把这一小节分析完毕。前面我们列出了 ret_from_sys_call 之前的系统堆栈状态,现在可以先对照那一页,再对照这一段代码来理解。

(1)首先,系统把 eax(里面存放着系统调用号)的值压入堆栈,注释也已经说了,就是把原始的 eax 值保存起来,因为使用 SAVE_ALL 宏保存起来的 eax 要被用来传递返回值。但是在保存了返回值到真正返回用户态还有一些事情要做,内核可能还需要知道是哪个系统调用导致进程陷入了内核。所以,这里要保留一份 eax 的最初拷贝,以备急用。

(2)SAVE_ALL 宏,这个我们前面刚刚讲到了。

(3)GET_CURRENT:

arch/i386/kernel/entry.S

```
131  #define GET_CURRENT(reg) \
132      movl $-8192, reg; \
133      andl %esp, reg
```

其作用是取得当前进程的 task_struct 结构的指针返回到 reg 中,因为在 Linux 中核心栈的位置是 task_struct 之后的两个页面(8192bytes)处,所以此处把栈指针与 -8192,则得到的是 task_struct 结构指针。这一设计一直被津津乐道。在第 2.6.15 版本中,改为 include/linux/asm-i386/thread_info.h 中定义的 GET_THREAD_INFO:

include/linux/asm-i386/thread_info.h

```
119  #define GET_THREAD_INFO(reg) \
120      movl $-THREAD_SIZE, reg; \
121      andl %esp, reg
```

(4)看看进程是不是被监视了,如果被 trace 了,则跳转到 tracesys。

(5)检查 eax 中的参数,看是否合法。合法的 eax 值指的是范围从 0 ~ NR_syscalls 的一个数字。只有在这个范围内,system_call 才能根据 eax 决定调用哪一个具体的系统调用。系统通过 eax 传递进来的参数决定调用在系统调用表(sys_call_table)中的哪一个系统调用的过程,可以用图 4.4(系统调用索引)表示。

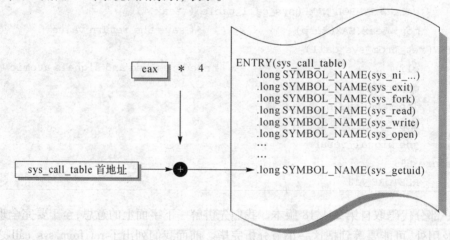

图 4.4 系统调用索引

(6)202 和 203 行,调用具体的内核系统调用代码,然后保存返回值到堆栈中。

(7)从 204 行开始,程序会检测进程 task_struct 中的相应位,然后作出相应的跳转(need_resched 置位,则重新调度;sigpending 置位,则别的进程或者系统对该进程发了 signal,马上跳转去处理 signal)。ret_from_sys_call 是一个很重要的过程,所有的系统调用,所有的中断都从这里返回。也就是说,所有的中断调用、中断处理最后都通过这个过程,然后回到一个不知道的地方。之所以说"不知道的地方",是因为系统的控制权可能仍然回到原先的进程,也可能发生任务切换,系统选择了另外一个它认为更加紧迫的进程,然后把控制交给那个进程,这完全取决于系统,而不是发出系统调用请求的进程。

(8) RESTORE_ALL: 现在我们可以理解最后的"addl $4,%esp"了。

实际上,在 system_call 中,寄存器的使用是非常整齐的,我们整理一下,把所有牵涉到堆栈中寄存器的指令抽取出来,用图 4.5(寄存器变化)表示。

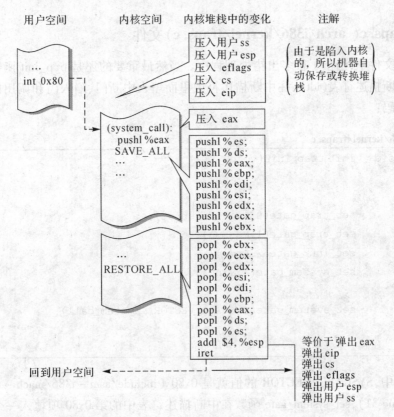

图 4.5 寄存器变化

用类 C 代码简化一下 system_call 过程:

system_call 类 C 语言表示

```
void system_call(unsigned int eax)
{
        task_struct * ebx;
        save_context();
        ebx = GET_CURRENT;
        if(ebx -> tak_ptrace != 0x02)
                goto tracesys;
        if(eax > NR_syscalls)
                goto badsys;
        retval = (sys_call_table[eax * 4])();
        if(ebx -> need_resched != 0)
                goto reschedule;
        if(ebx -> sigpending != 0)
```

```
            goto signal_return;
        restall_context();
    }
```

4.2.2 traps.c(arch/i386/kernel/traps.c)文件

在这个文件中,给出了很多出错处理程序。当然最重要的还是 trap_init 函数。这个函数初始化中断描述符表(idt),往中断描述符表里面填入中断门、陷入门和调用门。我们可以看看源代码:

arch/i386/kernel/traps.c
```
1207    void __init trap_init(void)
        {
...
1221        set_trap_gate(0,&divide_error);
1222        set_trap_gate(1,&debug);
1223        set_intr_gate(2,&nmi);
1224        set_system_gate(3,&int3);
...
1226        set_system_gate(SYSCALL_VECTOR,&system_call);
...
        }
```

1226 行中,SYSCALL_VECTOR 的值就是 0x80 (include/asm-i386/mach-default/irq_vectors.h, line 31),set_system_gate 函数在中断描述符表中的第 0x80 项填入一个陷阱门描述符,这个描述符的作用就是使控制安全地转移到 system_call 这个函数中去。执行完 system_call 函数,又能够安全地返回来。

最后,我们对 4.2.1 和 4.2.2 小结一下,希望能得到一个比较完整的关于系统调用的初始化、系统调用的执行过程、系统调用的返回的概念。

1. 系统调用初始化

在 traps.c 中,系统在初始化程序 trap_init() 中,通过调用 set_system_gate(0x80,&system_call) 函数,在中断描述符表(idt)里面填入系统调用的处理函数 system_call,这就保证每次用户执行指令 int 0x80 的时候,系统能把控制转移到 entry.S 中的 system_call 函数中去。

2. 系统调用执行

经过详细地分析 system_call 函数,可以了解到,当系统调用发生的时候,system_call 函数会根据用户传递进来的系统调用号,在系统调用表中(sys_call_table)寻找到相应偏移地址的内核处理函数(也就是具体的内核系统调用处理代码,相应的,我们把 system_call 称为通用的系统调用处理代码),进行相应的处理。当然,在这个过程之前,要保存环境(通过

SAVE_ALL 等指令)。

3. 系统调用的返回

系统调用处理完毕后,通过 ret_from_sys_call 返回。返回之前,程序会检测一些变量,并根据这些变量,跳转到相应的地方去处理。从系统调用返回,系统的控制权不一定会返回到原先调用系统调用的那个进程,这个我们前面已经讨论过了。真正回到用户空间之前,要恢复环境(通过 RESTALL_ALL 等指令)。

4.2.3 系统调用中普通参数的传递及 unistd.h

前面讲的都是内核中的处理,并没有涉及用户地址空间,也没有涉及用户空间与内核地址空间的接口。进行系统调用的时候,可能是 getuid( ),又或者是 open(/tmp/foo, O_RDONLY, S_IREAD),那么内核是怎样与用户程序进行交互的呢？这包括控制权是怎样转移到内核的那个 system_call 去处理函数,参数是如何传递的,等等。在这里,标准 C 库充当了很重要的角色,它把用户希望传递的参数装载到 CPU 的寄存器中,然后触发 0x80 软中断。当从系统调用返回的时候(ret_from_sys_call),标准 C 库又接过控制权,处理返回值(每个系统调用都会有返回值)。因此,标准 C 库可以被看成是用户程序与内核之间的一个小的桥梁。

下面我们来看 include/asm – i386/unistd.h 这个头文件,它定义了所有的系统调用号,还定义了几个与系统调用相关的关键的宏。

---
include/asm – i386/unistd.h

```
  8 #define __NR_restart_syscall      0
  9 #define __NR_exit                 1
 10 #define __NR_fork                 2
 11 #define __NR_read                 3
 12 #define __NR_write                4
 13 #define __NR_open                 5
 14 #define __NR_close                6
    ...
241 #define __NR_llistxattr         233
242 #define __NR_flistxattr         234
243 #define __NR_removexattr        235
244 #define __NR_lremovexattr       236
245 #define __NR_fremovexattr       237
    ...
303 #define NR_syscalls             293
```

很清楚,文件一开始就定义了所有的系统调用号。在 2.6.15 的内核中,总共有 34 个系统调用,它们整齐地排列。若你添加系统调用,则你的那个系统调用号就会排在最后。每一个系统调用号都以"__NR_"开头,这可以说是一种习惯,或者说是一种约定。但事实上,它

还有更方便的地方,那就是除了这个"_ _NR_"头,所有的系统调用号就是你编写用户程序的那名字。比如"_ _NR_getuid",除去统一的"_ _NR_"头,就是 getuid,这是一个大家很熟悉的名称。标准库函数也很熟悉,它正是利用这样的共同性,通过宏替换,把一个一个你写的诸如 getuid 这样的名词先转换成_ _NR_getuid,再转换成相应的数字号(比如_ _NR_getuid 是 24),再通过 eax 寄存器传递给内核,作为深入 syscall_table 的索引。

接下来,文件连续定义了 7 个宏,很多系统调用都是通过这些宏展开,形成定义,这样用户程序才能进行系统调用。内核也才能知道用户具体的系统调用,然后进行具体的处理。使用这些宏把系统调用展开的工作基本上都是用标准 C 库做的。所以,我们刚才说,标准 C 库是联系用户程序和内核之间的一个桥梁。

我们挑选几个来讲解,其他的都可以类推。我们以一个不用传递参数的系统调用的宏为例。

include/asm – i386/unistd. h

```
341  #define _syscall0(type,name)          \
342  type name(void)                      \
343  {                                    \
344      long __res ;                     \
345      __asm__ volatile ("int $0x80"    \
346          : "=a" (__res)               \
347          : "" (__NR_##name));         \
348      __syscall_return(type,__res);    \
349  }
```

这个宏用于展开那些不用参数的系统调用,比如 getuid( )、fork( )、pause( )等。我们举一个实例,可以帮助读者很快明白上面这段宏代码是怎么工作的。比如某段程序的某条语句:

```
pause();
```

那么,通过

```
static inline _syscall0(int,pause)
```

这一行,因为_syscall0 是一个带参数的宏(注意区分系统调用的参数和宏的参数),所以根据 341 ~ 349 行的宏定义转换成:

pause( )

```
int pause(void)
{
    long __res;
    __asm__ volatile ("int $0x80"
            : "=a" (__res)
            : "" (__NR_pause));
    __syscall_return(int,__res);
}
```

第4章 系统调用

显然,这只是一个简单的名字替换,也许你想知道每一条语句的细节,下面我们给出344~348行的说明。

344行:定义一个变量__res。

345行:__asm__是gcc中嵌入汇编的写法,也就是所有的嵌入汇编语句放在__asm__()的括号内部。volatile这个修饰符是告诉gcc——这一段嵌入汇编语句不允许优化。gcc将严格按照汇编代码编译。"int $0x80"这条语句触发系统调用。

346行:这里有一个冒号,347行也有一个,这是gcc内嵌汇编语言的语法。gcc关于内嵌汇编语言的规定如下。

基本格式:

```
__asm__ ("汇编语句 \n \t"
         "汇编语句"
         : " = 限制符"(变量)," = 限制符"(变量)
         : "限制符"(变量),"限制符"(变量)
         : 被改变了的寄存器,被改变的寄存器);
```

第1个冒号与第2个冒号之间的部分是声明输出变量用的(346行)。第2个冒号与第3个冒号之间(本例中没有第3个冒号)是声明输入变量用的(347行)。比如346行的:" = a"(__res)表明__res这个变量是用作输出变量。" = a"中的" = "是指示__res是一个输出参数," = a"中的"a"指示所占用的寄存器将是eax。

347行:这一行用于说明输入变量是(__NR_##name),它使用eax寄存器。

为了更好地理解,我们把345~347行的嵌入汇编格式和由它们生成的汇编代码列在一起做一个对比。

345~347行的嵌入汇编格式

```
345   __asm__ volatile ("int $0x80"             \
346          :"=a"(__res)                        \
347          :""(__NR_##name));                  \
```

生成的汇编代码

```
        movl       $__NR_##name, %eax      /*先为输入参数分配寄存器*/
#APP
        int        $0x80                    /*汇编代码*/
#NO_APP
        movl       %eax, __res              /*最后处理输出参数*/
```

关于内嵌汇编的更多知识,可以参考gcc的手册(manual)。

348行:这是一个宏,只是对返回的值__res进行一定的处理,保证用户看到的返回值__res在正确的范围内(-1~-124)。就是这个宏,能把不带参数的系统调用展开,把用户系统调用的要求与内核具体系统调用的处理函数联系起来。

为了巩固理解,下面再讲一个复杂一些的例子。

include/asm – i386/unistd. h

```
371 #define _syscall3(type,name,type1,arg1,type2,arg2,type3,arg3)     \
372 type name(type1 arg1,type2 arg2,type3 arg3)                       \
373 {                                                                 \
374 long __res;                                                       \
375 __asm__volatile ("int $0x80"                                      \
376         :"=a" (__res)                                             \
377         :""  (__NR_##name),"b" ((long)(arg1)),"c" ((long)(arg2)), \
378              "d" ((long)(arg3)));                                 \
379 __syscall_return(type,__res);                                     \
380 }
```

这个宏跟上面那个不同,因为由它展开的系统调用有3个参数(arg1、arg2、arg3)。比如 open(/tmp/foo, O_RDONLY, S_IREAD)。这样我们回到了前面曾经提到过的问题:内核怎样跟用户程序交互,怎样从用户程序得到这些系统调用参数?我们先把375~378行近似地转换成更易懂的汇编格式:

375~378 行的嵌入汇编格式

```
375 __asm__volatile ("int $0x80"                                      \
376         :"=a" (__res)                                             \
377         :""  (__NR_##name),"b" ((long)(arg1)),"c" ((long)(arg2)), \
378              "d" ((long)(arg3)));                                 \
```

生成的汇编代码

```
        movl    $__NR_##name, %eax    //先为输入参数分配寄存器
        movl    arg1, %ebx
        movl    arg2, %ecx
        movl    arg3, %edx
#APP
        int     $0x80                 //汇编代码
#NO_APP
        movl    %eax, __res           //最后处理输出参数
```

由这个宏可以看出,内核是通过 ebx、ecx、edx 来传递这三个参数的。我们在讲解 system_call 这个系统调用处理程序的时候,曾经说到了 SAVE_ALL。在那里,SAVE_ALL 宏把所有寄存器的值都压入堆栈,这一方面是为了保存环境;更重要的是,把系统调用的参数也压入堆栈。这样,system_call 中调用的任何一个具体的系统调用处理程序(通常使用 C 编写),都能从堆栈中获得它们想要的参数。

那么,如果是4个、5个或6个参数呢? 4个参数和5个参数,解决办法与3个参数的情况差不多,只是要多两个寄存器:esi 和 edi。这两个宏分别是:

- _syscall4(type,name,type1,arg1,type2,arg2,type3,arg3,type4,arg4);
- _syscall4(type,name,type1,arg1,type2,arg2,type3,arg3,type4,arg4, type5,arg5);

第4章 系统调用

在这里我们就不详细讲解了。请读者自己分析。

至于6个参数是怎样传递的,我们可以看看下面的代码:

include/asm – i386/unistd.h

```
405  #define _syscall6(type,name,type1,arg1,type2,arg2,type3,arg3,type4,arg4, \
406            type5,arg5,type6,arg6)                                         \
407  type name(type1 arg1,type2 arg2,type3 arg3,type4 arg4,type5 arg5,type6 arg6) \
408  {                                                                        \
409  long __res;                                                              \
410  __asm__ volatile ("push% %ebp ; movl% %eax,% %ebp; movl% 1,% %eax ; int $0x80; \
                       pop %%ebp"                                             \
411          :"=a"(__res)                                                     \
412          :"i"(__NR_##name),"b"((long)(arg1)),"c"((long)(arg2)),           \
413           "d"((long)(arg3)),"S"((long)(arg4)),"D"((long)(arg5)),          \
414           "" ((long)(arg6)));                                             \
415  __syscall_return(type,__res);                                            \
416  }
```

同样的,我们先把410~414行近似地转换成更易懂的汇编格式:

410~414行的嵌入汇编格式

```
410  __asm__ volatile ("push% %ebp;movl% %eax,% %ebp; movl% 1,% %eax; int $0x80 ;\
     pop% %ebp"                                                               \
411          :"=a"(__res)                                                     \
412          :"i"(__NR_##name),"b"((long)(arg1)),"c"((long)(arg2)),           \
413           "d"((long)(arg3)),"S"((long)(arg4)),"D"((long)(arg5)),          \
414           "" ((long)(arg6))); \
```

生成的汇编代码

```
    movl       arg1,%ebx
    movl       arg2,%ecx
    movl       arg3,%edx
    movl       arg4,%esi
    movl       arg5,%edi
    movl       arg6,%eax
#APP
    push       %ebp
    movl       %eax,%ebp
    movl       $__NR_##name,%eax
    int        $0x80
    pop        %ebp
#NO_APP
    movl       %eax,$__res
```

gcc 看上去似乎有点"手忙脚乱",但实际上它是有条不紊的。gcc 把第 6 个参数(arg6)放到 ebp 寄存器里面,因为内嵌汇编的语法中,没有限定符使得 arg6 能分配到 ebp 寄存器。所以,它使用了 eax 作为桥梁,先把 arg6 放到 eax 中,然后在编译的时候把 arg6 移到 ebp 中。eax 遵照老规矩,还是放上系统调用号(_ _NR_##name)。

那么,6 个以上的参数要怎么传递呢?现在的系统调用还没有 6 个以上参数的,但是很显然,不可能再仿照上面传递 6 个参数的办法,因为已经没有通用寄存器了。或许我们可以定义一个结构体,然后把参数数据都放进这个结构体里面,通过把结构体的指针作为一个参数传入内核,从而达到让内核读取参数数据的目的。Linux 内核的设计者与我们的想法一样:通过用户态程序传递指针给内核,然后再由内核通过这些指针访问用户地址空间的数据。关于这一部分,我们放到最后一部分,较高级主题中再讲,我们现在的任务是把整个系统调用的脉络打通。

上面讲到的都是参数怎样从用户程序传递到内核堆栈中。到执行完 SAVE_ALL 并且再由 call 指令调用其内核处理函数时,内核堆栈的结构如图 4.6 所示。

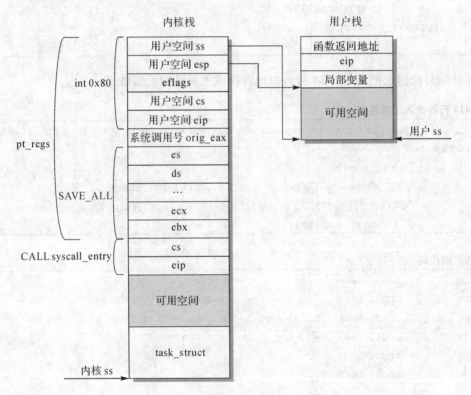

图 4.6 调用具体函数前内核堆栈结构

那么,处于内核堆栈中的参数变量怎样具体地传递到每一个内核函数中呢?

我们知道,典型的两种内核函数是:

- asmlinkage int sys_fork(struct pt_regs regs);
- asmlinkage int sys_open(const char * filename, int flags, int mode);

在 sys_fork 中,把整个堆栈中的内容视为一个 struct pt_regs(include/asm-i386/ptrace.h

文件,第26行)类型的参数,该参数的结构和堆栈的结构是一致的,所以可以使用堆栈中的全部信息;而在 sys_open 中,参数 filename、flags、mode 正好对应于堆栈中的 ebx、ecx、edx 的位置,而这些寄存器正是用户在通过 C 库调用系统调用时给这些参数指定的寄存器。

```
__asm__ volatile ("int $0x80" \
        :"=a"(__res) \
        :"" (__NR_open),"b" (filename),"c" (flags), \
            "d" (mode));
```

事实上,我们可以认为在标准 C 库中,用某种方法给所有的系统调用进行了"定义",这就把用户程序与内核联系了起来。现在我们可以粗略地看一下在 glibc 中这些事情到底是怎么做的。

我们还是举一个最普通的例子,看看 getuid() 是怎么通过 glibc 进行展开的。

glibc 版本:glibc - 2.2.5

sysdeps/unix/sysv/linux/i386/getuid.c

```
41 uid_t
42 __getuid (void)
43 {
44 #if __ASSUME_32BITUIDS > 0
45     return INLINE_SYSCALL (getuid32, 0);
46 #else
47 # ifdef __NR_getuid32
48     if (__libc_missing_32bit_uids <= 0)
49       {
50         int result;
51         int saved_errno = errno;
52
53         result = INLINE_SYSCALL (getuid32, 0);
54         if (result == 0 || errno != ENOSYS)
55             return result;
56
57         __set_errno (saved_errno);
58         __libc_missing_32bit_uids = 1;
59       }
60 # endif /* __NR_getuid32 */
61
62     return INLINE_SYSCALL (getuid, 0);
63 #endif
64 }
65
66 weak_alias (__getuid, getuid)
```

由此看出,glibc 中展开 getuid 的方法其实并不是我们所想像的那样使用。

```
_syscall0( int, getuid);
```

而是使用自己的一套宏:

```
INLINE_SYSCALL (getuid, 0);
```

我们再追踪这个宏看看。

sysdeps/unix/sysv/linux/i386/sysdep.h

```
246  #define INLINE_SYSCALL(name, nr, args...)              \
247  ({                                                     \
248       unsigned int resultvar;                           \
249       asm volatile (                                    \
250       LOADARGS_##nr                                     \
251       "movl %1, %%eax \n\t"                             \
252       "int $0x80 \n\t"                                  \
253       RESTOREARGS_##nr                                  \
254       : "=a" (resultvar)                                \
255       : "i" (__NR_##name) ASMFMT_##nr(args) : "memory", "cc");  \
256       if (resultvar >= 0xfffff001)                      \
257       {                                                 \
258            __set_errno (-resultvar);                    \
259            resultvar = 0xffffffff;                      \
260       }                                                 \
261       (int) resultvar; })
```

从上面的分析我们知道:glibc 并没有使用 unistd.h 中提供的宏,而是有自己的一套宏处理机制,而且,从 LOADARGS_##NR、RESTOREARGS_##nr、ASMFMT_##nr(args)等几个宏来看,glibc 这个系统调用宏处理更加灵活,它会根据具体系统调用的参数动态地调整需要的寄存器。

小结

在这一节,我们分析 include/asm-i386/unistd.h 这个文件,知道了以下概念:

• 我们知道了系统调用号,知道了当添加一个系统调用的时候,必须在这个文件里定义一个自己的系统调用号_NR_mysyscall。

• 我们学习了几个与系统调用密切相关的宏:_syscall0 ~ _syscall6,知道了怎么由这些宏转换成每一个具体的系统调用。

• 我们了解了 gcc 的内嵌汇编格式和语法,能读懂简单的内嵌汇编语句。

• 我们还仔细研究了系统调用的参数传递,知道了 Linux 怎样巧妙地利用堆栈,利用寄存器进行多达 6 个参数的传递。

• 最后,我们对标准 C 库在系统调用中的作用(联系用户程序进行的系统调用与内核的具体系统调用处理)有了比较清楚的理解。

4.2.4 getuid()系统调用的实现

这一节将详细地介绍一个系统调用的实现：getuid()。为什么选择 getuid()来讲解呢？因为它很简单，这样就可以把重点放在系统调用整个过程上，而不是放在某个具体的系统调用的实现上。通过这一节的讲解，读者将能理顺整个系统调用的脉络。

我们还是用本章最开始时给出的例子：

```
1:#include   <linux/unistd.h>  /* all system calls need this header */
2:int main(){
3:      int  i = getuid();
4:      printf("Hello World! This is my uid:%d\n", i);
5:}
```

前面已经介绍过，所有要使用系统调用的程序都要包含"unistd.h"这个头文件。那么，编译这个文件的时候，编译器是怎么认识 getuid()这个系统调用的呢？在上一节的末尾，我们已经对在 glibc 中对系统调用的处理有了一个大致的讨论。为了使大家更容易理解，我们作一个假定，即这个系统调用仍然是使用类似于 unistd.h 中定义的宏进行展开的。

```
_syscall0(int, getuid);
```

将 unistd.h 里的宏展开：

getuid
```
int getuid(void)
{
        long __res;
        __asm__ volatile ("int $0x80"
                        :"=a" (__res)
                        :""(__NR_getuid));
        __syscall_return(int,__res);
}
```

很显然，程序通过把系统调用号__NR_getuid(24)放入 eax，然后通过执行这样一条指令"int $ 0x80"进行模式切换，进入内核。执行完"int $0x80"之后（也就是系统调用之后），如果控制又返回到这里，那么它接着执行后面一条语句，也即把返回值放入 eax，返回。

现在我们看看 int 0x80 指令之后系统到底做了什么。因为这是一条软中断指令，所以要看系统规定的这条中断指令的处理程序是什么？

arch/i386/kernel/traps.c
```
        set_system_gate(SYSCALL_VECTOR,&system_call);
```

从这行程序可以看出，系统规定的系统调用的处理程序就是 system_call。控制转移到内核之前，硬件会自动进行模式和堆栈的切换。现在控制转移到了 system_call：

arch/i386/kernel/entry.S

```
ENTRY(system_call)
        pushl %eax                              # save orig_eax
        SAVE_ALL
        GET_CURRENT(%ebx)
        testb $0x02,tsk_ptrace(%ebx)            # PT_TRACESYS
        jne tracesys
        cmpl $(NR_syscalls),%eax
        jae badsys
        call *SYMBOL_NAME(sys_call_table)(,%eax,4)
        movl %eax,EAX(%esp)                     # save the return value
ENTRY(ret_from_sys_call)
        cli                                     # need_resched and signals atomic test
        cmpl $0,need_resched(%ebx)
        jne reschedule
        cmpl $0,sigpending(%ebx)
        jne signal_return
restore_all:
        RESTORE_ALL
```

由于前面已经详细讲解了这个函数,所以这里只列出它的功能步骤(同时假设没有其他意外的情况:没有被 trace,没有设置重新调度位等):

(1)保留一份系统调用号的最初拷贝。
(2)SAVE_ALL 保存环境。
(3)得到该进程结构的指针,放在 ebx 里面。
(4)检查系统调用号,显然_NR_getuid(24)是合法的。
(5)根据这个系统调用号,索引 sys_call_table,得到相应的内核处理程序:sys_getuid16。
(6)追踪 sys_getuid16:

kernel/uid16.c

```
179  asmlinkage long sys_getuid16(void)
180  {
181         return high2lowuid(current->uid);
182  }
```

可以看到,这个内核系统调用处理程序很简单,它只是返回当前进程的 uid。当然,在 2.6.15 的内核中,由于进程的 uid 可以很大,而老版本的内核 uid 的类型只是"unsigned short",所以要对返回的 uid 做一些处理,使得它小于 65535。

(7)保存返回值:从 eax 中移到堆栈中的 eax 的位置。
(8)假设没有什么意外发生,于是 ret_from_sys_call 直接到 RESTORE_ALL,从堆栈中弹出保存的寄存器,堆栈切换,iret。

执行完 iret 之后,进程回到用户态,返回值保存在 eax 中,于是得到返回值,打印:

Hello World! This is my uid:551

最简单的调用系统调用的程序到这里就结束了，系统调用的整个流程也理了一遍。

也许你还注意到，在添加的系统调用 sys_getuid16 的定义中有一个 asmlinkage 标志，如果去看内核中所有系统调用的实现，会发现，所有的系统调用的实现中，都使用这个标志。asmlinkage 是 gcc 中一个比较特殊的标志，它的意思是表明：用 asmlinkage 修饰的函数都必须从堆栈中，而不是寄存器中取参数（gcc 常用的一种编译优化方法是使用寄存器传递函数参数）。

系统调用的整个流程如图 4.7 所示。

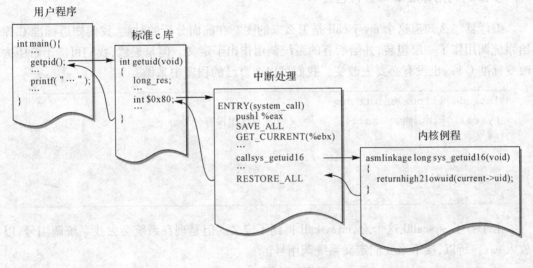

图 4.7　系统调用流程

4.3　实验 1　添加一个简单系统调用

在这个实验中，我们将通过在现有的系统中添加一个不用传递参数的系统调用，实现一个简单的系统调用的添加。

功能要求：调用这个系统调用，使用户的 uid 等于 0。

步骤 1：决定系统调用的名字

这个名字就是你编写用户程序想使用的名字，比如我们取一个简单的名字：mysyscall。一旦这个名字确定下来了，那么在系统调用中的几个相关名字也就确定下来了。

- 系统调用的编号名字：__NR_mysyscall。
- 内核中系统调用的实现程序的名字：sys_mysyscall。

现在在你的用户程序中会出现：

```
#include <linux/unistd.h>
int main()
{
    mysyscall();
}
```

流程转到标准 C 库。

步骤 2：利用标准 C 库进行包装

编译器怎么知道这个 mysyscall 是怎么来的呢？在前面分析的时候，我们知道标准 C 库给系统调用作了一层包装，并给所有的系统调用作出了定义。但是显然，我们可能不希望去改变标准 C 库，也没有必要去改变。我们可以在自己的程序中来做：

```
#include <linux/unistd.h>
_syscall0(int,mysyscall)        /* 注意这里没有分号 */
int main()
{
    mysyscall();
}
```

由于有了 _syscall0 这个宏，mysyscall 得到了定义。但是现在系统会去找系统调用号，以放入 eax。所以，接下来我们定义系统调用号。

步骤 3：添加系统调用号

系统调用号在文件 unistd.h 里定义。这个文件可能在你的系统上会有两个版本：一个是 C 库文件版本，出现的地方是在 /usr/include/unistd.h 和 /usr/include/asm/unistd.h；另外还有一个版本，是内核自己的 unistd.h，出现的地方是在解压出来的 2.6.15 内核代码的对应位置（比如 /usr/src/linux/include/linux/unistd.h 和 /usr/include/asm-i386/unistd.h）。当然，也有可能这个 C 库文件只是一个到对应内核文件的连接。在文件 unistd.h 中添加系统调用号：_ _NR_mysyscall，如下所示：

include/asm－i386/unistd.h
/usr/include/asm/unistd.h

```
231  #define __NR_mysyscall        223        /* mysyscall adds here */
```

添加系统调用号之后，系统才能根据这个号作为索引，找到 syscall_table 中相应的表项。

步骤 4：在系统调用表中添加相应表项

系统调用处理程序（system_call）会根据 eax 中的索引到系统调用表（sys_call_table）中去寻找相应的表项。所以，我们必须在那里添加我们自己的一个值。

```
arch/i386/kernel/syscall_table.S
...
233             .long sys_mysyscall
234             .long sys_gettid
235             .long sys_readahead            /* 225 */
...
```

到现在为止,系统已经能够正确地找到并且调用 sys_mysyscall 了。接下来就是 sys_mysyscall 的实现。

步骤 5:sys_mysyscall 的实现

在这里,我们没有在 kernel 目录下另外添加一个自己的文件,而是把这一小段程序添加在 kernel/sys.c 里面。这样做的目的是为了简单,而且不用修改 Makefile。

```
asmlinkage int sys_mysyscall(void)
{
    current->uid = current->euid = current->suid = current->fsuid = 0;
    return 0;
}
```

这个系统调用中,把标志进程身份的几个变量 uid、euid、suid 和 fsuid 都设为 0。

到这里为止,我们所要做的添加一个新的系统调用的所有工作就完成了。

现在所有的代码添加已经结束,那么要使得这个系统调用真正在内核中运行起来,就需要对内核重新编译。这个在前面已经讨论过,因此在这里略过。

步骤 6:编写用户态程序

要测试新添加的系统调用,可以编写一个用户程序调用我们自己的系统调用。我们对自己的系统调用的功能已经很清楚了:使得自己的 uid 变成 0。那么我们看看是不是如此:

用户态程序
```
#include <linux/unistd.h>
_syscall0(int,mysyscall)            /* 注意这里没有分号 */
int main()
{
    mysyscall();          /* 这个系统调用的作用是使得自己的 uid 为 0 */
    printf("em…; this is my uid: %d.\n", getuid());
}
```

4.4 实验 2 添加一个更复杂的系统调用

在这个实验中,我们将把系统调用的知识和"内核模块"一章的知识结合起来,用 kernel

module 的方法实现一个系统调用。这个系统调用是 gettimeofday 的简化版本。那么,通过 module 方法添加一个系统调用的想法可行吗?例如,使用如下代码:

```c
/* pedagogictime.c */
#include <linux/kernel.h>
#include <linux/module.h>
#include <linux/init.h>

/* 在这个头文件里面包含了所有的系统调用号 __NR_... */
#include <linux/unistd.h>

/* for struct time */
#include <linux/time.h>

/* for copy_to_user() */
#include <asm/uaccess.h>

/* for current macro */
#include <linux/sched.h>

#define __NR_pedagogictime 238

MODULE_DESCRIPTION("My sys_pedagogictime()");
MODULE_AUTHOR("Your Name :, (C) 2002, GPLv2 or later");

/* 用来保存旧系统调用的地址 */
static int (*anything_saved)(void);

/* 这个是我们自己的系统调用函数 sys_pedagogictime() */
static int sys_pedagogictime(struct timeval *tv)
{
    struct timeval ktv;

    /* 这里我们需要增加模块使用计数 */
    MOD_INC_USE_COUNT;

    do_gettimeofday(&ktv);
    if(copy_to_user(tv, &ktv, sizeof(ktv))){
        MOD_DEC_USE_COUNT;
        return -EFAULT;
    }

    printk(KERN_ALERT"Pid %ld called sys_gettimeofday().\n",(long)current->pid);
```

第 4 章 系统调用

```
        MOD_DEC_USE_COUNT;

        return 0;
}

/* 这里是初始化函数, __init 标志表明这个函数使用后就可以丢弃了 */
int __init init_addsyscall(void)
{
        extern long sys_call_table[];
        /* 保存原来系统调用表中此位置的系统调用 */
        anything_saved = (int(*)(void))(sys_call_table[__NR_pedagogictime]);
        /* 把我们自己的系统调用放入系统调用表,注意进行类型转换 */
        sys_call_table[__NR_pedagogictime] = (unsigned long)sys_pedagogictime;
        return 0;
}
/* 这里是退出函数。__exit 标志表明如果我们不是以模块方式编译这段程序,则这个标志后的
 * 函数可以丢弃。也就是说,模块被编译进内核,只要内核还在运行,就不会被卸载 */
void __exit exit_addsyscall(void)
{
        extern long sys_call_table[];
        /* 恢复原先的系统调用 */
        sys_call_table[__NR_pedagogictime] = (unsigned long)anything_saved;
}

/* 这两个宏告诉系统我们真正的初始化和退出函数 */
module_init(init_addsyscall);
module_exit(exit_addsyscall);
```

在当前目录下创建一个名为 Makefile 的文件:

```
#cat Makefile
obj-m += pedagogictime.o
```

接着,用 make 命令编译,生成的模块文件为 pedagogictime.ko:

```
#make -C /usr/src/linux  SUBDIRS=$PWD  modules
```

其中,"/usr/src/linux"为内核代码所在目录,编译成 .ko 文件,然后使用 insmod pedagogictime.ko 把它动态地加载到正在运行的内核中。显然,这样的做法比起我们先前的要重新编译内核的办法更加灵活,更加方便。这也正是 Linux kernel module program 如此受欢迎的原因。

用下面测试程序验证:

```c
/* for struct timeval */
#include <linux/time.h>
/* for _syscall1 */
#include <linux/unistd.h>
#define __NR_pedagogictime 238
_syscall1(int, pedagogictime, struct timeval *, thetime)

int main()
{
    struct timeval tv;
    pedagogictime(&tv);
    printf("tv_sec : %ld\n", tv.tv_sec);
    printf("tv_nsec: %ld\n", tv.tv_usec);
    printf("em..., let me sleep for 2 second.:)\n");
    sleep(2);
    pedagogictime(&tv);
    printf("tv_sec : %ld\n", tv.tv_sec);
    printf("tv_nsec: %ld\n", tv.tv_usec);
}
```

假设这个程序是 test.c，那么使用 gcc -o test test.c 得到 test 可执行文件，然后你可以执行这个 test 看看结果。

第 5 章

进程管理

【实验目的】
- 重温进程概念,理解 Linux 中的进程。
- 理解 Linux 中进程的产生方式,理解 fork( )与 clone( )的差别。
- 了解 Linux 中的线程。

【实验内容】
1. 分析系统调用 sys_exit。
2. 用 fork( )系统调用创建一个子进程。
3. 用 clone( )系统调用创建一个 Linux 子进程。

5.1 Linux 进程

本节主要讲述进程的概念,进程在 Linux 内核中的描述以及状态转换等。通过这一节的学习,读者应该能对进程有一个概念上的理解,为接下来理解进程产生、进程消亡打下基础。

5.1.1 进程是什么

这是一个经典的操作系统问题:进程是什么?相信很多人可以回答出来:进程就是一个运行中的程序实体。但是如果一个人运行了程序 bash,另外一个人又运行了 bash,现在系统中有两个 bash 了,按照前面的回答,它们运行的都是同一个程序实体 bash,那么它们是不是同一个进程呢?答案是:它们不是同一个进程。所以我们应该更全面地理解进程的概念,进程不只是一个运行中的程序,还包括这个运行中的程序占据的所有系统资源,即 CPU(寄存器)、I/O、内存、网络资源等。前面的问题中,虽然两个进程运行是同样的两个程序,但是显然它们所包含的系统资源是不完全一样的,所以它们是两个不同的进程。

在 Linux 中运行 ps 命令可以得到当前系统中进程的列表,比如:

```
[kai@ localhost 2.6.15-1.2054_FC5-i686]$ ps x
  PID TTY      STAT   TIME COMMAND
 1668 tty1     Ss     0:00 -bash
```

```
3201 tty1        S+      0:00 xinit
3206 tty1        S       0:00 twm
3209 tty1        R       0:02 xterm
3211 pts/0       Ss      0:00 bash
3486 pts/0       S       0:00 xeyes
4392 ?           Ss      0:00 gvim
4400 pts/0       R+      0:00 ps x
```

系统中有这么多进程,而 CPU 只有一个(本书默认只针对单 CPU 系统),怎么办呢? 这是操作系统要解决的首要问题也是最重要的一个问题:那就是轮流让每个进程执行一段时间(用系统的术语来说是时间片),并且让每个进程看来是它自己独占了整个系统资源。操作系统通过进程调度来调度每个进程,并且通过虚拟内存机制来保护每个进程自己独立的内存地址空间,这样,某一个进程的退出或者崩溃都不会对其他的进程或者整个系统有任何影响。关于这些机制的详细分析,本书在后面章节会陆续讲解。

5.1.2　Linux 进程控制块

我们对进程是什么有了一个感性的认识了,现在我们来看看在 Linux 内核中,是怎么样描述一个进程的。

在 Linux 中,为了便于管理,使用 task_struct 结构来表示一个进程,每个进程都有自己独立的 task_struct。在这个结构体里,包含着这个进程的所有资源(或者到这个进程其他资源的链接)。task_struct 相当于进程在内核中的描述。

include/linux/sched. h,line 701

```
701 struct task_struct {
702         volatile long state;    /* -1 unrunnable, 0 runnable, >0 stopped */
703         struct thread_info *thread_info;
704         atomic_t usage;
705         unsigned long flags;    /* per process flags, defined below */
...
713         int prio, static_prio;
714         struct list_head run_list;
715         prio_array_t *array;
...
719         unsigned long sleep_avg;
720         unsigned long long timestamp, last_ran;
721         unsigned long long sched_time; /* sched_clock time spent running */
722         int activated;
723
724         unsigned long policy;
...
726         unsigned int time_slice, first_time_slice;
...
```

```
732         struct list_head tasks;
...
740         struct mm_struct *mm, *active_mm;
741
742 /* task state */
743         struct linux_binfmt *binfmt;
744         long exit_state;
745         int exit_code, exit_signal;
746         int pdeath_signal;  /*  The signal sent when the parent dies  */
748         unsigned long personality;
749         unsigned did_exec:1;
750         pid_t pid;
751         pid_t tgid;

752         /*
753          * pointers to (original) parent process, youngest child, younger sibling,
754          * older sibling, respectively.  (p->father can be replaced with
755          * p->parent->pid)
756          */
757         struct task_struct *real_parent; /* real parent process (when being
                                                 debugged) */
758         struct task_struct *parent;     /* parent process */
759         /*
760          * children/sibling forms the list of my children plus the
761          * tasks I'm ptracing.
762          */
763         struct list_head children;      /* list of my children */
764         struct list_head sibling;       /* linkage in my parent's children list */
765         struct task_struct *group_leader;       /* threadgroup leader */
766
767         /* PID/PID hash table linkage. */
768         struct pid pids[PIDTYPE_MAX];
769
...
774         unsigned long rt_priority;
775         cputime_t utime, stime;
776         unsigned long nvcsw, nivcsw; /* context switch counts */
777         struct timespec start_time;
778 /* mm fault and swap info: this can arguably be seen as either mm-specific or
    thread-specific */
779         unsigned long min_flt, maj_flt;
780
781         cputime_t it_prof_expires, it_virt_expires;
```

```
782         unsigned long long it_sched_expires;
783         struct list_head cpu_timers[3];
784
785 /* process credentials */
786         uid_t uid,euid,suid,fsuid;
787         gid_t gid,egid,sgid,fsgid;
788         struct group_info *group_info;
789         kernel_cap_t  cap_effective, cap_inheritable, cap_permitted;
790         unsigned keep_capabilities:1;
791         struct user_struct *user;
...
797         int oomkilladj; /* OOM kill score adjustment (bit shift) */
798         char comm[TASK_COMM_LEN]; /* executable name excluding path
799                                     - access with [gs]et_task_comm (which lock
800                                       it with task_lock())
801                                     - initialized normally by flush_old_exec */
802 /* file system info */
803         int link_count, total_link_count;
804 /* ipc stuff */
805         struct sysv_sem sysvsem;
806 /* CPU-specific state of this task */
807         struct thread_struct thread;
808 /* filesystem information */
809         struct fs_struct *fs;
810 /* open file information */
811         struct files_struct *files;
812 /* namespace */
813         struct namespace *namespace;
814 /* signal handlers */
815         struct signal_struct *signal;
816         struct sighand_struct *sighand;
817
818         sigset_t blocked, real_blocked;
819         sigset_t saved_sigmask;        /* To be restored with TIF_RESTORE_SIGMASK */
820         struct sigpending pending;
821
...
837 /* Thread group tracking */
838         u32 parent_exec_id;
839         u32 self_exec_id;
840 /* Protection of (de-)allocation: mm, files, fs, tty, keyrings */
841         spinlock_t alloc_lock;
842 /* Protection of proc_dentry: nesting proc_lock,dcache_lock,write_lock_irq
```

第 5 章 进程管理

```
              (&tasklist_lock);*/
843       spinlock_t proc_lock;
...
850   /* journalling filesystem info */
851       void *journal_info;
852
853   /* VM state */
854       struct reclaim_state *reclaim_state;
855
856       struct dentry *proc_dentry;
857       struct backing_dev_info *backing_dev_info;
858
859       struct io_context *io_context;
860
...
863   /*
864    * current io wait handle: wait queue entry to use for io waits
865    * If this thread is processing aio, this points at the waitqueue
866    * inside the currently handled kiocb. It may be NULL (i.e. default
867    * to a stack based synchronous wait) if its doing sync IO.
868    */
869       wait_queue_t *io_wait;
870   /* i/o counters(bytes read/written, #syscalls */
871       u64 rchar, wchar, syscr, syscw;
...
888   };
```

702　　进程的状态：-1 表示 unrunnable，0 表示 runnable，>0 表示 stopped。

703　　指向 thread_info 的指针。

705　　进程的一些标志位。

713~726　　这一组基本都是调度器相关的一些变量。

713　　进程的优先级。

714　　优先级相同的进程组成的一个链表。

715　　进程所在的优先级队列。

719　　平均睡眠时间。

724　　调度策略。

726　　时间片相关变量。

732　　用于链接系统中所有进程的链表。

740　　指向内存管理数据结构的指针。

742~751　　进程状态相关的一些信息。

743　　二进制代码结构类型。

744   退出状态。
745   退出代码,退出信号。
750   进程 id,每个进程都有唯一的 id。
752~765   进程家族关系的一些信息。
775   进程在用户态执行的时间和在内核态执行的时间。
777   进程启动的时刻,使用 jiffies 标记。
781~783   定时器相关的几个变量。
785~791   进程授权、文件系统权限等相关的一些信息。
798   该进程的名称,一般来说就是可执行程序名。
805   进程间通信相关信息。
807   保存 CPU 相关的该进程的信息,比如寄存器。
809   该进程相关的文件系统的信息。
811   打开文件信息。
814~821   信号量相关信息。
851   日志文件系统相关信息。

篇幅所限,同时也为了便于理解,只保留了一部分变量(如果需要,请读者参看源代码中完整的 task_struct)。即便如此,读者也可以看到,task_struct 中包含的信息已经非常多了,一方面这是由于进程必须要知道/控制它所拥有的所有系统资源,另一方面,内核越来越复杂,加入功能模块也越来越多,大家都把和进程相关的信息放到 task_struct 里面,导致 task_struct 似乎有越来越臃肿的趋势,有兴趣的读者可以比较一下早期版本的 Linux,或许也会有同感。

接下来几节结合 task_struct 中的内容,分别对进程相关的概念做一些讨论。

1. task_struct 与内核栈

2.4 版本及之前的 Linux 内核中,task_struct 和内核堆栈是放在同一个 4K 页面中的(如图 5.1 所示)。

include/linux/sched.h 2.4.18

```
511 union task_union {
512     struct task_struct task;
513     unsigned long stack[INIT_TASK_SIZE/sizeof(long)];
514 };
```

这样的设计非常巧妙,因为在内核运行时,任何时候我们都可以通过栈指针得到当前运行进程的 task_struct,这给进程管理带来了非常大的方便。然而,这样实现的隐患也一直被很多内核黑客所讨论:如果 task_struct 越来越大怎么办? 如果内核堆栈压得太多(比如函数调用层次太深)怎么办?

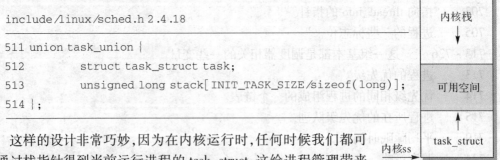

图 5.1 堆栈和 task_struct

2.6 版本的内核中,采取把 task_struct 从这部分空间中移走的办法来弥补这个隐患。在 2.6 版本的内核中,抽象出一个 thread_info 的结构(把最经常被 entry.S 访问的变量抽出来)。

include/asm – i386/thread_info.h, line 28

```
28  struct thread_info {
29          struct task_struct      *task;         /* main task structure */
30          struct exec_domain      *exec_domain;  /* execution domain */
31          unsigned long           flags;         /* low level flags */
32          unsigned long           status;        /* thread-synchronous flags */
33          __u32                   cpu;           /* current CPU */
34          int                     preempt_count; /* 0=>preemptable, <0=>BUG */
35
36
37          mm_segment_t            addr_limit;    /* thread address space:
38                                                    0-0xBFFFFFFF for user-thead
39                                                    0-0xFFFFFFFF for kernel-thread
40                                                 */
41          void                    *sysenter_return;
42          struct restart_block    restart_block;
43
44          unsigned long           previous_esp;  /* ESP of the previous stack in case
45                                                    of nested (IRQ) stacks
46                                                 */
47          __u8                    supervisor_stack[0];
48  };
```

thread_info 代替了原先 task_struct 的位置，与内核堆栈放在一起，thread_info 中放置一个指向 task_struct 的指针，如图 5.2 所示。

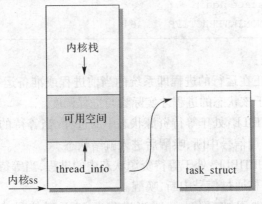

图 5.2　thread_info 和内核堆栈

相应的，大家熟悉的 current 宏内部实现中，也作了相应的改变，先根据内核堆栈的位置找到 thread_info，然后再根据 thread_info 找到进程的 task_struct。

2. 状态转换

```
volatile long state
long exit_state;
```

用于表示内核的状态,前者表示用来表征进程的可运行性,后者表征进程退出时的状态。

include/linux/sched.h,line 114

```
114  /*
115   * Task state bitmask. NOTE! These bits are also
116   * encoded in fs/proc/array.c: get_task_state().
117   *
118   * We have two separate sets of flags: task->state
119   * is about runnability, while task->exit_state are
120   * about the task exiting. Confusing, but this way
121   * modifying one set can't modify the other one by
122   * mistake.
123   */
124  #define TASK_RUNNING         0
125  #define TASK_INTERRUPTIBLE   1
126  #define TASK_UNINTERRUPTIBLE 2
127  #define TASK_STOPPED         4
128  #define TASK_TRACED          8
129  /* in tsk->exit_state */
130  #define EXIT_ZOMBIE          16
131  #define EXIT_DEAD            32
132  /* in tsk->state again */
133  #define TASK_NONINTERACTIVE  64
```

它们的含义分别是:

TASK_RUNNING:正在运行的进程即系统的当前进程或准备运行的进程,即在 Running 队列中的进程,只有处于该状态的进程才实际参与进程调度。

TASK_INTERRUPTIBLE:处于等待资源状态中的进程,当等待的资源有效时被唤醒,也可以被其他进程或内核用信号中断、唤醒后进入就绪状态。

TASK_UNINTERRUPTIBLE:处于等待资源状态中的进程,当等待的资源有效时被唤醒,不可以被其他进程或内核通过信号中断、唤醒。

TASK_STOPPED:进程被暂停,一般当进程收到下列信号之一时进入这个状态:SIGSTOP、SIGTSTP、SIGTTIN 或者 SIGTTOU,通过其他进程的信号才能唤醒。

TASK_TRACED:进程被跟踪,一般在调试时用到。

EXIT_ZOMBIE:正在终止的进程,等待父进程调用 wait4() 或者 waitpid() 回收信息,是进程结束运行前的一个过渡状态(僵死状态)。虽然此时已经释放了内存、文件等资源,但

第 5 章　进程管理

是在内核中仍然保留一些这个进程的数据结构（比如 task_struct）等待父进程回收。

EXIT_DEAD：进程消亡前的最后一个状态，父进程已经调用了 wait4() 或者 waitpid()。

TASK_NONINTERACTIVE：表明这个进程不是一个交互式进程，在调度器的设计中，对交互式进程的运行时间片会有一定的奖励或者惩罚。

进程间状态转换图，如图 5.3 所示。

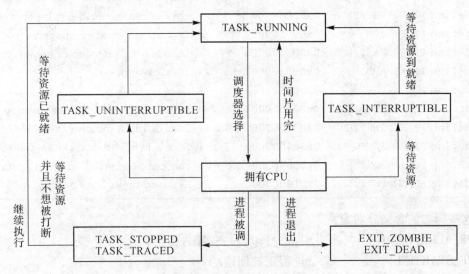

图 5.3　进程间状态转换图

3. 进程标志位

为了对每个进程运行进行更细粒度的控制，还有一些进程标志位。在 task_struct 中有变量 flags：

unsigned long flags;　　/* per process flags, defined below */

这个 flags 可以是下面一些标志的组合：

include/linux/sched.h, line 919

```
919 /*
920  * Per process flags
921  */
922 #define PF_ALIGNWARN    0x00000001    /* Print alignment warning msgs */
923                                      /* Not implemented yet, only for 486 */
924 #define PF_STARTING     0x00000002    /* being created */
925 #define PF_EXITING      0x00000004    /* getting shut down */
926 #define PF_DEAD         0x00000008    /* Dead */
927 #define PF_FORKNOEXEC   0x00000040    /* forked but didn't exec */
928 #define PF_SUPERPRIV    0x00000100    /* used super-user privileges */
929 #define PF_DUMPCORE     0x00000200    /* dumped core */
930 #define PF_SIGNALED     0x00000400    /* killed by a signal */
```

```
931 #define PF_MEMALLOC      0x00000800   /* Allocating memory */
932 #define PF_FLUSHER       0x00001000   /* responsible for disk writeback */
933 #define PF_USED_MATH     0x00002000   /* if unset the fpu must be initialized
                                            before use */
934 #define PF_FREEZE        0x00004000   /* this task is being frozen for suspend
                                            now */
935 #define PF_NOFREEZE      0x00008000   /* this thread should not be frozen */
936 #define PF_FROZEN        0x00010000   /* frozen for system suspend */
937 #define PF_FSTRANS       0x00020000   /* inside a filesystem transaction */
938 #define PF_KSWAPD        0x00040000   /* I am kswapd */
939 #define PF_SWAPOFF       0x00080000   /* I am in swapoff */
940 #define PF_LESS_THROTTLE 0x00100000   /* Throttle me less: I clean memory */
941 #define PF_SYNCWRITE     0x00200000   /* I am doing a sync write */
942 #define PF_BORROWED_MM   0x00400000   /* I am a kthread doing use_mm */
943 #define PF_RANDOMIZE     0x00800000   /* randomize virtual address space */
944 #define PF_SWAPWRITE     0x01000000   /* Allowed to write to swap */
```

这些标志的含义分别为：

PF_ALIGNWARN	标志打印"对齐"警告信息。
PF_STARTING	进程正被创建。
PF_EXITING	标志进程开始关闭。
PF_DEAD	标志进程已经完成退出。
PF_FORKNOEXEC	进程刚创建，但还没执行。
PF_SUPERPRIV	超级用户特权标志。
PF_DUMPCORE	标志进程是否清空 core 文件。
PF_SIGNALED	标志进程被信号杀死。
PF_MEMALLOC	进程分配内存标志。
PF_FLUSHER	负责磁盘写回。
PF_USED_MATH	如果没有置位，那么使用 fpu 之前必须初始化。
PF_FREEZE	由于系统要进入休眠，进程正在被停止。
PF_NOFREEZE	系统睡眠的时候，这个进程不能被停止。
PF_FROZEN	系统要进入睡眠，进程被停止。
PF_FSTRANS	在一个文件系统事务之中。
PF_KSWAPD	内核线程。
PF_SWAPOFF	在换出页的过程中。
PF_LESS_THROTTLE	尽可能少换出。
PF_SYNCWRITE	负责把脏页写回。
PF_BORROWED_MM	内核线程借用进程的 mm。
PF_RANDOMIZE	随机虚拟地址空间。
PF_SWAPWRITE	允许被写到 swap 中去。

这些标志对进程的运行产生各方面的影响，但是脱离具体的实例也不是很好分析，这里

就不具体展开了。只举个例子，比如 PF_MEMALLOC 标志（正在分配内存）带有这个标志的进程，如果要分配内存，buddy system 即使在内存紧张的时候也要尽量满足这个进程的分配请求（可参考 kswapd 内核线程的代码 mm/vmscan.c line 1692）。

4．进程与调度

task_struct 中与进程调度相关的一些变量有：
unsigned long policy：进程调度策略。
Linux 中现在有四种类型的调度策略：

include/linux/sched.h，line 159

```
159 /*
160  * Scheduling policies
161  */
162 #define SCHED_NORMAL    0
163 #define SCHED_FIFO      1
164 #define SCHED_RR        2
165 #define SCHED_BATCH     3
```

每个进程都有自己的调度策略，系统中大部分进程的调度策略是 SCHED_NORMAL，有 root 权限的进程能改变自己和别的进程的调度策略。调度器根据每个进程的调度策略给予不同的优先级。

这四种调度策略之间差别很大，比如 SCHED_FIFO 和 SCHED_RR 属于实时进程调度策略，它们的优先级比 SCHED_NORMAL 和 SCHED_BATCH 都要高，如果一个实时进程准备运行，调度器总是试图先调度实时进程。SCHED_BATCH 是 2.6 新加入的调度策略，这种类型的进程一般都是后台处理进程，总是倾向于跑完自己的时间片，没有交互性，调度器也不会对这类进程进行优先级奖惩。所以对于这种调度策略的进程，调度器一般给的优先级比较低，这样系统就能在没什么事情做的时候运行这些进程，而一旦有交互性的进程需要运行，则立刻切换到交互性的进程，从用户的角度来看，系统的响应性/交互性就很好。

进程的调度优先级：

```
int prio, static_prio;
unsigned long rt_priority;
```

prio 是进程的动态优先级，随着进程的运行而改变，调度器有时候还会根据进程的交互特性、平均睡眠时间等进行奖惩。在系统默认的设置下，实时进程（SCHED_FIFO 和 SCHED_RR）的动态优先级范围为 0～99；非实时进程（SCHED_NORMAL 和 SCHED_BATCH）的动态优先级范围为 100～139。需要注意的是，优先级 0 为最高，139 为最低。

static_prio 为普通进程的静态优先级，默认为 120。
rt_priority 为实时进程的静态优先级。
关于进程调度的详细信息，这里不再详述。

5．进程 id、父进程 id、兄弟进程

每个进程都有自己独立的一个 id：

```
pid_t pid;
```

每个进程(init 进程除外)都是由父进程派生出来(关于这一点,我们在进程的产生中会详细讲述),并且也可能有自己的兄弟进程(指属于同一个父进程的进程)。所有这些进程组成一个类似于家族的关系。

```
/*
 * pointers to (original) parent process, youngest child, younger sibling,
 * older sibling, respectively.  (p->father can be replaced with
 * p->parent->pid)
 */
struct task_struct *real_parent; /* 当被调试的时候保存进程真正的父进程 */
struct task_struct *parent;       /* 父进程 */
/*
 * children/sibling forms the list of my children plus the
 * tasks I'm ptracing.
 */
struct list_head children;        /* list of my children */
struct list_head sibling;         /* linkage in my parent's children list */
struct task_struct *group_leader;  /* threadgroup leader */
```

这些指针的集合方便了在需要的时候浏览进程家族,比如在寻找进程祖先或者查找进程的某一个子孙的时候,这些指针是很方便的。

有关两个方便的系统调用用以得到进程的 pid 和它父进程的 pid:

- `pid_t getpid(void)`: this function returns the PID of the process
- `pid_t getppid(void)`: this function returns the PID of the parent process

相关的例子详见本章实验 1。

6. 用户 id、组 id

在 `task_struct` 里面维护了一些跟文件系统权限控制相关的变量。

```
uid_t uid,euid,suid,fsuid;
gid_t gid,egid,sgid,fsgid;
```

uid:是创建这个进程的用户的 id。在传统 Unix 系统的管理中,每个用户都有自己的访问系统的权限,Unix 管理每个用户,给每个用户分配一个 id 标志。比如:

Unix 根据这些 id(以及其他一些信息)控制每个用户的权限,比如一个普通用户不能创建用户,访问别的用户的目录;而 root 用户(id 为 0)则几乎可以做任何事。Linux 继承了 Unix 的这些行为。

uid 记录了创建这个进程的用户 id,相当于带着这个用户的授权,替这个用户去做一些事情。你可以认为系统通过一个进程的 uid 判断出哪个进程代表哪个用户来执行命令。可以这样理解,然而事实并非如此。

euid:(effective uid,即有效 uid。)事实上,系统是通过一个进程的 euid 来判断进程的权限的。为什么要这么做？在大多数情况下，进程的 uid 和 euid 是相同的，但是在某些时候，进程需要以可执行文件的属主来运行哪个程序，而不是以可执行程序的用户来运行。这时，euid 就是那个可执行文件的属主的用户 id。举个简单的例子：

系统中有一个改变用户密码的命令：passwd。由于这个程序需要修改/etc/passwd、/etc/shadow 等文件，所以需要是 root 权限：

```
[kai@ localhost ~]$ ls -l  /usr/bin/passwd
-r-s--x--x 1 root root 21944 Feb 12  2006 /usr/bin/passwd
```

而且可以看到这个命令的属性位中设置了 s 位，意思就是当普通用户执行这个命令的时候，具有该命令的属主 root 的权限，在运行 passwd 命令的过程中，euid 就是 root 的 id:0。

suid:(saved set-user-ID)这是 POSIX 标准中要求的两个标识符之一。当有时候必须通过系统调用改变 uid 和 gid 的时候，需要用 suid 来保存真实的 uid。详细请见 getresuid，setresuid。

fsuid:这是 Linux 内核检查进程对于文件系统访问时所参考的位。一般来说等同于 euid，当 euid 改变的时候，fsuid 也会相应地被改变。这两个标识符最初是为了建立 NFS (Network File System，网络文件系统)而使用的，因为用户模式的 NFS 服务器需要像一个特别的进程一样来访问文件。在这种情况下，只有文件系统 uid 和 gid 被改变(有效 uid 和 gid 不变)。这样可以防止恶意的用户向 NFS 服务器发送 kill 信号。kill 信号会被以一个特别的有效 uid 和 gid 发送到进程。详细请见 setfsuid 的 manpage。

对应的 gid、egid、sgid、fsgid 与上面讲到的类似，只不过对应的是用户组，不再赘述。

使用下面的系统调用函数得到进程的 uid、gid 等。

```
int getresuid(uid_t *ruid, uid_t *euid, uid_t *suid);
int getresgid(gid_t *rgid, gid_t *egid, gid_t *sgid);
int setresuid(uid_t ruid, uid_t euid, uid_t suid);
int setresgid(gid_t rgid, gid_t egid, gid_t sgid);
int setfsuid(uid_t fsuid);
int setfsgid(uid_t fsgid);
```

7. 进程与虚拟存储、进程的地址空间、内存分布

前面讲的，基本上都是一些静态的概念，比如进程在内核代码中是用什么数据结构来表示的，进程的各种属性位，那么一个在系统中的进程是什么样子，它的地址空间是怎么样的，内核怎么样组织进程的内存空间？

我们先回顾一下地址空间的概念。

大家都已经熟悉了什么是物理地址，什么是虚拟地址(在这里不再区分逻辑地址、线性地址等，统一称作虚拟地址，相对于物理地址而言)。物理地址是真正的对物理内存的地址，有多大的物理内存，就有多大的对应的物理地址空间，当然这个空间不一定是从 0 开始，甚至有时候也不一定是连续的(比如有一款 ARM 硬件平台，内存物理地址就是从

0xA0000000 开始的,并且前面 32M 和后面 16M 为物理空间上不连续,中间有 256M 的空隙,这取决于具体的硬件设计)。

出于按需调页(进程的物理页面只有在需要的时候才被调入内存)的设计,和对进程间相互地址空间的保护,现代操作系统都引入了分页式内存管理、虚拟地址等概念。虚拟地址是另外一套地址,它不受限于具体的物理内存大小,而只是因为不同的硬件体系结构不同而有所不同。比如对于我们熟知的 32 位 i386 体系结构而言,一个虚地址由 32 bits 的一个数字来表示。所以,在 32 位体系下,虚地址空间的范围就是 0 到 $2^{32}-1$。可以使用这个范围内的任何一个地址,但是很有可能它并不对应到一个物理地址上,这正是这个地址称为虚拟地址的原因。协同硬件(MMU:内存管理单元)的支持,操作系统可以动态地实现一个虚拟地址到物理地址的映射(详细请参考内存管理相关资料的分页机制、地址转换等内容,不再重复),如图 5.4 所示。这样,操作系统可以方便地实现按需调页,写时拷贝,进程间内存共享等现代操作系统中常见的技术,如图 5.5 所示。

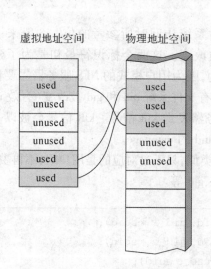

图 5.4 进程的虚拟地址空间和物理地址空间

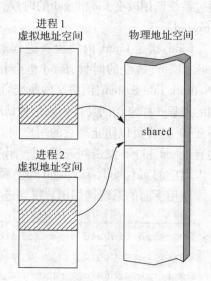

图 5.5 虚拟地址与内存共享

在 Linux 操作系统中(本书只针对常见的 i386 体系结构而言,其他的硬件体系有可能有细微的差别),每个进程有属于自己的 4G 虚拟地址空间。即每个进程都有属于自己的 4G 大小虚拟空间可以使用,而不限制于系统的物理内存大小。当 CPU 访问一个地址的时候,CPU 知道哪个地址是一个虚拟地址,然后会通过 MMU、进程页表等机制把它转换成一个物理地址,进行访问。如果访问一块虚拟地址,而那个虚拟地址到对应的物理页面还没有建立映射的话,将会发生一个缺页中断,系统会根据进程的权限以及系统物理内存的状态,找到一块物理内存与刚才的虚拟地址建立映射。对于进程来说,这个过程完全是透明的。

虚拟地址(虚拟存储)对于进程管理的优点是显而易见的:

(1)每次一个进程被装载入内存,位置可以是不一样的。操作系统管理每个进程装载入内存的位置,并且更重要的,做好虚拟地址到物理地址的映射。这大大简化了程序的装载和执行,并且方便了程序员写代码。程序员写代码的时候,根本不用关心这段代码被装载到内存中的哪个地方。

（2）每个进程有自己的地址空间，这意味着能同时运行多个进程，即使这些进程来自同一个程序，它们的地址空间也不会发生冲突。而且，通过把不同进程的虚地址映射到同样的物理地址，还能方便地实现进程间内存共享，这是很重要的一种进程间通信机制。

每个进程的虚拟地址空间分布（如图5.6所示）大致如下：

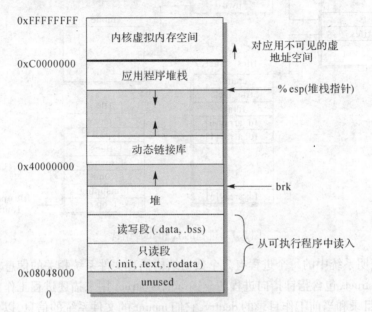

图5.6 每个进程的虚拟地址空间分配

其中：

0xC0000000-0xFFFFFFFF（3G~4G）：内核地址空间（包括内核的代码段、数据段、堆栈等等），这段内存的映射对于系统中每个进程都是一样的，并且对用户进程不可见，用户也不能擅自访问。

0xC0000000往下的一段区域：用户程序的堆栈虚地址空间，程序运行起来之后动态创建，并且随着进程的运行可以改变大小。

0x40000000往上的一段空间：这是用于动态链接库准备的虚地址空间，应用程序需要链接的每一个动态库都被一一映射到这个区域。

从0x08048000往上的区域依次是进程的代码段、数据段、bss段（未初始化数据段）。

紧接着bss段往上的是堆，堆的大小也是根据程序运行的需要动态改变。

关于什么是代码段，什么是数据段，bss段的详细信息，请参考elf手册。

8. 进程自己的资源

从task_struct可以链接到很多属于该进程的资源，比如mm_struct、vma_struct、fs等。

```
struct mm_struct *mm;
struct fs_struct *fs;
struct files_struct *files;
```

fs和files结构（如图5.7）主要用于管理进程当前的目录状况和进程打开的所有文件。

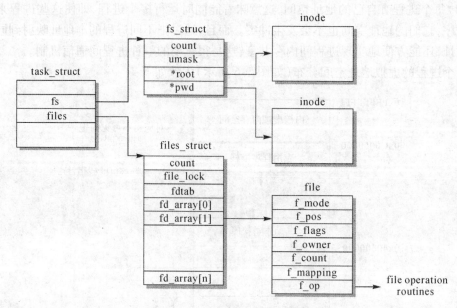

图 5.7　进程的 fs 和 files 结构

图 5.7 表明系统中的每个进程有 2 个数据结构描述文件系统相关的信息。

第一：fs_struct，包含指针指向进程的 fs_struct，fs_struct 用来描述进程工作的文件系统的信息，包括根目录和当前工作目录的 dentry，它们 mount 的文件系统的信息，以及在 umask 中保存的初始的打开文件权限的 mask。

第二：files_struct，包含进程当前正在使用的所有文件的信息。比如进程从标准输入读并且写到标准输出；任何错误消息输出到标准出错。这三个设备可以是文件、终端输入/输出或一台真实的设备，但是在 Unix 中，程序都把它们当作文件。每个文件有它自己的描述符，files_struct 中就包含可以指向这些文件数据结构的指针，每个可以描述进程打开的一个文件。f_mode 描述文件是以什么模式被创建的：只读、读写或者只写。f_pos 记录下一个读或写操作的位置。f_mapping 指向描述该文件的地址空间（address_space），而 f_op 指向操作这个文件的函数集。

每打开一个文件，在 files_struct 的一个空闲的文件指针被用来指向新文件结构。每个 Linux 进程启动的时候，默认会有 3 个文件描述符被打开，它们是标准输入、标准输出和标准错误，这些通常都是从父进程中继承来的。所有的文件访问都要使用系统调用，它们使用或者返回 file descriptor（文件描述符）。文件描述符是到进程的 fd 向量的索引，所以标准输入、标准输出和标准错误的文件描述符是 0, 1 和 2。文件的每次访问基本都会使用文件数据结构的文件操作函数集。

而 mm_struct 主要是管理进程的整个内存空间。由 mm_struct 包含已装载的可执行的映像的信息，还有到进程的页表的指针。进程的页表包含一些指针，指到 vm_area_struct 数据结构的一个表。每个 vm_area_struct 描述进程的一个内存区域，这个区域有较为独立的属性，比如这个区域映射的是某一个动态链接库，可读，不可写，不可执行，可以跟别的进程共享；而另一个区域则属于进程的堆，可读，可写，不可执行，进程私有不能共享。Linux 把这样的一个内存区域单独出来，便于对每个区域属性的管理，同时也便于在不同的进程间进行共享。

5.2 Linux 进程创建及分析

相信读到这里,读者对 Linux 中的进程概念,以及 Linux 中如何表示一个进程已经有一个大概的了解,那么读者也许会产生一个疑问:进程是怎么产生的?第一个进程是怎么产生的?之后千千万万的进程又是怎么产生的呢?带着这个疑问,让我们开始这一节内容的学习。

5.2.1 第一个进程

第一个进程事实上就是 Linux kernel 本身。像所有其他的进程一样,Linux kernel 本身也有代码段、数据段、堆栈。只不过 Linux kernel 这个进程自己来维护这些段,这一点是与其他进程不同的地方。第一个进程是唯一一个静态创建的进程,在 Linux kernel 编写并且编译的时候创建,让我们具体来看看这个进程。

注意:在 Linux 内核中,这个进程被称作 init task/thread(pid 0),但是它不是系统启动之后你 ps 列出来的那个进程 init(pid 1)。由于 init task 在系统启动之后,主要运行一个 cpu_idle ()函数,所以又叫 idle task,这个进程只有在系统中没有可以运行的其他进程的时候才会被 scheduler()调度到。

arch/i386/kernel/init_task.c

```
13 static struct fs_struct init_fs = INIT_FS;
14 static struct files_struct init_files = INIT_FILES;
15 static struct signal_struct init_signals = INIT_SIGNALS(init_signals);
16 static struct sighand_struct init_sighand = INIT_SIGHAND(init_sighand);
17 struct mm_struct init_mm = INIT_MM(init_mm);
18
19 EXPORT_SYMBOL(init_mm);
20
21 /*
22  * Initial thread structure.
23  *
24  * We need to make sure that this is THREAD_SIZE aligned due to the
25  * way process stacks are handled. This is done by having a special
26  * "init_task" linker map entry..
27  */
28 union thread_union init_thread_union
29         __attribute__((__section__(".data.init_task"))) =
30             { INIT_THREAD_INFO(init_task) };
31
32 /*
33  * Initial task structure.
```

```
34      *
35      * All other task structs will be allocated on slabs in fork.c
36      */
37  struct task_struct init_task = INIT_TASK(init_task);
38
39  EXPORT_SYMBOL(init_task);
```

大家从这个文件里可以看得很明白,这个进程的所有结构都是静态创建的:INIT_FS、INIT_FILES、INIT_SIGNALS、INIT_SIGHAND、INIT_MM、INIT_TASK 位于内核代码段,init_thread_union(我们知道这是一个 8K 大小的结构,包括 INIT_THREAD_INFO 和堆栈)位于数据段。让我们看一下 INIT_THREAD_INFO 和 INIT_TASK 结构。

include/asm−i386/thread_info.h,line 71

```
71  #define INIT_THREAD_INFO(tsk)                           \
72  {                                                       \
73          .task           = &tsk,                         \
74          .exec_domain    = &default_exec_domain,         \
75          .flags          = 0,                            \
76          .cpu            = 0,                            \
77          .preempt_count  = 1,                            \
78          .addr_limit     = KERNEL_DS,                    \
79          .restart_block = {                              \
80                  .fn = do_no_restart_syscall,            \
81          },                                              \
82  }
83
84  #define init_thread_info        (init_thread_union.thread_info)
85  #define init_stack              (init_thread_union.stack)
```

可以清楚地看到,INIT_THREAD_INFO 宏初始化了 init_thread_info 里的一些变量,比如第一行初始化 task 指针为 tsk(也就是 init_task)的地址。而从最后两行可以看到 init_thread_info 和 init_stack 共享 8K 的内存。

下面是 INIT_TASK 宏,初始化了 init_task task_struct 里的一些变量,具体的每个变量的含义不再做详细解释了,只说明一点:由 ".comm = "swapper"" 可以看出,这个 init_task 在 Linux 内核中叫 stwapper;而不同于你 ps 命令看到的那个 init 进程,那个进程的 comm 域等于 "init"。

include/linux/init_task.h,line 75

```
75  /*
76   * INIT_TASK is used to set up the first task table, touch at
77   * your own risk!. Base=0, limit=0x1fffff (=2MB)
78   */
```

```
79 #define INIT_TASK(tsk)                                                    \
80 {                                                                         \
81         .state             = 0,                                            \
82         .thread_info       = &init_thread_info,                            \
83         .usage             = ATOMIC_INIT(2),                               \
84         .flags             = 0,                                            \
85         .lock_depth        = -1,                                           \
86         .prio              = MAX_PRIO-20,                                  \
87         .static_prio       = MAX_PRIO-20,                                  \
88         .policy            = SCHED_NORMAL,                                 \
89         .cpus_allowed      = CPU_MASK_ALL,                                 \
90         .mm                = NULL,                                         \
91         .active_mm         = &init_mm,                                     \
92         .run_list          = LIST_HEAD_INIT(tsk.run_list),                 \
93         .ioprio            = 0,                                            \
94         .time_slice        = HZ,                                           \
95         .tasks             = LIST_HEAD_INIT(tsk.tasks),                    \
96         .ptrace_children   = LIST_HEAD_INIT(tsk.ptrace_children),          \
97         .ptrace_list       = LIST_HEAD_INIT(tsk.ptrace_list),              \
98         .real_parent       = &tsk,                                         \
99         .parent            = &tsk,                                         \
100        .children          = LIST_HEAD_INIT(tsk.children),                 \
101        .sibling           = LIST_HEAD_INIT(tsk.sibling),                  \
102        .group_leader      = &tsk,                                         \
103        .group_info        = &init_groups,                                 \
104        .cap_effective     = CAP_INIT_EFF_SET,                             \
105        .cap_inheritable   = CAP_INIT_INH_SET,                             \
106        .cap_permitted     = CAP_FULL_SET,                                 \
107        .keep_capabilities = 0,                                            \
108        .user              = INIT_USER,                                    \
109        .comm              = "swapper",                                    \
110        .thread            = INIT_THREAD,                                  \
111        .fs                = &init_fs,                                     \
112        .files             = &init_files,                                  \
113        .signal            = &init_signals,                                \
114        .sighand           = &init_sighand,                                \
115        .pending           = {                                             \
116            .list          = LIST_HEAD_INIT(tsk.pending.list),             \
117            .signal        = {{0}}},                                       \
118        .blocked           = {{0}},                                        \
119        .alloc_lock        = SPIN_LOCK_UNLOCKED,                           \
120        .proc_lock         = SPIN_LOCK_UNLOCKED,                           \
121        .journal_info      = NULL,                                         \
```

```
122            .cpu_timers          = INIT_CPU_TIMERS(tsk.cpu_timers),    \
123            .fs_excl             = ATOMIC_INIT(0),                      \
124 }
```

init_task 是怎么被调用的？在 arch/i386/kernel/head.S 里面，设置好 8M 的页目录、页表，然后启用分页机制的时候，设置的页目录就是 swapper_pg_dir。从这时开始，事实上 Linux 内核就是以 init_task 在运行了。之后在 paging_init( ) 函数（arch/i386/mm/init.c）里，会设置好 init task 的整个 4G 空间的页目录、页表、内核初始化各个模块，完成自己的工作，直到最后 Linux 内核运行到 cpu_idle( )，就完全以一个进程（swapper 进程或者 idle 进程）的形式而存在，被调度。

init/main.c

```
asmlinkage void _init start_kernel(void)
{...
    sched_init();
...
}
/*在 start_kernel 中调用 sched_init()初始化调度器*/

kernel/sched.c
void _init sched_init(void)
{...
    /*
     * Make us the idle thread. Technically, schedule() should not be
     * called from this thread, however somewhere below it might be,
     * but because we are the idle thread, we just pick up running again
     * when this runqueue becomes "idle".
     */
    init_idle(current, smp_processor_id());
}
/*在 sched_init 中调用 init_idle 初始化 idle 进程关于调度的一些选项*/
```

init_idle( ) 在文件 kernel/sched.c 里，请自行参看。

在 start_kernel( ) 的最后，会调用 rest_init( )，rest_init( ) 最后就运行到 cpu_idle，在这之前，执行 schedule( ) 调度，调度到系统中需要运行的进程 init，代码如下：

init/main.c

```
387 static void noinline rest_init(void)
388         __releases(kernel_lock)
389 {
390         kernel_thread(init, NULL, CLONE_FS | CLONE_SIGHAND);
...
392         unlock_kernel();
```

```
393
394        /*
395         * The boot idle thread must execute schedule()
396         * at least one to get things moving.
397         */
398        preempt_enable_no_resched();
399        schedule();
400        preempt_disable();
401
402        /* Call into cpu_idle with preempt disabled */
403        cpu_idle();
404 }
```

可以看到在 rest_init() 中，使用 kernel_thread() 动态创建了 init 进程，这个进程才是之后系统中的那个 init，运行启动脚本，fork 出系统中所有其他的进程（所以被称作系统中所有进程之父），关于 kernel_thread() 和 fork() 下文会讲到。

5.2.2 fork、clone、kernel_thread

系统中其他的进程都通过复制父进程来产生，Linux 提供两个系统调用 fork 和 clone 来实现这个功能，广义上，我们都叫它们 fork()，这也是 Unix 系统传统的叫法，表示一个进程分叉产生两个进程；Linux 后来为了线程实现的方便，引入了轻量级进程的概念，通过 clone 系统调用产生。而它们在底层都是调用 do_fork()。fork() 和 clone() 调用的函数原型如下：

```
NAME
       fork - create a child process
SYNOPSIS
       #include <sys/types.h>
       #include <unistd.h>
       pid_t fork(void);
DESCRIPTION
       fork() creates a child process that differs from the parent process
NAME
       clone - create a child process
SYNOPSIS
       #include <sched.h>
       int clone(int (*fn)(void *), void *child_stack, int flags, void *arg);
       _syscall2(int, clone, int, flags, void *, child_stack)
       _syscall5(int, clone, int, flags, void *, child_stack,
        int *, parent_tidptr, struct user_desc *, newtls,
        int *, child_tidptr)
DESCRIPTION
```

> clone() creates a new process, in a manner similar to fork(2)...

调用 fork 的进程叫做父进程,由此调用而产生的进程叫子进程。比如一个很简单的小程序:

```c
#include <stdio.h>
#include <unistd.h>

main(int argc, char *argv[])
{
    pid_t pid;
    printf("This comes before the fork() \n");
    pid = fork();
    if (pid)
    {
        printf("I'm the parent process \n");
    }
    else
    {
        printf("I'm the child process \n");
    }
}
Here is the output of the program :
# ./fork
This comes before the fork()
I'm the child process
I'm the parent process
```

可以看到,父进程和子进程都会从 fork() 调用中返回,父进程返回的是子进程的 pid,子进程从 fork() 返回的是 0,所以如果想让父进程和子进程走不同的路径,可以通过判断 fork() 调用的返回值实现。这一部分的内容在前面已讲述。接下来,我们主要看一看 fork() 的实现,以及创建进程的时候,究竟发生了什么。

1. fork 分析

(本书试图站在一定的高度进行抽象,而不是一行行代码的解释,因为代码会随着版本变化,但是基本的原理事实上这些年基本没变过。)

arch/i386/kernel/process.c,line 707

```
707 asmlinkage int sys_fork(struct pt_regs regs)
708 {
709         return do_fork(SIGCHLD, regs.esp, &regs, 0, NULL, NULL);
710 }
```

kernel/fork.c, line 1287

```
1287 long do_fork(unsigned long clone_flags,
1288             unsigned long stack_start,
1289             struct pt_regs *regs,
1290             unsigned long stack_size,
1291             int _user *parent_tidptr,
1292             int _user *child_tidptr)
1293 {
1294     struct task_struct *p;
1295     int trace = 0;
1296     long pid = alloc_pidmap();
1297
1298     if (pid < 0)
1299         return -EAGAIN;
1300     if (unlikely(current->ptrace)) {
1301         trace = fork_traceflag(clone_flags);
1302         if (trace)
1303             clone_flags |= CLONE_PTRACE;
1304     }
1305
1306     p = copy_process(clone_flags, stack_start, regs, stack_size,
                        parent_tidptr, child_tidptr, pid);
1307     /*
1308      * Do this prior waking up the new thread - the thread pointer
1309      * might get invalid after that point, if the thread exits quickly.
1310      */
1311     if (!IS_ERR(p)) {
1312         struct completion vfork;
1313
1314         if (clone_flags & CLONE_VFORK) {
1315             p->vfork_done = &vfork;
1316             init_completion(&vfork);
1317         }
1318
1319         if ((p->ptrace & PT_PTRACED) || (clone_flags & CLONE_STOPPED)) {
1320             /*
1321              * We'll start up with an immediate SIGSTOP.
1322              */
1323             sigaddset(&p->pending.signal, SIGSTOP);
1324             set_tsk_thread_flag(p, TIF_SIGPENDING);
1325         }
1326
```

```
1327            if (!(clone_flags & CLONE_STOPPED))
1328                    wake_up_new_task(p, clone_flags);
1329            else
1330                    p->state = TASK_STOPPED;
1331
1332            if (unlikely (trace)) {
1333                    current->ptrace_message = pid;
1334                    ptrace_notify ((trace << 8) |SIGTRAP);
1335            }
1336
1337            if (clone_flags & CLONE_VFORK) {
1338                wait_for_completion(&vfork);
1339                if (unlikely (current->ptrace & PT_TRACE_VFORK_DONE))
1340                    ptrace_notify ((PTRACE_EVENT_VFORK_DONE << 8) |SIGTRAP);
1341            }
1342       } else {
1343            free_pidmap(pid);
1344            pid = PTR_ERR(p);
1345       }
1346       return pid;
1347 }
```

fork()主要做下面这些事：

（1）为新进程分配一些基本的数据结构。具体到 Linux，最重要的比如一个新的进程号 pid，一个 task_struct 和一个 8K 大小的联合体（存放 thread_into 和内核栈）等。

（2）共享或者拷贝父进程的资源，包括环境变量、当前目录、打开的文件、信号量以及处理函数等。

（3）为子进程创建虚拟地址空间。子进程可能跟父进程共享代码段，数据段也可能采用 COW（写时拷贝）的策略使 fork() 的速度与灵活性得到提高。

（4）为子进程设置好调度相关的信息，使得子进程在适当的时候独立于父进程，能被独立调度。

（5）fork()的返回。对于父进程来说，fork()函数直接返回子进程的 pid；而对于子进程来说，是在子进程被第一次调度执行的时候，返回 0。（对于有些接触 Linux 不久的读者来说，常常有一个问题会困扰他：新创建的进程是从什么时候，什么地方开始执行的？我们在后面会为大家揭示这个答案）

fork()的实现有很多细节，各个 Unix 之间，甚至 Linux 各个版本之间实现也有较大的差异，但在这些具体细节实现的背后，很多原理包括基本的概念自从 Unix 诞生以来就没有太大的变化。这也正是 *The Design of the Unix Operating System* 这本书一直都非常有参考价值的原因之一。下面结合具体的代码，对 fork 中重要的部分进行详细分析。（注意，这里并不打算按照代码的调用细节逐行解释。）

第5章 进程管理

- **分配一些基本的数据结构：**

在 Linux 中，每个进程都有自己独立的 pid，所以创建一个进程的首要任务就是先分配一个 pid：

```
long pid = alloc_pidmap();
```

分配一个 pid，如果出错，返回 -EAGAIN；否则

```
p = copy_process(clone_flags, stack_start, regs, stack_size, parent_tidptr,
                 child_tidptr, pid);
```

调用 copy_process() 函数，这个函数最终会返回一个新分配的子进程 task_struct 的指针。

```
p = dup_task_struct(current);
```

函数的名字已经很明白地告诉了我们，这个函数对 current（父进程）的 task_struct 进行一个拷贝。在这个函数中：

kernel/fork.c，line 160

```
160 static struct task_struct *dup_task_struct(struct task_struct *orig)
161 {
162     struct task_struct *tsk;
163     struct thread_info *ti;
164
165     prepare_to_copy(orig);
166
167     tsk = alloc_task_struct();
168     if (!tsk)
169         return NULL;
170
171     ti = alloc_thread_info(tsk);
172     if (!ti) {
173         free_task_struct(tsk);
174         return NULL;
175     }
176
177     *tsk = *orig;
178     tsk->thread_info = ti;
179     setup_thread_stack(tsk, orig);
180
181     /* One for us, one for whoever does the "release_task()" (usually parent) */
182     atomic_set(&tsk->usage, 2);
183     atomic_set(&tsk->fs_excl, 0);
184     return tsk;
185 }
```

alloc_task_struct( )分配一个新的 task_struct,可能使用 kmalloc( )分配,也可能从 slab 中分配,依具体实现而定。

alloc_thread_info( )分配一个 8K 大小的联合体,用于存放 thread_info 和内核栈。

*tsk = *orig;拷贝父进程的 task_struct 结构体。

- **共享或者拷贝父进程的资源**

这部分调用基本都发生在 kernel/fork.c:copy_process( )之中。

```
976         copy_flags(clone_flags, p);  /*选择性地继承父进程的 flags 变量*/
977         p->pid = pid;  /*把新分配到的 pid 赋给子进程*/
994         p->utime = cputime_zero;  /*子进程的用户态执行时间*/
995         p->stime = cputime_zero;  /*子进程的核心态执行时间*/
996         p->sched_time = 0;
997         p->rchar = 0;              /* I/O counter: bytes read */
998         p->wchar = 0;              /* I/O counter: bytes written */
999         p->syscr = 0;              /* I/O counter: read syscalls */
1000        p->syscw = 0;              /* I/O counter: write syscalls */
1001        acct_clear_integrals(p);  /*进程统计相关变量清零*/
1002
1003        p->it_virt_expires = cputime_zero;
1004        p->it_prof_expires = cputime_zero;
1005        p->it_sched_expires = 0;  /*定时器相关变量清零*/
1006        INIT_LIST_HEAD(&p->cpu_timers[0]);
1007        INIT_LIST_HEAD(&p->cpu_timers[1]);
1008        INIT_LIST_HEAD(&p->cpu_timers[2]);
1009
1010        p->lock_depth = -1;            /* -1 = no lock */
1011        do_posix_clock_monotonic_gettime(&p->start_time);  /*进程创建的时间*/
1012        p->security = NULL;
1013        p->io_context = NULL;
1014        p->io_wait = NULL;
1015        p->audit_context = NULL;
1016        cpuset_fork(p);
1030        p->tgid = p->pid;
1031        if (clone_flags & CLONE_THREAD)
1032            p->tgid = current->tgid;
```

这些语句都非常清晰,基本上都是初始化子进程的一些资源。

```
1038        /* copy all the process information */
1039        if ((retval = copy_semundo(clone_flags, p)))
1040            goto bad_fork_cleanup_audit;
```

```
1041            if ((retval = copy_files(clone_flags, p)))
1042                    goto bad_fork_cleanup_semundo;
1043            if ((retval = copy_fs(clone_flags, p)))
1044                    goto bad_fork_cleanup_files;
1045            if ((retval = copy_sighand(clone_flags, p)))
1046                    goto bad_fork_cleanup_fs;
1047            if ((retval = copy_signal(clone_flags, p)))
1048                    goto bad_fork_cleanup_sighand;
1049            if ((retval = copy_mm(clone_flags, p)))
1050                    goto bad_fork_cleanup_signal;
1051            if ((retval = copy_keys(clone_flags, p)))
1052                    goto bad_fork_cleanup_mm;
1053            if ((retval = copy_namespace(clone_flags, p)))
1054                    goto bad_fork_cleanup_keys;
1055            retval = copy_thread(0, clone_flags, stack_start, stack_size, p, regs);
1056            if (retval)
1057                    goto bad_fork_cleanup_namespace;
```

copy_semundo	拷贝父进程对于 semaphore 的一些回滚操作。
copy_files	拷贝父进程打开的文件信息。
copy_fs	拷贝父进程目录信息(根目录、当前目录)。
copy_sighand	拷贝父进程的信号处理函数。
copy_signal	拷贝父进程的信号描述符。
copy_mm	拷贝父进程的内存映像。
copy_keys	拷贝父进程的认证密钥等信息。
copy_thread	拷贝父进程的寄存器上下文,设置子进程的返回地址(即开始执行的地址)。

- **为子进程创建虚拟地址空间**

我们详细看看 copy_mm 是怎样为新进程建立内存映像的。

kernel/fork.c, line 500

```
500 static int copy_mm(unsigned long clone_flags, struct task_struct * tsk)
501 {
...
526         retval = -ENOMEM;
527         mm = dup_mm(tsk);
528         if (!mm)
529                 goto fail_nomem;
530
531 good_mm:
532         tsk->mm = mm;
```

```
533            tsk->active_mm = mm;
534            return 0;
535
536 fail_nomem:
537            return retval;
538 }
```

可以看到，copy_mm()的工作主要是在 dup_mm()函数里完成的。

kernel/fork.c, line 451

```
451  /*
452   * Allocate a new mm structure and copy contents from the
453   * mm structure of the passed in task structure.
454   */
455  static struct mm_struct *dup_mm(struct task_struct *tsk)
456  {
457            struct mm_struct *mm, *oldmm = current->mm;
458            int err;
459
460            if (!oldmm)
461                    return NULL;
462
463            mm = allocate_mm();
464            if (!mm)
465                    goto fail_nomem;
466
467            memcpy(mm, oldmm, sizeof(*mm));
468
469            if (!mm_init(mm))
470                    goto fail_nomem;
471
472            if (init_new_context(tsk, mm))
473                    goto fail_nocontext;
474
475            err = dup_mmap(mm, oldmm);
476            if (err)
477                    goto free_pt;
478
479            mm->hiwater_rss = get_mm_rss(mm);
480            mm->hiwater_vm = mm->total_vm;
481
482            return mm;
...
       }
```

第5章 进程管理

该函数执行流程：
(1) 调用 allocate_mm() 从 slab 中分配一个 mm_struct 结构。
(2) 使用 memcpy 拷贝父进程的 mm_struct。
(3) mm_init(mm) 初始化 mm 中的某些项。
(4) init_new_context() 初始化新进程的 ldt 描述符。
(5) dup_mmap 拷贝父进程的各个虚拟内存段（VMA）。我们知道进程的每个 VMA 链成一个链表，用以描述这个进程访问到的所有内存，包括映射到可执行文件的内存，映射到动态链接库的内存，及映射到进程动态申请分配的内存等。dup_mmap() 根据父进程的 VMA 链表，会试图建立自己的 VMA 链（简便起见，下面的引用省略了一些不是主干的语句）。

kernel/fork.c，line 188

```
188 static inline int dup_mmap(struct mm_struct *mm, struct mm_struct *oldmm)
189 {
...
212         for (mpnt = oldmm->mmap; mpnt; mpnt = mpnt->vm_next) {
...
214             /* 如果有 VM_DONTCOPY 标记，则不拷贝这个 VMA */
215             if (mpnt->vm_flags & VM_DONTCOPY) {
...
220                 continue;
221             }
...
            /* 分配一个 vm_area_struct */
229             tmp = kmem_cache_alloc(vm_area_cachep, SLAB_KERNEL);
            /* 拷贝父进程的 vm_area_struct */
...
232             *tmp = *mpnt;
            /* 拷贝这个 VMA 的权限机制 */
233             pol = mpol_copy(vma_policy(mpnt));
...
237             vma_set_policy(tmp, pol);
            /* 把这个 vm_area_struct 链入进程自己的 VMA 链表 */
238             tmp->vm_flags &= ~VM_LOCKED;
239             tmp->vm_mm = mm;
240             tmp->vm_next = NULL;
241             anon_vma_link(tmp);
...
258             /*
259              * Link in the new vma and copy the page table entries.
260              */
261             *pprev = tmp;
262             pprev = &tmp->vm_next;
263
```

```
264            __vma_link_rb(mm, tmp, rb_link, rb_parent);
265            rb_link = &tmp->vm_rb.rb_right;
266            rb_parent = &tmp->vm_rb;
267
268            mm->map_count++;

               /* 拷贝这个 VMA 对应的页表 */
269            retval = copy_page_range(mm, oldmm, mpnt);
270
               /* 对这个 vma 执行 open 操作 */
271            if (tmp->vm_ops && tmp->vm_ops->open)
272                tmp->vm_ops->open(tmp);
273
...
276        }   /* end for */
...
289 }
```

请注意 copy_page_range() 函数,由于 Linux 使用写时拷贝(COW)机制,所以在这个函数里面只是拷贝页表(或者页表项),不会拷贝页表项所指向的真正的物理页面。在拷贝页表项的时候会在页表项上做上保护标记,这样当父进程或者子进程去写这个页面的时候,会发生一个页错误(page fault),然后在页错误处理函数里才会实施拷贝,如图5.8所示。篇幅所限,具体的代码不在这里列出了,函数调用关系如下:

copy_page_range()->copy_pud_range()->copy_pmd_range()->copy_pte_range()->copy_one_pte()

当这个动作完成之后,新进程的内存映像大概是这样:

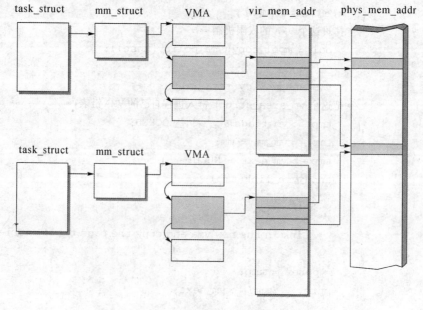

图5.8 父子进程的内存映像

为子进程设置好调度相关的信息。

在 copy_process( ) 函数中,会调用 sched_fork( ) 来为新 fork 出来的进程进行一些设置。

kernel/sched.c, line 1330

```
1330 void fastcall sched_fork(task_t *p, int clone_flags)
1331 {
...
                /*设置这个进程的状态为 TASK_RUNNING */
1339            /*
1340             * We mark the process as running here, but have not actually
1341             * inserted it onto the runqueue yet. This guarantees that
1342             * nobody will actually run it, and a signal or other external
1343             * event cannot wake it up and insert it on the runqueue either.
1344             */
1345            p->state = TASK_RUNNING;

                /*由这条语句可以看出,这个进程还没有被放入运行队列,所以不会被调度到 */
1346            INIT_LIST_HEAD(&p->run_list);
1347            p->array = NULL;
...
                /*进行下面这些操作前关掉中断 */
1363            local_irq_disable();

                /*父子进程均分父进程原先的时间片 */
1364            p->time_slice = (current->time_slice + 1) >> 1;
...
1370            current->time_slice >>= 1;

1371            p->timestamp = sched_clock();

1372            if (unlikely(!current->time_slice)) {
                /*如果父进程在创建子进程的时候刚好只有一个时间,那么通过上面的均
                分算下来,父进程 time_slice 刚好等于 0。这种情况就不能再让父进程运
                行了,需要调用 scheduler_tick( )函数把父进程从运行队列中拿走。
...             (此处再给父进程的 time_slice 赋值 1 是为了 scheduler_tick( ) 函数
                里面进行"--time_slice"操作时逻辑正确。个人认为这样写代码并不
                好) */
1378                current->time_slice = 1;
1379                scheduler_tick();
1380            }
1381            local_irq_enable();
...
1383 }
```

- **fork( )的返回**

fork( )调用之后,会有两次返回:对父进程返回子进程的 pid 很好理解;下面着重理解一下子进程的返回。在 do_fork( )函数中,copy_process( )调用完成之后,如果没有出错,父进程会去唤醒子进程:

kernel/fork. c, **line 1327**

```
1327                if (!(clone_flags & CLONE_STOPPED))
1328                    wake_up_new_task(p, clone_flags);
1329                else
1330                    p->state = TASK_STOPPED;
```

wake_up_new_task( )会把子进程放入适当的运行队列,这样子进程就会被调度器调度运行了。这解决了一个疑问:子进程什么时候开始执行。那么子进程从什么地方开始运行呢?

请注意在 copy_thread( )函数中,有这样一条语句:

arch/i386/kernel/process. c, **line 439**

```
439                p->thread.eip = (unsigned long) ret_from_fork;
```

这条语句设置子进程被调度到的时候开始执行的地址。p->thread 里面保存着进程的寄存器上下文,当一个进程切换出去的时候,寄存器上下文保存在这里面,当切换回来的时候,系统从这里面恢复寄存器上下文(包括指令指针,即开始执行的地址)。ret_from_fork 函数在 entry.S 里面:

arch/i386/kernel/entry. S, **line 126**

```
126 ENTRY(ret_from_fork)
127         pushl %eax
128         call schedule_tail
129         GET_THREAD_INFO(%ebp)
130         popl %eax
131         jmp syscall_exit
```

在这里我不再详细解释汇编语法了。ret_from_fork( )先调用 schedule_tail( ),然后跳转到 syscall_exit,经 syscall_exit 之后,子进程也从 fork( )函数返回了。

2. clone( )分析

clone 的直译是克隆,指的是子进程基本完全复制父进程。clone 的产生源于应用层对于线程的需求。Linux 从自己的角度重新解释了应用层的需求,提出了"轻量级进程(lightweight process)"的概念。提供给应用层 clone 系统调用。它不但能用于产生传统意义上的线程,更有精细的参数,可以控制子进程与父进程之间共享的内容。

从应用层的帮助页来看:

```
SYNOPSIS
       #include <sched.h>
       int clone(int (*fn)(void *), void *child_stack, int flags, void *arg);
...
DESCRIPTION
       clone() creates a new process, in a manner similar to fork(2).  clone()
       is a library function layered on top of the underlying  clone()  system
       call, hereinafter referred to as sys_clone.  A description of sys_clone
       is given towards the end of this page.

       Unlike fork(2), these calls allow the child process to share  parts  of
       its  execution  context  with  the  calling process, such as the memory
       space, the table of file descriptors, and the table of signal handlers.
```

clone()与fork()类似,也是用来产生一个新进程的。不同之处在于clone()允许子进程跟父进程共享一些上下文,比如内存、打开文件描述符、信号处理函数表等。

clone()系统调用的例子我们在实验3中会看到。下面解释一下clone()系统调用中常见的flags参数(更加详细的内容请参考"man 2 clone")。flags可以是下面这些宏中的任意一个,也可以把它们相或之后,赋给flags(比如:CLONE_FS | CLONE_VM)。

- **flags 参数**

(1)CLONE_FS。如果使用了这个标志的话,父进程和子进程共享文件系统信息,包括根目录、当前工作目录、umask等。其中一个进程对这些信息的改变(比如调用chroot()、chdir()等),都将影响到另外一个进程。

(2)CLONE_FILES。如果使用了这个标志的话,父进程和子进程共享文件描述符表。我们都知道文件描述符表里面保存的是进程打开的文件描述符。这就意味着一个进程打开的文件,在另外一个进程中用同样的描述符也可以访问,并且打开文件的偏移量等信息。此外,在一个进程中关闭了一个文件或者使用fcntl()改变了一个文件的属性,另一个进程也能看到这些改变。

(3)CLONE_SIGHAND。如果使用了这个标志,父进程和子进程共享信号处理函数表。如果一个进程改变了某个信号处理函数,这个改动对于另外一个进程也有效。但有一点需要注意,它们使用不同的信号屏蔽变量。所以一个进程可以屏蔽一些信号,另一个进程同时侦听这些信号。

(4)CLONE_PTRACE。如果使用了这个标志,并且父进程被跟踪,那么子进程也将被跟踪。

(5)CLONE_VFORK。如果使用了这个标志,那么父进程将暂停执行,直到子进程调用execve()或者_exit()释放其虚拟内存资源。可参考"man vfork"。

(6)CLONE_VM。如果使用了这个标记,那么父进程和子进程运行在同一个虚拟地址空间(确切地说,是使用同一个代码段和数据段,但不使用同一个堆栈),比如一个进程对一个内存全局变量(因为全局变量是在数据段,局部变量在堆栈)的改动,在另外一个进程里面也能被看到。

其他的参数一般并不常用,有需要的读者可以参考 clone( )的帮助页。

CLONE_PARENT (since Linux 2.3.12)
CLONE_NEWNS (since Linux 2.4.19)
CLONE_UNTRACED (since Linux 2.5.46)
CLONE_STOPPED (since Linux 2.6.0 - test2)
CLONE_PID (obsolete)
CLONE_THREAD (since Linux 2.4.0 - test8)
CLONE_SYSVSEM (since Linux 2.5.10)
CLONE_SETTLS (since Linux 2.5.32)
CLONE_PARENT_SETTID (since Linux 2.5.49)
CLONE_CHILD_SETTID (since Linux 2.5.49)
CLONE_CHILD_CLEARTID (since Linux 2.5.49)

可以看到,clone( )给予用户很大的自由来定义子进程跟父进程共享哪些内容,定义一个新的子进程"轻量级"的程度。著名的如 LinuxThreads 就是基于 clone( )上面构建的线程库,我们在 Linux 中的线程中会讲到。

从 Linux 内核实现的角度来说,我们挑几个标志来看看。由于 clone( )系统调用在内核里面最终也是调用 do_fork( )函数,所以我们可以看看 do_fork( )函数对于这些标志的处理:

CLONE_FS,如果这个标志被置上,那么 copy_fs( )拷贝父进程的文件系统信息的时候就不会真的实施拷贝,如下:

kernel/fork.c, line 572

```
572 static inline int copy_fs(unsigned long clone_flags, struct task_struct * tsk)
573 {
574        if (clone_flags & CLONE_FS) {
575              atomic_inc(&current - >fs - >count);
576              return 0;
577        }
578        tsk - >fs = _copy_fs_struct(current - >fs);
579        if (!tsk - >fs)
580              return - ENOMEM;
581        return 0;
582 }
```

CLONE_FILES,如果这个标志被使用,那么 copy_files( )也不会拷贝父进程的打开文件表,如下:

kernel/fork.c, line 726

```
726 static int copy_files(unsigned long clone_flags, struct task_struct * tsk)
727 {
```

```
738            if (clone_flags & CLONE_FILES) {
739                    atomic_inc(&oldf - >count);
740                    goto out;
741            }
...
758 }
```

其他标志的处理都类似,请读者自行阅读代码。

3. kernel_thread( )分析

上面提到的无论是 fork( )还是 clone( ),都是用户态产生进程的方法。有时候内核本身需要产生一些进程,比如某些驱动需要处理一些事件,需要有一个进程运行在内核态;又比如 2.6 版本新引进的 work_queue 机制,需要有一个运行在内核态的进程上下文,用以运行所有的 work( )。kernel_thread( )调用正是为这些目的服务的。

kernel_thread( )也调用 do_fork( )函数,是专门包装出来用于内核其他模块使用的。与 fork( )、clone( )一样,也是用于产生进程,所不同的是:这个调用只提供给内核各个模块,并且由这个调用所产生的进程,运行在内核态。不需要 mm_struct(task_struct 里面的 mm 指针为空),直接用内核的页目录页表。一般来说不能访问用户态的文件、程序等。由于这些特点,我们一般把这些进程叫做"内核线程"。

arch/i386/kernel/process.c,line 340

```
340 int kernel_thread(int ( * fn)(void * ), void * arg, unsigned long flags)
341 {
342         struct pt_regs regs;
343
344         memset(&regs, 0, sizeof(regs));
345
346         regs.ebx = (unsigned long) fn;
347         regs.edx = (unsigned long) arg;
348
349         regs.xds = _USER_DS;
350         regs.xes = _USER_DS;
351         regs.orig_eax = -1;
352         regs.eip = (unsigned long) kernel_thread_helper;
353         regs.xcs = _KERNEL_CS;
354         regs.eflags = X86_EFLAGS_IF | X86_EFLAGS_SF | X86_EFLAGS_PF |0x2;
355
356         /* Ok, create the new process.. */
357         return do_fork(flags |CLONE_VM |CLONE_UNTRACED, 0, &regs, 0, NULL, NULL);
358 }
```

do_fork( )创建一个子进程,子进程执行到 kernel_thread_helper( ),然后调用函数 fn。

思考：fork( )调用之后，子进程与父进程共享了哪些内容？带参数 CLONE_VM 的 clone( )调用之后呢？

5.2.3 exec 装载与执行进程

fork( )创建了一个程序，但是如果这个子程序只能局限在自身的代码段范围之中（不能去执行别的程序），那么 fork( )也没有太多的实际意义。在 Linux 中，exec 调用用于从一个进程的地址空间中执行另外一个进程，覆盖自己的地址空间。有了这个系统调用，shell 就可以使用 fork + exec 的方式执行别的用户程序了。一个进程使用 exec 执行别的应用程序之后，它的代码段、数据段、bss 段和堆栈都被新程序覆盖，唯一保留的是进程号。

exec 有一系列的系统调用：

```
#include <unistd.h>
extern char **environ;

int execl(const char *path, const char *arg, ...);
int execlp(const char *file, const char *arg, ...);
int execle(const char *path, const char *arg, ..., char *const envp[]);
int execv(const char *path, char *const argv[]);
int execvp(const char *file, char *const argv[]);
int execve(const char *filename, char *const argv[], char *const envp[]);
```

前面几个函数都是通过调用 execve 来实现的，所以这里只分析 execve 的实现。

arch/i386/kernel/process.c，line 745

```
745 asmlinkage int sys_execve(struct pt_regs regs)
746 {
747         int error;
748         char * filename;
749
750         filename = getname((char __user *) regs.ebx);
751         error = PTR_ERR(filename);
752         if (IS_ERR(filename))
753             goto out;
754         error = do_execve(filename,
755                 (char __user * __user *) regs.ecx,
756                 (char __user * __user *) regs.edx,
757                 &regs);
758         if (error == 0) {
759             task_lock(current);
760             current->ptrace &= ~PT_DTRACE;
761             task_unlock(current);
762             /* Make sure we don't return using sysenter.. */
```

```
763                set_thread_flag(TIF_IRET);
764            }
765            putname(filename);
766   out:
767        return error;
768   }
```

regs 里面保存的是用户态下面的 CPU 寄存器,ebx、ecx、edx 分别是用户传入的第一个、第二个和第三个参数,filename 从用户空间拷贝到内核空间,然后调用 do_execve()函数。

以下代码引用省略部分不是很关键的语句。

fs/exec.c,line 435

```
435   int do_execve(char * filename,
436            char __user *__user *argv,
437            char __user *__user *envp,
438            struct pt_regs * regs)
439   {
440        struct linux_binprm *bprm;
441        struct file *file;
442        int retval;
443        int i;
444
445        retval = -ENOMEM;
            /* 分配 bprm 结构 */
446        bprm = kmalloc(sizeof(*bprm), GFP_KERNEL);
447        if (!bprm)
448            goto out_ret;
449        memset(bprm, 0, sizeof(*bprm));
450
            /* open_exec()检查对于文件的访问权限,打开这个文件返回 file 结构体 */
451        file = open_exec(filename);
452        retval = PTR_ERR(file);
453        if (IS_ERR(file))
454            goto out_kfree;
455
456        sched_exec(); /* SMP 中才有 */
457
            /* 填充 bprm 结构 */
458        bprm->p = PAGE_SIZE*MAX_ARG_PAGES-sizeof(void *);
459
460        bprm->file = file;
461        bprm->filename = filename;
462        bprm->interp = filename;
463        bprm->mm = mm_alloc();
464        retval = -ENOMEM;
465        if (!bprm->mm)
```

```
466                    goto out_file;
467
                /* 拷贝父进程的 LDT（对于 i386 体系而言）*/
468            retval = init_new_context(current, bprm->mm);
469            if (retval < 0)
470                    goto out_mm;
471
                /* 参数个数 */
472            bprm->argc = count(argv, bprm->p /sizeof(void *));
473            if ((retval = bprm->argc) < 0)
474                    goto out_mm;
475
                /* 环境变量个数 */
476            bprm->envc = count(envp, bprm->p /sizeof(void *));
477            if ((retval = bprm->envc) < 0)
478                    goto out_mm;
479
                /* 给 security Linux 的 hook */
480            retval = security_bprm_alloc(bprm);
481            if (retval)
482                    goto out;
483
                /* 进一步检查文件是否可以被执行,填充 bprm 结构。如果可以执行,
                 * 调用 kernel_read()函数读取文件开始的 BINPRM_BUF_SIZE 字
                 * 节到 bprm 的 buf 里面 */
484            retval = prepare_binprm(bprm);
485            if (retval < 0)
486                    goto out;
487
                /* copy_strings 分配页面,将文件名、环境变量和命令行参数拷贝到这些页面中 */
488            retval = copy_strings_kernel(1, &bprm->filename, bprm);
489            if (retval < 0)
490                    goto out;
491
492            bprm->exec = bprm->p;
493            retval = copy_strings(bprm->envc, envp, bprm);
494            if (retval < 0)
495                    goto out;
496
497            retval = copy_strings(bprm->argc, argv, bprm);
498            if (retval < 0)
499                    goto out;
...
1200
                /* 查询能够处理该可执行文件格式的处理函数,并调用相应的 load_library 方
                   法进行处理 */
1201             retval = search_binary_handler(bprm,regs);
```

```
1202            if (retval >= 0) {
                    /* 执行成功 */
1203                free_arg_pages(bprm);
1204
1205                /* execve success */
1206                security_bprm_free(bprm);
1207                acct_update_integrals(current);
1208                kfree(bprm);
1209                return retval;
1210            }
1211
1212 out:
...             /* 出错处理 */
1238 }
```

让我们再深入看一下关键的数据结构和流程：
linux_binprm 结构中保存可执行文件时用到的信息。

include/linux/binfmts.h，line 23

```
23 struct linux_binprm{
24      char buf[BINPRM_BUF_SIZE];  /* 保存文件开始的 128 个字节 */
25      struct page *page[MAX_ARG_PAGES];  /* 存放参数页面 */
26      struct mm_struct *mm;
27      unsigned long p;  /* 当前内存页最高地址 */
28      int sh_bang;
29      struct file * file;  /* 要执行的文件 file 结构 */
30      int e_uid, e_gid;  /* 要执行的进程的有效用户 ID 和有效组 ID */
31      kernel_cap_t cap_inheritable, cap_permitted, cap_effective;
32      void *security;
33      int argc, envc;  /* 参数个数,环境变量个数 */
34      char * filename;        /* 可执行文件名 */
35      char * interp;          /* 真正执行的文件,大部分时候跟 filename 相同,
...                             * 但当执行的是脚本程序的时候可能两者不一样 */
38      unsigned interp_flags;
39      unsigned interp_data;
40      unsigned long loader, exec;
41 };
```

在该函数的最后,又调用了 fs/exec.c 文件中定义的 search_binary_handler 函数来查询能够处理相应可执行文件格式的处理器,并调用相应的 load_library 方法以启动进程。这里,用到了一个在 include/linux/binfmts.h 文件中定义的 linux_binfmt 结构体来保存。处理相应格式的可执行文件的函数指针如下:

include/linux/binfmts.h, line 55

```
55 struct linux_binfmt {
56        struct linux_binfmt * next;
57        struct module *module;
    /* 加载一个新的进程 */
58        int (*load_binary)(struct linux_binprm *, struct pt_regs * regs);
    /* 动态加载共享库 */
59        int (*load_shlib)(struct file *);
    /* 将当前进程的上下文保存在一个名为 core 的文件中 */
60        int (*core_dump)(long signr, struct pt_regs * regs, struct file * file);
61        unsigned long min_coredump;     /* minimal dump size */
62 };
```

Linux 内核允许用户通过调用在 include/linux/binfmt.h 文件中定义的 register_binfmt() 和 unregister_binfmt() 函数来添加和删除 linux_binfmt 结构体链表中的元素,以支持用户特定的可执行文件类型。

在调用特定的 load_binary() 函数加载一定格式的可执行文件后,程序将返回到 sys_execve 函数中继续执行。该函数在完成最后几步的清理工作后,将会结束处理并返回到用户态中,最后,系统会将 CPU 分配给新加载的程序。

5.2.4 Linux 中的线程

1. Linux 线程的实现方式及特点

在 Linux 中,线程实际上被看作是"轻量级进程"。在 Linux 各种线程库的实现中(比如 LinuxThreads),现在使用比较普遍的库通常都遵循的是 1:1 模型(即一个内核线程对应一个用户线程。在这种实现中,线程是通过 clone() 系统调用来产生的,所以一个用户线程一定对应了一个内核线程。

以现在使用广泛的 LinuxThreads 为例,它采用的是 1:1 模型:每个线程实际上在核心是一个个单独的进程,核心的调度程序负责线程的调度,就像调度普通进程。线程是用系统调用 clone() 创建的,它允许创建出来的新进程共享父进程的内存空间、文件描述符和软中断处理程序等。

Linux 线程库采用 1:1 模型的优点有:

- 在对 CPU 资源要求较多的多处理中,最小的损耗代价(每个线程可以跑在独立的 CPU 上)。
- 最小损耗代价的 I/O 操作。
- 一种简单而稳定的实现(大部分困难的工作由内核调度程序替我们做了)。

Linux 这种方式的实现最主要的缺点,是在锁和条件的操作中线程切换的代价过高,因为必须通过内核去切换。然而由于 Linux 内核中对于上下文切换高效率的实现,这个缺点得到了一定程度的弥补。

2. Linux 核心对线程的支持

Linux 核心对线程的支持主要是通过其系统调用 clone()。对于子进程的创建,clone() 系统调用可以进行很详细地控制,这样调用者可以根据自己的需求创建出轻量级进程,主要用的标志是下面几个:

表 5.1 主要的 clone() 参数标志

标 志	Value	含 义
CLONE_VM	0x00000100	置起此标志在进程间共享 VM
CLONE_FS	0x00000200	置起此标志在进程间共享文件系统信息
CLONE_FILES	0x00000400	置起此标志在进程间共享打开的文件
CLONE_SIGHAND	0x00000800	置起此标志在进程间共享信号处理程序

关于 clone() 系统调用,我们在"clone() 分析"一节中已经作了介绍,这里不再赘述。

5.3　实验 1　分析系统调用 sys_exit 函数

一个进程有产生自然就会有消亡,本实验要求对 Linux 中进程的终止过程作一个分析。

当用户程序跑完退出的时候,Glibc 会调用系统调用 exit 来终止进程。系统调用 sys_exit 的主要作用是终止当前正在运行的应用程序,保存当前账号的各种信息,退出各个 Linux 系统子模块和子系统。这些系统子模块和子系统是:

- 删除当前进程的各种定时器;
- 释放内存空间;
- 释放信号量相关信息与结构;
- 所打开的文件都关闭,释放文件指针;
- 释放对于文件系统的相应访问;
- 释放所占用的 tty;
- 通知所有的亲属进程,它要退出了;
- 最后调用 schedule() 函数主动放弃 CPU,不会再返回到这个进程中来。

系统调用 sys_exit 的处理函数定义在文件 kernel/exit.c 中。

kernel/exit.c, line 914

```
914 asmlinkage long sys_exit(int error_code)
915 {
916         do_exit((error_code&0xff) < <8);
917 }
```

sys_exit 的函数体很简单,只是调用了函数 do_exit()。(error_code&0xff) <<8 的作用就是将 error_code 的低 8 位左移 8 位,低 8 位用 0 填补,此数将作为参数传给函数 do_exit()。

请分析 do_exit() 函数。do_exit() 函数在 kernel/exit.c 文件中。在实验报告中只要写出主要的代码分析就可以了。

5.4 实验2 用fork()创建子进程

编制 C 程序,用 fork() 系统调用创建一个子进程。
实验提示:请参考 fork() 函数的帮助页面。

```c
/*
 * a simple demonstration of the fork() function.
 * Compiled by: gcc o fork_example fork_example.c
 */
#include <unistd.h>       /* Symbolic Constants */
#include <sys/types.h>    /* Primitive System Data Types */
#include <errno.h>        /* Errors */
#include <stdio.h>        /* Input/Output */
#include <sys/wait.h>     /* Wait for Process Termination */
#include <stdlib.h>       /* General Utilities */
int main()
{
    pid_t childpid; /* variable to store the child's pid */
    int retval;     /* child process: user-provided return code */
    int status;     /* parent process: child's exit status */
    /* only 1 int variable is needed because each process would have its
       own instance of the variable
       here, 2 int variables are used for clarity */
    /* now create new process */
    childpid = fork();
    if (childpid >= 0) /* fork succeeded */
    {
        if (childpid == 0) /* fork() returns 0 to the child process */
        {
            printf("CHILD: I am the child process!\n");
            printf("CHILD: Here's my PID: %d\n", getpid());
            printf("CHILD: My parent's PID is: %d\n", getppid());
            printf("CHILD: The value of fork return is: %d\n", childpid);
            printf("CHILD: Sleeping for 1 second...\n");
            sleep(1); /* sleep for 1 second */
            printf("CHILD: Enter an exit value (0 to 255): ");
            scanf(" %d", &retval);
            printf("CHILD: Goodbye!\n");
```

第5章 进程管理

```
            exit(retval); /* child exits with user-provided return code */
        }
        else /* fork() returns new pid to the parent process */
        {
            printf("PARENT: I am the parent process!\n");
            printf("PARENT: Here's my PID: %d\n", getpid());
            printf("PARENT: The value of my child's PID is %d\n", childpid);
            printf("PARENT: I will now wait for my child to exit.\n");
            wait(&status); /* wait for child to exit, and store its status */
            printf("PARENT: Child's exit code is: %d\n", WEXITSTATUS(status));
            printf("PARENT: Goodbye!\n");
            exit(0);   /* parent exits */
        }
    }
    else /* fork returns -1 on failure */
    {
        perror("fork"); /* display error message */
        exit(0);
    }
}
```

这个程序主要是示例 fork() 系统调用的用法,以及怎样根据 fork() 返回值区分子进程与父进程。

请仔细阅读上面的源程序,编译并运行,分析运行的结果。

5.5 实验3 用 clone() 创建子进程

使用 clone() 调用创建一个 Linux 子进程,子进程调用 execvp 执行系统命令 ls。

实验提示:

(1) 请仔细参考阅读 clone() 系统调用的帮助页面。

(2) CLONE_FS | CLONE_FILES | CLONE_SIGHAND | CLONE_VM,这些参数的分析请参考本章的"clone() 分析"部分。

(3) SIGCHLD 通过 flags 传入 clone() 系统调用,这样当子进程退出的时候,才会向父进程发送这个信号。否则,父进程调用 waitpid() 是等待不到子进程退出的。

实验程序如下:

```c
#include <stdio.h>
#include <stdlib.h>
#include <sched.h>
#include <signal.h>
```

```c
#include <unistd.h>
#include <malloc.h>
#include <fcntl.h>
#include <sys/types.h>
#include <sys/stat.h>
#include <sys/wait.h>
/* global variable */
char *prog_argv[4];
int foo;
int fd;

/* 64kB stack */
#define CHILD_STACK (1024 * 64)

/* The child thread will execute this function */
int thread_function(void * argument)
{
    printf("CHILD: child thread begin...\n");
    foo = 2008;
    close(fd);
    /* exec */
    execvp(prog_argv[0], prog_argv);
    printf("CHILD: child thread exit, this line won't print out.\n");
    return 0;
}

int main()
{
    char c;
    char * stack;
    pid_t pid;
    foo = 2007;
    fd = open("/etc/passwd", O_RDONLY);
    if (fd < 0) {
        perror("open");
        exit(-1);
    }
    printf("PARENT: The variable foo was: %d\n", foo);
    if (read(fd, &c, 1) < 1) {
        perror("PARENT: File Read Error.");
        exit(1);
    }
    else
```

```c
        printf("PARENT: We could read from the file: %c\n", c);
    /* Build argument list */
    prog_argv[0] = "/bin/ls";
    prog_argv[1] = "-1";
    prog_argv[2] = "/";
    prog_argv[3] = NULL;

    /* Allocate the stack */
    stack = (char *)malloc(CHILD_STACK);
    if ( stack == 0 )
    {
        perror("malloc: could not allocate stack");
        exit(2);
    }
    printf("PARENT: Creating child thread\n");
    /* Call the clone system call to create the child thread */
        pid = clone(thread_function, (void *)(stack + CHILD_STACK),
        SIGCHLD | CLONE_FS | CLONE_FILES | CLONE_SIGHAND | CLONE_VM, NULL);
    if (pid == -1)
    {
        perror("clone");
        exit(3);
    }

    /* Wait for the child thread to exit */
    printf("PARENT: Waiting for the finish of child thread: %d\n", pid);
    pid = waitpid(pid, 0, 0);
    if (pid == -1)
    {
        perror("wait");
        exit(4);
    }

    /* Free the stack */
    free(stack);
    printf("PARENT: Child thread returned and stack freed.\n");
    printf("PARENT: The variable foo now is: %d\n", foo);
    if (read(fd, &c, 1) < 1) {
        perror("PARENT: File Read Error.");
        exit(5);
    }
    else
        printf("PARENT: We could read from the file: %c\n", c);
```

```
        return 0;
}
```

请留意:全局内存变量 foo 的变化;打开文件 fd 的变化。

请仔细阅读上面的源程序,编译并运行,分析运行的结果。

【实验思考】

对线程库的实现比较感兴趣的读者,请参考下面这些简单的线程库实现,也可以自己动手写一个实现。

bb_threads, Bare-bones threads: A simple Linux thread library that uses clone and provides mutexes. ftp://caliban.physics.utoronto.ca/pub/linux/bb_threads.tar.gz

libfiber:一个小的线程库实现。http://evanjones.ca/software/libfiber.tar.gz

第 6 章

/proc 文件系统

【实验目的】
- 学习使用/proc 文件系统。
- 使用/proc 文件系统显示缺页状态。
- 使用/proc 文件系统输出超过一个页面的信息。

【实验内容】
(1) 分析/proc 文件系统初始化函数。
(2) 使用/proc 文件系统的一个简单例子。首先在/proc 目录下创建我们自己的目录 proc_example。然后在这个目录下创建三个普通文件(foo、bar、jiffies)和一个文件链接(jiffies_too)。

6.1 /proc 文件系统的介绍

procfs 是 process fs 的缩写。最开始的时候只是一些进程相关的信息的集合，Linux 扩展了这个概念，可以通过/proc 文件系统交互几乎任何内核的信息。/proc 不是一个真正的文件系统(即/proc 不像普通的文件系统是用于管理磁盘上的文件，并且要占用磁盘上的空间);/proc 只存在于内存中，更确切地说是只有管理模块存在于内存中，所有具体的信息都是动态地从运行中的内核里读取)。proc 文件系统的历史有些复杂，随着 Unix 的演化而到了今天这个样子，为我们带来方便。

/proc 文件系统是一个接口，用户与内核交互的接口，用户从/proc 文件系统中读取很多内核释放出信息(包括内核各个管理模块的动态信息、CPU 信息、硬件驱动释放出的信息等);同时内核也可以在必要的时候从用户处得到输入，进而改变内核的变量或者运行状态。

/proc 文件系统中主要包含两方面的文件(或者说主要有两个大的功能):一是只读文件，用于读取系统信息，或者内核配置信息;二是可写文件，用于向内核传递参数。

/proc 文件系统是一个虚拟文件系统，它只存在于内存当中，而不占用外存空间。它以文件系统的方式为访问系统内核数据的操作提供接口，通过文件系统接口实现，用于输出系统运行状态。它以文件的形式为操作系统本身和应用程序直接的通信提供了一个界面，用户和应用程序可以安全、方便地通过/proc 得到系统的信息，并可以改变内核的某些参数。

由于系统的信息，如进程，是动态改变的，所以用户或应用程序读取/proc 文件时，/proc 文件系统是动态从系统内核读出所需信息并提交的。

在使用一个操作系统时我们经常会想先了解一下系统状况，比如 CPU 的型号、内存的配置等硬件信息。另外，我们还希望监测内存使用情况等动态的系统信息，以便清楚掌握系统运行情况。

普通进程是运行在用户态下的，它们无法直接访问内核数据来了解系统信息。虽然内核提供了系统调用能让用户进程访问某些数据结构，但这种方式很不方便，另外通过这种方式内核释放出来的信息非常有限。

在现代的操作系统中实现了另外一种方式：/proc 虚拟文件系统。通过它里面的一些文件，可以获取系统状态信息并且修改某些系统的配置信息。/proc 文件系统本身并不占用硬盘空间，它仅存在于内存之中，为操作系统本身和应用程序之间的通信提供了一个安全的界面。像 Linux 内核可卸载模块都在/proc 文件系统中创建实体。当我们在内核中添加了新功能或设备驱动时，经常需要得到一些系统状态的信息，一般这样的功能可能需要经过一些类似 ioctl( ) 的系统调用来完成。系统调用界面对于一些功能性的信息可能是适合的，因为应用程序必须将这些信息读出后再做一定的处理。但对于一些实时性的系统信息，例如内存的使用状况，或者是驱动设备的统计资料等，我们更需要一个比较简单易用的界面来获得它们。/proc 文件系统就是这样的一个界面，我们可以简单地用 cat、strings 程序来查看这些信息。

例如，查看系统内存的使用状况可以用如下的命令：

```
# cat /proc/meminfo
MemTotal:        256104 kB
MemFree:          59676 kB
Buffers:          31624 kB
Cached:          122828 kB
SwapCached:           0 kB
Active:          108756 kB
Inactive:         65172 kB
HighTotal:            0 kB
HighFree:             0 kB
LowTotal:        256104 kB
LowFree:          59676 kB
SwapTotal:       262136 kB
SwapFree:        262136 kB
Dirty:               96 kB
Writeback:            0 kB
Mapped:           30908 kB
Slab:             18724 kB
CommitLimit:     390188 kB
Committed_AS:     41456 kB
PageTables:         476 kB
```

```
VmallocTotal:      770040 kB
VmallocUsed:         1608 kB
VmallocChunk:      764120 kB
HugePages_Total:        0
HugePages_Free:         0
Hugepagesize:        4096 kB
```

下面就介绍从/proc 文件系统各文件中能获取的信息。我们的目的就是将读者领入到/proc 去探索系统状况,让读者大概知道从系统中能得到什么信息以及从哪里可以得到。我们不可能详细列出每一文件的每一信息,而且不同版本在/proc 中的文件也有所区别(你会在后面学习如何在/proc 添加自己的文件),尤其是获得当前应用程序所需的信息。

6.1.1 系统信息

在/proc 文件系统根目录下有大量记录系统信息的文件和目录,表 6.1 列出了一些与进程无关的部分,目录和文件视内核配置情况而定,不一定都存在。

表 6.1 /proc 目录下文件和目录

文件/目录名	描 述
apm	高级电源管理信息
bus	包含了总线以及总线上设备信息的目录、子目录以及总线类型组织
cmdline	内核的命令行参数
cpuinfo	CPU 信息,包括主频、类型等信息
devices	系统字符和块设备编号及驱动程序名
dma	正在使用的 DMA 通道
driver	组织了不同的驱动程序
execdomains	和安全相关的 execdomain
fb	framebuffer 设备
filesystems	系统支持的文件系统类型
fs	文件系统需要的参数,对 NFS/export 有效
ide	包含了 IDE 子系统信息的目录
interrupts	系统注册的中断信息,其内容包括中断号、收到的中断数、驱动器名等
iomem	内存映像
ioports	I/O 端口使用情况
irq	与 CPU 有关的中断掩码
kcore	内核的 core 文件映像,记录了系统物理内存情况。可以使用 gdb 程序从中检查内核数据结构。该文件不是文本格式,不能用 cat 等文本查看器查看其内容
kmsg	内核消息,可以从该文件检索内核使用 printk( )产生的消息

续表

文件/目录名	描述
ksyms	内核符号表,包括内核标识符地址和名称
loadavg	最近1分、5分、15分钟时候的系统平均负载量
locks	内核锁,记录与被打开的文件有关的锁信息
mdstat	被md设备驱动程序控制的RAID设备的信息
meminfo	内存信息
misc	杂项设备信息
modules	系统正在使用module信息
mounts	已经装载的文件系统
net	保存网络信息的目录
partitions	硬盘分区情况
pci	PCI总线上设备情况
scsi	SCSI设备信息
slabinfo	slab信息
stat	静态统计信息,包括CPU的使用情况、磁盘、页面、交换、启动时间等数据
swap	交换分区的使用情况
sys	可以更改的内核数据的目录,其下包含的文件由表6.2说明
sysvipc	和SYS V IPC相关数据文件目录,包括系统中消息队列(msg文件)、信号量(sem文件)、共享内存(shm文件)的信息
tty	和终端相关数据
uptime	从系统启动到现在所经过的秒数及系统空闲时间
version	内核版本数据

/proc/sys 目录是一个特殊的目录,它支持直接使用文件系统的写操作,完成对内核中预定的一些变量的改变,从而达到更改系统特性的目的。比如说需要增加系统同时打开文件的个数,以提高使用Linux作为文件服务器的性能,那么可以使用下面的语句:

```
#cat /proc/sys/fs/file-max
4096
#echo 8192 > /proc/sys/fs/file-max
#cat /proc/sys/fs/file-max
8192
```

另外,还有很多关于网络、文件系统的性能微调都是在/proc/sys/下的对应目录中完成的。比如,fs目录下包括文件系统、文件描述句柄(handle)、inode节点以及磁盘限额等信息。表6.2是对部分文件和目录的说明。

表 6.2 /proc/sys 下文件和目录

文件/目录名	描述
fs/dentry – state	目录缓存的状态
fs/dquot – nr	分配的磁盘配额项及空余项
fs/file – max	系统能够分配的最大文件句柄数,即同时打开的文件数
fs/file – nr	已分配、使用的和最大的文件句柄数
fs/inode – nr	最大的 inode 数和已分配的 inode 数
fs/inode – stat	已分配的 inode 数、不在用的 inode 数等信息
fs/super – max	系统能够分配的 super block 数,每个被加载的文件系统都要一个 super block
fs/super – nr	已分配的 super block 数
kernel/acct	进程账号控制值
kernel/ctrl – alt – del	<Ctrl> + <Alt> + <Del> 键的作用
kernel/domainname	机器域名
kernel/hostname	主机名
kernel/osrelease	内核版本号
kernel/ostype	"Linux"
kernel/pacnic	内核应急超时值
kernel/printk	内核消息日志级数
kernel/real – root – dev	根设备的数量
kernel/version	内核编译日期
net/core	通用网络参数
net/ipv4	IP 网络参数
vm/bdflush	磁盘缓冲区刷新参数
vm/freepages	最小自由页数

6.1.2 进程信息

在/proc 目录中有很多以十进制数为标题的目录,它们都是记录系统中正在运行的每个用户级进程的信息,数字表示进程号(pid)。/proc/self 是当前进程目录的符号链接。这些目录下存放着许多有关进程信息的文件,比如 status 文件包含许多进程控制块(PCB)中的进程状态信息,我们用 cat 命令显示如下:

```
#cat /proc/self/status
Name:     cat
State:    R (running)
Pid:      8901
PPid:     8779
TracerPid:    0
```

```
Uid:      0     0     0     0
Gid:      0     0     0     0
FDSize:   256
Groups:   0 1 2 3 4 6 10
VmSize:     1648 kB
VmLck:         0 kB
VmRSS:       508 kB
VmData:       36 kB
VmStk:        20 kB
VmExe:        16 kB
VmLib:      1312 kB
SigPnd: 0000000000000000
SigBlk: 0000000000000000
SigIgn: 8000000000000000
SigCgt: 0000000000000000
CapInh: 0000000000000000
CapPrm: 00000000ffffffeff
CapEff: 00000000ffffffeff
```

在每个目录下,进程信息是类似的。表 6.3 说明了/proc 文件系统中进程相关目录的内容。

表 6.3　相应进程目录下文件和目录

文件/目录名	描　　述
cmdline	该进程的命令行参数
cwd	进程运行的当前路径的符号链接
environ	该进程运行的环境变量
exe	该进程相关的程序文件的符号链接
fd	包含了所有该进程使用的文件描述符的目录
maps	可执行程序或者库文件对应的内存映像
mem	该进程使用的内存
root	该进程所有者的家(home)目录
stat	进程状态
statm	进程的内存状态
status	用易读的方式表示的进程状态

6.2　/proc 文件系统的使用

上面一节大致介绍了/proc 文件系统中现有的文件。在内核编程中,经常需要放出一些信息给应用层,或者用于调试,或者只是让用户了解内核或驱动的工作状态,这时就需要在/proc 文件系统下添加文件,下面让我们学习怎么样使用/proc 文件系统创建我们自己的文件和目录。首先,包含这个头文件:

```
#include <linux/proc_fs.h>
```

6.2.1 创建与删除 proc 文件

1. 创建普通文件

```
struct proc_dir_entry * create_proc_entry(const char * name,
    mode_t mode, struct proc_dir_entry * parent);
```

参数说明:
name:要创建的文件名。
mode:要创建的文件的属性。
parent:这个文件的父目录。
使用该函数创建一个普通文件,文件名是 name,文件属性 mode,所在的父目录是 parent。如果要在 procfs 的根目录下创建这个文件,那么 parent 为 NULL。如果创建成功,该函数返回一个指向新建的 proc_dir_entry 结构的指针,否则返回 NULL。

name 参数可以包含多级目录,比如 create_proc_entry("foo/bar/test"),调用这个函数会自动创建文件之前的目录,这些目录的属性是默认属性 0755。

这个调用只负责在 proc 中创建这个节点,即能在 proc 中看到这个文件。但是并没有关联对应的文件读写函数。如果只需要创建一个只读文件,可以使用这个更方便的接口:

```
struct proc_dir_entry * create_proc_read_entry(const char * name,
    mode_t mode,
    struct proc_dir_entry * parent,
    read_proc_t * read_proc,
    void * data);
```

参数说明:
name:要创建的文件名。
mode:要创建的文件的属性。
parent:这个文件的父目录。
read_proc:用户读这个 proc 文件的时候,内核调用的函数。
data:传给 read_proc 的参数。
这个函数与 create_proc_entry 基本一样,不同的是会同时给这个 proc 文件挂接上读函数 read_proc。

2. 创建符号链接

有时我们需要在 proc 文件中创建一个对已有文件的符号链接,这时可以使用如下的接口:

```
struct proc_dir_entry * proc_symlink(const char * name,
    struct proc_dir_entry * parent,
    const char * dest);
```

参数说明:
name:要创建的文件名。
parent:这个文件的父目录。
dest:符号链接的目标文件。
该函数在父目录 parent 中创建一个指向 dest 的链接 name。我们可以理解为对应的 ln 指令:

```
# ln -s dest parent/name
```

3. 创建目录

```
struct proc_dir_entry * proc_mkdir(const char * name,
    struct proc_dir_entry * parent);
```

参数说明:
name:要创建的目录名。
parent:这个目录的父目录。
该函数在父目录 parent 下创建一个目录 name。

4. 删除文件或目录

```
void remove_proc_entry(const char * name,
    struct proc_dir_entry * parent);
```

参数说明:
name:要删除的文件或目录名。
parent:所在的父目录。
这个函数从/proc 文件系统中删除一个文件或目录。可能跟大多数人编程的习惯不一样,/proc 文件系统中文件的删除是通过参数 name,而不是通过创建那个文件时所返回的指向 proc_dir_entry 的指针。另外一点需要注意的是该函数不会递归删除目录下的文件。如果在 proc_dir_entry 中的 data 变量保存了分配的内存,也请先释放对应的内存,然后再删除该文件。

6.2.2 读写 proc 文件

上面我们已经能创建 proc 文件,当用户读或者写这些文件的时候,为了使这些文件能被读写,我们还需要挂接上读写回调函数:read_proc 和 write_proc(如果是只读文件,则只需要挂接 read_proc),如下:

```
struct proc_dir_entry * entry;

entry->read_proc = read_proc_foo;
entry->write_proc = write_proc_foo;
```

其中,read_proc_foo, write_proc_foo 就是要实现的读写回调函数。下面分别说明:

1. 读函数 read_func

当用户读 proc 下面的某个文件的时候,对应该文件的 read_proc 函数会被调用,该函数的原型如下:

```
int read_func(char* buffer,
    char**    start,
    off_t     off,
    int       count,
    int*      peof,
    void*     data);
```

参数说明:

buffer:在 read_func 函数里面,把需要返回给应用的信息写入 buffer,注意不要超过 PAGE_SIZE(一般是 4K 大小)。

start:一般不使用。

off:buffer 的偏移量,表明 buffer 中已有的数据。

count:用户所要读取的字节数目。

peof:当读到文件尾的时候,请把 peof 指向的位置置 1。

data:当一个 read_func 函数被多个 proc 文件用为读函数的时候,可以通过这个指针传递参数。

通常,该函数把要写的信息写入 buffer,最多不要超过 PAGE_SIZE。有些复杂的情况下,函数从 buffer 的偏移量 off 处写进最多 count 个字节,并且使用 start 和 peof 来标记返回的数据和文件尾(具体信息请参考源代码 fs/proc/generic.c,不作详述)。

简短例子:

```
static int proc_read_jiffies(char *page, char **start,
                 off_t off, int count,
                 int *eof, void *data)
{
    int len;
    len = sprintf(page, "jiffies = %ld\n",
            jiffies);
    return len;
}
```

2. 写函数 write_func

如果实现并且挂接上 write_proc 函数给一个具体的 proc 文件,那么当用户写这个文件的时候,对应的 write_proc 函数会被调用,该函数的原型如下:

```
int write_func(struct file *file,
    const char *buffer,
    unsigned long count,
    void *data);
```

参数说明:

file:该 proc 文件对应的 file 结构,一般忽略。
buffer:要写的数据所在的位置。
count:要写的数据的大小。
data:同 read_func。

该函数最多从 buffer 中读取 count 个字节的数据。需要注意的是:buffer 并不在内核地址空间,所以需要先把这些数据拷贝到内核,可以使用 copy_from_user。

简短例子:

```
static int proc_write_foobar(struct file *file,
            const char *buffer,
            unsigned long count,
            void *data)
{
#define FOO_LEN 16
    char foo[FOO_LEN + 1];
    int len;
    if(count >= FOO_LEN)
        len = FOO_LEN;
    else
        len = count;
```

```
        memset(foo, 0, FOO_LEN + 1);
        if(copy_from_user(foo, buffer, len))
                return -EFAULT;
    return len;
}
```

6.3 /proc 文件系统分析

前面几节的内容基本上是关于/proc 文件系统的使用,即从一个使用者的角度来学习怎么使用/proc 文件系统。这一节我们再深入一些,分析/proc 文件系统的实现。

6.3.1 /proc 文件数据结构定义

1. struct proc_dir_entry 定义

在/proc 文件系统中,代表各个文件节点的结构就是 proc_dir_entry 结构。和文件系统中 dir_entry 相似,它管理着从操作系统的用户空间到核心空间对文件读写的驱动。但是,和一般的文件系统不同的是,它修改的并不是实实在在的硬盘上的文件,而是在系统启动之后在内存中由内核动态创建的文件。因此在系统关闭之后,/proc 文件系统中的文件就不存在了。在系统启动之后,内核创建由 proc_dir_entry 结构形成的/proc 文件系统树,每当从用户空间读取/proc 目录下面的文件的时候,内核根据读取的文件系统映射到对应的驱动函数,动态地获取内核数据。

include/linux/proc_fs.h, line 44

```
44 typedef int (read_proc_t)(char *page, char **start, off_t off,
45                           int count, int *eof, void *data);
46 typedef int (write_proc_t)(struct file *file, const char _user *buffer,
47                            unsigned long count, void *data);
48 typedef int (get_info_t)(char *, char **, off_t, int);
49
50 struct proc_dir_entry {
51     unsigned int low_ino;
52     unsigned short namelen;
53     const char *name;
54     mode_t mode;
55     nlink_t nlink;
56     uid_t uid;
57     gid_t gid;
58     unsigned long size;
59     struct inode_operations *proc_iops;
```

```
60          struct file_operations * proc_fops;
61          get_info_t *get_info;
62          struct module *owner;
63          struct proc_dir_entry *next, *parent, *subdir;
64          void *data;
65          read_proc_t *read_proc;
66          write_proc_t *write_proc;
67          atomic_t count;              /* use count */
68          int deleted;                 /* delete flag */
69          void *set;
70     };
```

50：数据结构 proc_dir_entry 是用来描述一个/proc 文件系统中目录结构节点的。每一个节点在整个目录结构树中或者是一个文件，或者是一个目录，通过一些指针将大量的 proc_dir_entry 节点组成树状结构。该结构的主要目的是唯一标记一个目录结构，并且，提供对文件的内容的读写所需要的函数指针。

proc_dir_entry 是/proc 文件系统中最重要的数据结构。在系统初始化时，主要的工作就是建立 proc_dir_entry 树。它保存了完成读写/proc 文件系统所需要的几乎所有关系、属性、操作函数指针等。由于/proc 文件系统没有外部设备，只存在内存里，因此在读操作时，不能像其他文件系统一样从外存中取 inode 信息和从外存读取文件，而只能是从 proc_dir_entry 树中读取 inode 信息，然后再调用 inode 中登记的函数，动态从内核读取所需要的信息。这样在外部看来，/proc 文件系统就和其他文件系统一样，觉察不出区别。

51：low_ino 表示的是 inode 节点中成员 i_ino 的低 16 位的数据。在/proc 文件系统中，每个目录结构的类型都是通过 low_ino 的数据来区分的。表 6.4 说明了不同类型的 low_ino 数值的定义。

表6.4 /proc 文件系统中对应 inode 的号码规定

类型	数值	描述
PROC_ROOT_INO	1	/proc 的 root 部分的 inode 的 i_ino 的低 16 位
PROC_PID_IND	2	/proc 的进程代表目录的 inode 的 i_ino 的低 16 位

52～53：这两项是这个 proc_dir_entry 项的名称和对应的字符串的长度。

54～58：这些是关于该 proc_dir_entry 的一些属性。其中 mode 是指 inode 是否是目录，是否可读；nlink 是目录下子目录的数目；uid 和 gid 是用户号和组号；对/proc 文件系统下面的项目来说，size 一般都是 0。

59～60：在 proc_dir_entry 中包含两个操作函数集合。其中 proc_iops 是针对 inode 结构的操作函数集合，proc_fops 是针对 file 结构的操作函数集合。

62：module 结构的指针在使用模块方式创建一个 proc_dir_entry 结构的时候，需要从 proc_dir_entry 中记录它所属的 module 结构，从而可以在将这个 proc_dir_entry 结构卸载的情况下，将其对应的 module 结构的引用计数减 1，正确卸载系统的模块。

61，65～66：这三个函数是在 44～48 行定义的。其中函数 get_info 和 read_proc 都是用

第6章 /proc 文件系统

做对/proc 目录下的读文件过程。其中 get_info 是为了保持兼容而设立的,但一般都是通过 read_proc 指示的函数读取/proc 文件数据。如果实现了 get_info 方法,就调用 get_info,否则就调用 read_proc 方法来获取文件。write_proc 指针的实现也和它的名称类似,它在 write_proc_file( )函数中得到调用。

63:三个指针将/proc 文件系统中的 proc_dir_entry 节点组成一个树行的结构。如图 6.1 所示。

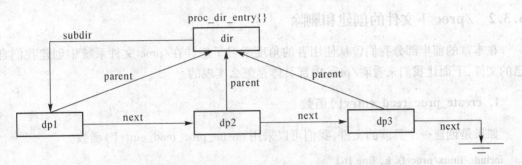

图 6.1 proc_dir_entry 结构的节点组成的树状和链状结构

64:指针 data 是一个 void 类型的指针,用于保存一个可能会和该 proc_dir_entry 相关的内存。

67:count 是该 proc_dir_entry 结构自身的计数器,用于保证对一个 proc 文件的引用的一致性。

68:deleted 用来标记是否该 proc_dir_entry 结构已经被删除。

2. proc_root 定义

由上一节可知,每个/proc 文件系统下面的文件都对应有一个 proc_dir_entry;而/proc 文件的 root 是其中非常特殊的一个:

fs/proc/root.c,line 143

```
143 struct proc_dir_entry proc_root = {
144        .low_ino        = PROC_ROOT_INO,
145        .namelen        = 5,
146        .name           = "/proc",
147        .mode           = S_IFDIR | S_IRUGO | S_IXUGO,
148        .nlink          = 2,
149        .proc_iops      = &proc_root_inode_operations,
150        .proc_fops      = &proc_root_operations,
151        .parent         = &proc_root,
152 };
```

144:low_ino 成员为 PROC_ROOT_INO,表示是/proc 的根目录对应的 proc_dir_entry 结构。

144~145:定义了 proc_root 的名字是"/proc",长度为5。

147：定义了该 proc_dir_entry 的模式为目录,并且对任何用户都是可读、可进入的属性。

148：在 proc_对应的目录/proc 下面的文件的个数,初始化的时候为 2,一个为"．",另一个为"．．"。

149~150：两个外部变量 proc_root_inode_operations 和 proc_root_operations 分别定义了对/proc 根目录的文件操作函数集合和 inode 操作函数集合。

151：在/proc 整个目录结构树中,proc_root 是根,因此它的 parent 成员指针指向本身。

6.3.2 /proc 下文件的创建和删除

在本章的前半部分我们曾从使用者的角度学习了怎样在/proc 文件系统中创建我们自己的文件,下面让我们来看看/proc 内部具体是怎么实现的。

1. create_proc_read_entry( ) 函数

如果是创建一个只读的文件,我们可以采用 create_proc_read_entry( ) 函数。

include/linux/proc_fs.h, line 162

```
162 static inline struct proc_dir_entry *create_proc_read_entry(const char *name,
163         mode_t mode, struct proc_dir_entry *base,
164         read_proc_t *read_proc, void *data)
165 {
166         struct proc_dir_entry *res = create_proc_entry(name,mode,base);
167         if (res) {
168                 res->read_proc = read_proc;
169                 res->data = data;
170         }
171         return res;
172 }
```

162：函数 create_proc_read_entry( ) 由 fs/proc/proc_misc.c 文件中的 proc_misc_init( ) 函数调用,用来初始化对应于/proc 根下面一些关于系统信息的文件所对应的 proc_dir_entry 结构。在这个函数中,使用入口参数 read_proc( ) 函数初始化 proc_dir_entry 结构。

166：调用 create_proc_entry 函数生成一个普通的 proc_dir_entry 结构。

168~169：如果申请 proc_dir_entry 结构成功,那么初始化 proc_dir_entry 结构 read_proc 函数的指针成员和 data 成员。

2. create_proc_entry( ) 函数

fs/proc/generic.c, line 637

```
637 struct proc_dir_entry *create_proc_entry(const char *name, mode_t mode,
638                                 struct proc_dir_entry *parent)
639 {
640         struct proc_dir_entry *ent;
641         nlink_t nlink;
```

```
642
643              if (S_ISDIR(mode)) {
644                      if ((mode & S_IALLUGO) == 0)
645                              mode |= S_IRUGO | S_IXUGO;
646                      nlink = 2;
647              } else {
648                      if ((mode & S_IFMT) == 0)
649                              mode |= S_IFREG;
650                      if ((mode & S_IALLUGO) == 0)
651                              mode |= S_IRUGO;
652                      nlink = 1;
653              }
654
655              ent = proc_create(&parent,name,mode,nlink);
656              if (ent) {
657                      if (S_ISDIR(mode)) {
658                              ent->proc_fops = &proc_dir_operations;
659                              ent->proc_iops = &proc_dir_inode_operations;
660                      }
661                      if (proc_register(parent, ent) < 0) {
662                              kfree(ent);
663                              ent = NULL;
664                      }
665              }
666              return ent;
667 }
```

637：函数 create_proc_entry( ) 是通用的创建 proc_dir_entry 结构的过程，入口参数 parent 是需要创建的 proc_dir_entry 结构在整个目录树中的父亲节点，name 是这个结构的名称，mode 是它对应的文件属性。

643～646：判断创建的 proc_dir_entry 结构类型。如果是目录，首先根据 mode 设置是否有"读"和进入的权限，并且初始化它的 nlink 成员为 2。

647～653：如果不是目录类型，那么所做的初始化就是对于一般的文件来说的。根据 mode 的值设置权限，一般就是 mode 本身，并且初始化成员 nlink 为 1。

655：用函数 proc_create( ) 创建一个 proc_dir_entry 类型的空间，并把名字初始化。

656～665：先判断 ent 是否被成功创建，如果是，那么进行两个判断：根据 mode 设置是否有"读"和进入的权限，然后将 proc_dir_operations 和 proc_dir_inode_operations 两个操作函数指针传给 ent->proc_fops 和 ent->proc_iops；接着调用 proc_register( ) 函数将生成的 ent 注册在 parent 下面，根据成功与否，决定是否释放 ent，并将它赋值为空。

3. proc_mkdir( )函数

fs/proc/generic.c, line 613

```
613 struct proc_dir_entry *proc_mkdir_mode(const char *name, mode_t mode,
614         struct proc_dir_entry *parent)
615 {
616     struct proc_dir_entry *ent;
617
618     ent = proc_create(&parent, name, S_IFDIR | mode, 2);
619     if (ent) {
620         ent->proc_fops = &proc_dir_operations;
621         ent->proc_iops = &proc_dir_inode_operations;
622
623         if (proc_register(parent, ent) < 0) {
624             kfree(ent);
625             ent = NULL;
626         }
627     }
628     return ent;
629 }
630
631 struct proc_dir_entry *proc_mkdir(const char *name,
632         struct proc_dir_entry *parent)
633 {
634     return proc_mkdir_mode(name, S_IRUGO | S_IXUGO, parent);
635 }
```

613：函数 proc_mkdir_mode( )用于在 proc 文件系统中生成一个目录。它和 create_proc_entry( )函数是平行的，它直接调用在 parent 对应的目录下生成的 proc_dir_entry 结构。如果需要建的目录在/proc 根下，那么入口参数 parent 的值为 0。

618~628：与 create_proc_entry( )函数中 655~666 一样。

4. remove_proc_entry( )函数

fs/proc/generic.c, line 687

```
687 void remove_proc_entry(const char *name, struct proc_dir_entry *parent)
688 {
689     struct proc_dir_entry **p;
690     struct proc_dir_entry *de;
691     const char *fn = name;
692     int len;
693
```

第6章 /proc 文件系统

```
694         if (! parent && xlate_proc_name(name, &parent, &fn) != 0)
695             goto out;
696     len = strlen(fn);
697     for (p = &parent->subdir; *p; p = &(*p)->next) {
698         if (! proc_match(len, fn, *p))
699             continue;
700         de = *p;
701         *p = de->next;
702         de->next = NULL;
703         if (S_ISDIR(de->mode))
704             parent->nlink--;
705         proc_kill_inodes(de);
706         de->nlink = 0;
707         WARN_ON(de->subdir);
708         if (! atomic_read(&de->count))
709             free_proc_entry(de);
710         else {
711             de->deleted = 1;
712             printk("remove_proc_entry: %s/%s busy, count = %d\n",
713                 parent->name, de->name, atomic_read(&de->count));
714         }
715         break;
716     }
717 out:
718     return;
719 }
```

687：入口参数 name 是需要删除的 proc_dir_entry 结构的名称，在 parent 的子目录和文件中查找。

694：这是一句判断句，首先检查 parent 是否为 NULL。如果是 NULL，说明它是针对系统（不是针对/proc 文件系统，而是整个 Linux 文件系统）的绝对路径，则调用 xlate_proc_name()将模式为"tty/driver/serial"的 name 变成"proc/tty/driver"，并且将"serial"返回到 fn 中。

697：这个 for 循环将遍历 parent 所有的子目录和文件，以寻求和 name 匹配的 proc_dir_entry 结构。

698：调用函数 proc_match()看是否和当前变量的节点匹配，如果不匹配，就进入下一次循环。

700~702：将查找出来的节点从子目录链表中删除并且取出来。

703~704：如果这个结构对应的文件是目录，那么 parent 的 nlink 成员减 1，表示减少了一个目录。

705：将这个 proc_dir_entry 结构对应的 inode 节点释放。

708~709:如果这个 proc_dir_entry 结构不再需要了,那么调用 free_proc_entry() 函数将空间释放。

710~714:否则,就将它的 deleted 成员置 1,表示已经删除了,等适当的时机再释放空间。

5. free_proc_entry() 函数

fs/proc/generic.c,line 669

```
669 void free_proc_entry(struct proc_dir_entry *de)
670 {
671         unsigned int ino = de->low_ino;
672
673         if(ino < PROC_DYNAMIC_FIRST)
674             return;
675
676         release_inode_number(ino);
677
678         if(S_ISLNK(de->mode) && de->data)
679             kfree(de->data);
680         kfree(de);
681 }
```

669:函数 free_proc_entry() 用于释放 de 所指的空间。

671:获得这个 proc_dir_entry() 结构对应的 inode 的 i_inode 成员的低 16 位数,存放在 ino 中,用于判断这个 proc_dir_entry 结构是否在动态申请的范围内。

673~674:如果不在动态申请的范围内,那么没有必要将空间释放,因为肯定还可能再次利用;否则就可以将它对应空间的内存空间释放。

678~679:如果连接文件并且 de -> data 中存放有数据,那么需要先释放 de -> data 的空间。

680:然后释放 de 的空间。

6.3.3 /proc 下超级块和索引节点的操作

系统初始化超级块,将对超级块的函数操作设置为 proc_sops。通过对 super_operations 结构提供的函数接口,可以完成的操作有读取、删除/proc 文件系统中的一个 inode 等操作。

1. inode 的操作流程

(1) do_mount() 调用 namei(),在根文件系统中找到安装目录"/proc",得到该目录的 dentry 节点和对应的 inode,两者都是属于根文件系统的,如图 6.2 所示。

(2) 调用 read_super 得到/proc 文件系统的 super_block。read_super 的流程如下:

① 调用 get_super(dev),从 super_blocks 链表中找设备与 dev 相同的节点,找到就返回。显然这时不可能找到。

第 6 章 /proc 文件系统

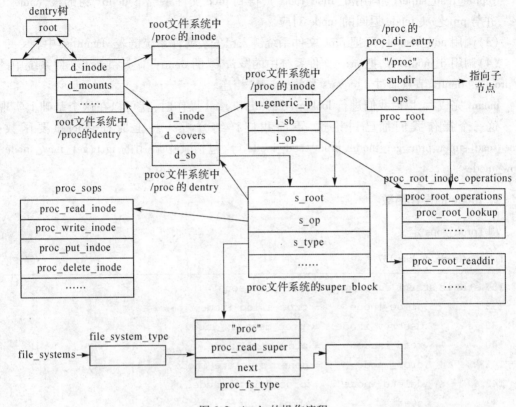

图 6.2 inode 的操作流程

②调用 get_fs_type(name)，从 file_systems 链表中找到名字为"proc"的文件系统类型结构，即 proc_fs_type。

③调用 get_empty_super()，在 super_blocks 上找 dev 为空且未被 lock 的项，找不到就 kmalloc 一个，把得到的 super_block 返回。

④调用具体文件系统类型结构(file_system_type) 中登记的 read_super 函数，这里就是指 proc_fs_type 中登记的 proc_read_super 函数，填充从 get_empty_super 中返回的 super_block。

⑤proc_read_super() 调用 proc_get_inode()，得到 inode 号为 PROC_ROOT_INO，而且对应的 proc_dir_entry 节点为 proc_root 的 inode 节点。

• proc_get_inode() 调用 iget()，得到一个 inode，把 inode 和 proc_dir_entry 连接，并把该 proc_dir_entry 中的内容填入 inode。

• iget() 从 inode cache 中找 inode 号为 PROC_ROOT_INO 的 inode 节点，找到则返回；如果找不到，则调用 get_new_inode() 申请。

• ger_new_inode() 先在 inode_unused 中找空闲节点，如果找不到，就调用 grow_inodes() 得到空 inode 节点，然后调用具体文件系统的 read_inode 函数，填充 inode 信息。对 proc 文件系统而言，就是调用 proc_read_inode() 函数填充。

• grow_inodes() 先尝试释放一些符合条件可以释放的 inode，如果尝试失败，就调用 get_free_page() 申请一块从内存，作为 inode 返回。

⑥proc_read_super()调用 d_alloc_root(),得到 proc 文件系统下 dentry 树的根,name 为"/",并与 proc_get_inode 返回的 inode 对应。

(3)调用 add_vfsmnt(),把 proc 文件系统链入已安装文件系统链表 vfsmntlist 中。

(4)调用 d_mount(),把 proc 文件系统中的"/proc"的 dentry 节点和 root 文件系统中的"/proc"的 dentry 节点通过 d_covers 和 d_mounts 相连。

mount 完成后,以后我们进行 lookup、readdir 和 read 操作时,就可以在这个基础上实现了。这三个操作我们都已讨论过,下面我们详细分析一些上面提到的重要函数:proc_read_super、proc_get_inode、proc_read_inode 等,包括其中调用的 iget、get_new_inode、grow_inodes。

2. inode 的操作函数

(1) proc_sops 定义

fs/proc/inode.c, line 137

```
137 static struct super_operations proc_sops = {
138         .alloc_inode        = proc_alloc_inode,
139         .destroy_inode      = proc_destroy_inode,
140         .read_inode         = proc_read_inode,
141         .drop_inode         = generic_delete_inode,
142         .delete_inode       = proc_delete_inode,
143         .statfs             = simple_statfs,
144         .remount_fs         = proc_remount,
145 };
```

137:超级块的操作集合函数 proc_sops 是系统在装载或卸载 proc 文件系统的时候,需要调用的函数集合。proc_sops 保存在文件系统超级块链表中从而得到引用。

(2) proc_read_inode() 函数

fs/proc/inode.c, line 80

```
80 struct vfsmount *proc_mnt;
81
82 static void proc_read_inode(struct inode * inode)
83 {
84         inode->i_mtime = inode->i_atime = inode->i_ctime = CURRENT_TIME;
85 }
```

80:将 proc 文件系统的链表节点添加到 VFS 链表中,使用的指针变量为 proc_mnt。

82~85:在每次调用 read_inode 函数指针的时候,使用 CURRENT_TIME 更新访问时间。CURRENT_TIME 为系统时间 xtime 的 tv_sec 成员,是用秒为分辨率计算的系统时间。

对 proc_root,初始化了 proc_iops 和 proc_fops 两个指针。

fs/proc/root.c, line 127

第 6 章 /proc 文件系统

```
127 static struct file_operations proc_root_operations = {
128         .read           = generic_read_dir,
129         .readdir        = proc_root_readdir,
130 };
131
132 /*
133  * proc root can do almost nothing..
134  */
135 static struct inode_operations proc_root_inode_operations = {
136         .lookup         = proc_root_lookup,
137         .getattr        = proc_root_getattr,
138 };
```

128：proc_root_operations 变量的 read 函数指针。实际上对 proc_root 来说，它对应的文件具有目录的属性，并且对这个目录而言，对任何用户都没有直接写的权限。因此只是 readdir 函数指针成员有用。generic_read_dir( )函数只是返回一个错误码。

129：readdir 函数指针成员的实现是 proc_root_inode_operations 进行初始化。

135：对 inode_operations 结构的变量 proc_root_inode_operations 进行初始化。因为 proc_root 的特殊身份，只需要实现 proc_root_lookup( )函数就可以了，其作用是在 proc_root 对应的 dentry 中查找 inode。

6.3.4 /proc 文件系统初始化

如前面所述，/proc 文件系统主要分成两部分，第一部分为和进程相关的目录部分，在实现的时候将这部分称为 base 部分；另外一部分是在/proc 根目录下面的其他目录和文件，实现过程中将这部分又分为两部分，一是/proc 下的子目录，二是/proc 下的文件，如 cpuinfo、meminfo、kemsg 等等。这三个部分分别调用不同的初始化函数完成初始化。/proc 文件系统初始化流程如图 6.3 所示，初始化函数代码分析作为本章的第一个实验，由读者去完成。

6.4 实验1 分析/proc 文件系统初始化

1. 分析 proc_root_init( )函数代码

/proc 文件系统的初始化是从 init/main.c 中调用 proc_root_init( )函数开始的。该函数在 fs/proc/root.c 文件中。

2. 分析 proc_misc_init( )函数代码

在 proc_root_init( )函数中，调用 proc_misc_init( )、proc_mkdir( )等函数生成/proc 下的目录和文件。函数 proc_misc_init( )用来初始化在/proc 文件系统中的一些文件，直接挂在

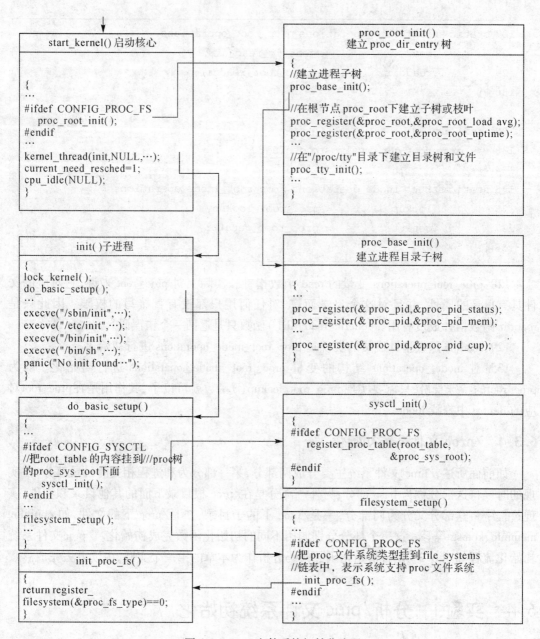

图 6.3 /proc 文件系统初始化流程

/proc 的根目录下面。这些文件一般都是反映整个计算机系统中可以利用的资源情况的，如 cupinfo、meminfo 等。proc_misc_init() 函数在 fs/proc/proc_misc.c 文件中。

6.5 实验2 /proc 文件系统的一个简单应用

让我们先来看一个简单的例子。

第6章 /proc 文件系统

Documentation/DocBook/procfs_example.c

```c
#include <linux/module.h>
#include <linux/kernel.h>
#include <linux/init.h>
#include <linux/proc_fs.h>
#include <linux/jiffies.h>
#include <asm/uaccess.h>

#define MODULE_VERS "1.0"
#define MODULE_NAME "procfs_example"
#define FOOBAR_LEN 8
struct fb_data_t {
        char name[FOOBAR_LEN + 1];
        char value[FOOBAR_LEN + 1];
};


static struct proc_dir_entry *example_dir, *foo_file,
        *bar_file, *jiffies_file, *symlink;
struct fb_data_t foo_data, bar_data;
static int proc_read_jiffies(char *page, char **start,
                        off_t off, int count,
                        int *eof, void *data)
{
        int len;
        len = sprintf(page, "jiffies = %ld\n",
                        jiffies);
        return len;
}

static int proc_read_foobar(char *page, char **start,
                        off_t off, int count,
                        int *eof, void *data)
{
        int len;
        struct fb_data_t *fb_data = (struct fb_data_t *)data;
        /* DON'T DO THAT - buffer overruns are bad */
        len = sprintf(page, "%s = '%s'\n",
                        fb_data->name, fb_data->value);
        return len;
}


static int proc_write_foobar(struct file *file,
```

```c
                        const char *buffer,
                        unsigned long count,
                        void *data)
{
        int len;
        struct fb_data_t *fb_data = (struct fb_data_t *)data;
        if(count > FOOBAR_LEN)
                len = FOOBAR_LEN;
        else
                len = count;
        if(copy_from_user(fb_data->value, buffer, len))
                return -EFAULT;
        fb_data->value[len] = '\0';
        return len;
}

static int __init init_procfs_example(void)
{
        int rv = 0;

        /* create directory */
        example_dir = proc_mkdir(MODULE_NAME, NULL);
        if(example_dir == NULL) {
                rv = -ENOMEM;
                goto out;
        }

        example_dir->owner = THIS_MODULE;
        /* create jiffies using convenience function */
        jiffies_file = create_proc_read_entry("jiffies",
                                        0444, example_dir,
                                        proc_read_jiffies,
                                        NULL);
        if(jiffies_file == NULL) {
                rv   = -ENOMEM;
                goto no_jiffies;
        }

        jiffies_file->owner = THIS_MODULE;
        /* create foo and bar files using same callback
         * functions
         */
        foo_file = create_proc_entry("foo", 0644, example_dir);
```

```c
        if(foo_file = = NULL) {
                rv = - ENOMEM;
                goto no_foo;
        }

        strcpy(foo_data.name, "foo");
        strcpy(foo_data.value, "foo");
        foo_file - >data = &foo_data;
        foo_file - >read_proc = proc_read_foobar;
        foo_file - >write_proc = proc_write_foobar;
        foo_file - >owner = THIS_MODULE;

        bar_file = create_proc_entry("bar", 0644, example_dir);
        if(bar_file = = NULL) {
                rv = - ENOMEM;
                goto no_bar;
        }
        strcpy(bar_data.name, "bar");
        strcpy(bar_data.value, "bar");
        bar_file - >data = &bar_data;
        bar_file - >read_proc = proc_read_foobar;
        bar_file - >write_proc = proc_write_foobar;
        bar_file - >owner = THIS_MODULE;

        /* create symlink */
        symlink = proc_symlink("jiffies_too", example_dir,
                           "jiffies");
        if(symlink = = NULL) {
                rv = - ENOMEM;
                goto no_symlink;
        }
        symlink - >owner = THIS_MODULE;
        /* everything OK */
        printk(KERN_INFO "% s % s initialised \n",
                MODULE_NAME, MODULE_VERS);
        return 0;

no_symlink:
        remove_proc_entry("bar", example_dir);
no_bar:
        remove_proc_entry("foo", example_dir);
no_foo:
        remove_proc_entry("jiffies", example_dir);
```

```
no_jiffies:
        remove_proc_entry(MODULE_NAME, NULL);
out:
        return rv;
}

static void _exit cleanup_procfs_example(void)
{
        remove_proc_entry("jiffies_too", example_dir);
        remove_proc_entry("bar", example_dir);
        remove_proc_entry("foo", example_dir);
        remove_proc_entry("jiffies", example_dir);
        remove_proc_entry(MODULE_NAME, NULL);
        printk(KERN_INFO "% s % s removed \n",
               MODULE_NAME, MODULE_VERS);
}

module_init(init_procfs_example);
module_exit(cleanup_procfs_example);
MODULE_AUTHOR("Erik Mouw");
MODULE_DESCRIPTION("procfs examples");
```

这段程序首先在/proc 目录下创建我们自己的目录 proc_example。然后在这个目录下创建了三个 proc 普通文件(foo、bar、jiffies),和一个文件链接(jiffies_too)。具体来说,foo 和 bar 是两个可读写文件,它们共享函数 proc_read_foobar 和 proc_write_foobar。jiffies 是一个只读文件,取得当前系统时间 jiffies(jiffies 为内核使用的内部时间计数,在 i386 系统上单位为 10ms)。jiffies_too 为文件 jiffies 的一个符号链接。

为了方便起见,我们使用内核模块来编译这个文件(关于怎样编译内核模块,我们将在下一章"内核模块"中讲解,所以这里只给出步骤和 Makefile,如果读者觉得有难度,请在学习完"内核模块"一章之后再来做这个实验)。编译用的 Makefile 内容如下:

```
TARGET = example1
KDIR = /usr/src/linux
PWD = 'pwd'
obj-m := $(TARGET).o
default:
    make -C $(KDIR) M=$(PWD) modules
```

刚才我们的例子程序取名为 example1.c,然后用"make"命令就能编译出内核模块 example.ko。

用 root 用户加载上这个内核模块,会在/proc 文件系统下创建一个/proc_example 目录,下面会有 foo、bar、jiffies、jiffies_too 四个文件,请读者试着去读写这几个文件,看看会发生什么。

第 7 章 内核模块

【实验目的】

内核模块是 Linux 操作系统中一个比较独特的机制。通过这一章学习,希望能够掌握以下几方面。
- 理解 Linux 提出内核模块这个机制的意义。
- 理解并掌握 Linux 实现内核模块机制的基本技术路线。
- 运用 Linux 提供的工具和命令,掌握操作内核模块的方法。

【实验内容】

针对三个层次的要求,本章安排了 3 个实验。

第一个实验,编写一个很简单的内核模块。虽然简单,但它已经具备了内核模块的基本要素。与此同时,初步阅读编制内核模块所需要的 Makefile。

第二个实验,演示如何将多个源文件合并到一个内核模块中。上述实验过程中,将会遇到 Linux 为此开发的内核模块操作工具 lsmod、insmod、rmmod 等。

第三个实验,考察如何利用内核模块机制,在/proc 文件系统中,为特殊文件、设备、公共变量等,创建节点。它需要自主完成,本书只交待基本思路和部分源代码。程序的完善以及调试工作,留给大家完成。

7.1 什么是内核模块

Linux 操作系统的内核是单一体系结构(Monolithic Kernel)的。也就是说,整个内核是一个单独的非常大的程序。与单一体系结构相对的是微内核体系结构(Micro Kernel),比如 Windows NT 采用的就是微内核体系结构。对于微内核体系结构特点,操作系统的核心部分是一个很小的内核,实现一些最基本的服务,如创建和删除进程、内存管理、中断管理等。而文件系统、网络协议等其他部分都在微内核外的用户空间里运行。

这两种体系的内核各有优缺点。使用微内核的操作系统具有很好的可扩展性而且内核非常小,但这样的操作系统由于不同层次之间的消息传递要花费一定的代价所以效率比较低。对单一体系结构的操作系统来说,所有的模块都集成在一起,系统的速度和性能都很好,但是可扩展性和维护性就相对比较差。

据作者理解,正是为了改善单一体系结构的可扩展性、可维护性等,Linux 操作系统使用了一种全新的内核模块机制。用户可以根据需要,在不需要对内核重新编译的情况下,模块能动态地装入内核或从内核移出。

模块是在内核空间运行的程序,实际上是一种目标对象文件,没有链接,不能独立运行,但是其代码可以在运行时链接到系统中作为内核的一部分运行或从内核中取下,从而可以动态扩充内核的功能。这种目标代码通常由一组函数和数据结构组成,用来实现一种文件系统、一个驱动程序或其他内核上层的功能。模块机制的完整名称是动态可加载内核模块(Loadable Kernel Module)或 LKM,一般就简称为模块。与前面讲到的运行在微内核体系操作系统的外部用户空间的进程不同,模块不是作为一个进程执行的,而像其他静态连接的内核函数一样,它在内核态代表当前进程执行。由于引入了模块机制,Linux 的内核可以达到最小,即内核中实现一些基本功能,如从模块到内核的接口、内核管理所有模块的方式等,而系统的可扩展性就留给模块来完成。

使用模块的优点:
- 使得内核更加紧凑和灵活。
- 修改内核时,不必全部重新编译整个内核,可节省不少时间,避免人工操作的错误。系统中如果需要使用新模块,只要编译相应的模块,然后使用特定用户空间的程序将模块插入即可。
- 模块可以不依赖于某个固定的硬件平台。
- 模块的目标代码一旦被链接到内核,它的作用和静态链接的内核目标代码完全等价。所以,当调用模块的函数时,无需显式的消息传递。

但是,内核模块的引入也带来一定的问题:
- 由于内核所占用的内存是不会被换出的,所以链接进内核的模块会给整个系统带来一定的性能和内存利用方面的损失。
- 装入内核的模块就成为内核的一部分,可以修改内核中的其他部分,因此,模块的使用不当会导致系统崩溃。
- 为了让内核模块能访问所有内核资源,内核必须维护符号表,并在装入和卸载模块时修改符号表。
- 模块会要求利用其他模块的功能,所以,内核要维护模块之间的依赖性。

模块是和内核在同样的地址空间运行的,模块编程在一定意义上说也就是内核编程。但是并不是内核中所有的地方都可以使用模块。一般是在设备驱动程序、文件系统等地方使用模块,而对 Linux 内核中极为重要的地方,如进程管理和内存管理等,仍难以通过模块来实现,通常必须直接对内核进行修改。

在 Linux 内核源程序中,经常利用内核模块实现的功能有文件系统、SCSI 高级驱动程序、大多数的 SCSI 驱动程序、多数 CD-ROM 驱动程序、以太网驱动程序等。

7.2 内核模块实现机制

7.2.1 内核模块和应用程序的比较

在深入研究模块的实现机制以前,我们有必要了解一下内核模块与我们熟悉的应用程序之间的区别。

最主要的一点,我们必须明确,内核模块是在"内核空间"中运行的,而应用程序运行在"用户空间"。内核空间和用户空间是操作系统中最基本的两个概念,也许你还不是很清楚它们之间的区别,那么我们先一起复习一下。

操作系统的作用之一,就是为应用程序提供资源的管理,让所有的应用程序都可以使用它需要的硬件资源。然而,目前的常态是,主机往往只有一套硬件资源;现代操作系统都能利用这一套硬件,支持多用户系统。为了保证内核不受应用程序的干扰,多用户操作系统都实现了对硬件资源的授权访问,而这种授权访问机制的实现,得益于在 CPU 内部实现不同的操作保护级别。以 INTEL 的 CPU 为例,在任何时候,它总是在四个特权级当中的一个级别上运行,如果需要访问高特权级别的存储空间,必须通过有限数目的特权门。Linux 系统就是充分利用这个硬件特性设计的,它只使用了两级保护级别(尽管 i386 系列微处理器提供了四级模式)。在 Linux 系统中,内核在最高级运行。在这一级,对任何设备的访问都可以进行。而应用程序则运行在最低级。在这一级,处理器禁止程序对硬件的直接访问和对内核空间的未授权访问。所以,对应于在最高级运行的内核程序,它所在的内存空间是内核空间。而对应于在最低级运行的应用程序,它所在的内存空间是用户空间。Linux 通过系统调用或者中断,完成从用户空间到内核空间的转换。执行系统调用的内核代码在进程上下文中运行,它代表调用进程完成在内核空间上的操作,而且还可以访问进程的用户地址空间的数据。但对中断来说,它并不存在于任何进程上下文中,而是由内核来运行。

下面我们比较具体地分析内核模块与应用程序的异同。让我们看一下表 7.1。

表 7.1 应用程序和内核模块程序编程方式的比较

	C 语言普通应用程序	模块程序
入口	main( )	init_module( )
出口	无	cleanup_module( )
编译	gcc -c	编制专用 Makefile,并调用 gcc
连接	gcc	insmod
运行	直接运行	insmod
调试	gdb	kdbug, kdb, kgdb 等内核调试工具

从表 7.1 我们看到内核模块必须通过 init_module( ) 函数告诉系统,"我来了";通过 cleanup_module( ) 函数告诉系统,"我走了"。这也就是模块最大的特点,可以被动态地装入和卸载。insmod 是内核模块操作工具集 modutils 中把模块装入内核的命令,我们会在后面

详细介绍。因为地址空间的原因,内核模块不能像应用程序那样自由地使用在用户空间定义的函数库如 libc 中的 printf( );模块只能使用在内核空间定义的那些资源受到限制的函数,例如 printk( )。应用程序的源代码,可以调用本身没有定义的函数,只需要在连接过程中用相应的函数库解析那些外部引用。应用程序可调用的函数 printf( ),是在 stdio.h 中声明,并在 libc 中存在目标可连接代码。然而对于内核模块来说,它无法使用这个打印函数,而只能使用在内核空间中定义的 printk( )函数。printk( )函数不支持浮点数的输出,而且输出数据量受到内核可用内存空间的限制。

内核模块的另外一个困难,内核失效对于整个系统或者对于当前进程常常是致命的,而在应用程序的开发过程中,缺段(segment fault)并不会造成什么危害,我们可以利用调试器轻松地跟踪到出错的地方。所以在内核模块编程的过程中,必须特别小心。

下面我们具体地看一看内核模块机制究竟是怎么实现的。

7.2.2 内核符号表

首先,来了解一下内核符号表这个概念。内核符号表是一个用来存放所有模块可以访问的那些符号以及相应地址的特殊的表。模块的连接就是将模块插入到内核的过程。模块所声明的任何全局符号都成为内核符号表的一部分。内核模块根据系统符号表从内核空间中获取符号的地址,从而确保在内核空间中正确地运行。

这是一个公开的符号表,我们可以从文件/proc/kallsyms 中以文本的方式读取。在这个文件中存放数据的格式如下:

内存地址　　　属性　　　符号名称　　　【所属模块】

在模块编程中,可以利用符号名称从这个文件中检索出该符号在内存中的地址,然后直接对该地址内存访问从而获得内核数据。对于通过内核模块方式导出的符号,会包含第四列"所属模块",用来标志这个符号所属的模块名称;而对于从内核中释放出的符号就不存在这一列的数据了。

内核符号表处于内核代码段的_ksymtab 部分,其开始地址和结束地址是由 C 编译器所产生的两个符号来指定:_start_ _ksymtab 和_stop_ _ksymtab。

7.2.3 模块依赖

内核符号表记录了所有模块可以访问的符号及相应地址。一个内核模块被装入后,它所声明的符号就会被记录到这个表里,而这些符号当然就可能会被其他模块所引用。这就引出了模块依赖这个问题。

一个模块 A 引用另一个模块 B 所导出的符号,我们就说模块 B 被模块 A 引用,或者说模块 A 装载到模块 B 的上面。如果要链接模块 A,必须先要链接模块 B。否则,模块 B 所导出的那些符号的引用就不可能被链接到模块 A 中。这种模块间的相互关系就叫做模块依赖。

7.2.4 内核代码分析

内核模块机制的源代码实现来自于 Richard Henderson 的贡献。2002 年后,由 Rusty Russell 重写。较新版本的 Linux 内核,采用后者。

第7章　内核模块

1．数据结构

跟模块有关的数据结构存放在 include/linux/module.h 中，当然，首推 struct module。

include/linux/module.h

```
232    struct module
233    {
234        enum module_state state;
235
236        /* Member of list of modules */
237        struct list_head list;
238
239        /* Unique handle for this module */
240        char name[MODULE_NAME_LEN];
241
242        /* Sysfs stuff */
243        struct module_kobject mkobj;
244        struct module_param_attrs *param_attrs;
245        const char *version;
246        const char *srcversion;
247
248        /* Exported symbols */
249        const struct kernel_symbol *syms;
250        unsigned int num_syms;
251        const unsigned long *crcs;
252
253        /* GPL-only exported symbols. */
254        const struct kernel_symbol *gpl_syms;
255        unsigned int num_gpl_syms;
256        const unsigned long *gpl_crcs;
257
258        /* Exception table */
259        unsigned int num_exentries;
260        const struct exception_table_entry *extable;
261
262        /* Startup function */
263        int (*init)(void);
264
265        /* If this is non-NULL, vfree after init() returns */
266        void *module_init;
267
268        /* Here is the actual code + data, vfree'd on unload. */
269        void *module_core;
```

```
270
271         /* Here are the sizes of the init and core sections */
272         unsigned long init_size, core_size;
273
274         /* The size of the executable code in each section. */
275         unsigned long init_text_size, core_text_size;
276
277         /* Arch-specific module values */
278         struct mod_arch_specific arch;
279
280         /* Am I unsafe to unload? */
281         int unsafe;
282
283         /* Am I GPL-compatible */
284         int license_gplok;
285
286         /* Am I gpg signed */
287         int gpgsig_ok;
288
289 #ifdef CONFIG_MODULE_UNLOAD
290         /* Reference counts */
291         struct module_ref ref[NR_CPUS];
292
293         /* What modules depend on me? */
294         struct list_head modules_which_use_me;
295
296         /* Who is waiting for us to be unloaded */
297         struct task_struct *waiter;
298
299         /* Destruction function. */
300         void (*exit)(void);
301 #endif
302
303 #ifdef CONFIG_KALLSYMS
304         /* We keep the symbol and string tables for kallsyms. */
305         Elf_Sym *symtab;
306         unsigned long num_symtab;
307         char *strtab;
308
309         /* Section attributes */
310         struct module_sect_attrs *sect_attrs;
311 #endif
312
```

第7章 内核模块

```
313         /* Per-cpu data. */
314         void *percpu;
315
316         /* The command line arguments (may be mangled).  People like
317            keeping pointers to this stuff */
318         char *args;
319     };
```

在内核中,每一个内核模块信息都由这样的一个 module 对象来描述的。所有的 module 对象由一个链表链接在一起,其中每一个对象的 next 域都指向链表的下一个元素。链表的第一个元素由 static LIST_HEAD(modules) 建立,见 kernel/module.c 第 65 行。如果阅读 include/linux/list.h 里面的 LIST_HEAD 宏定义,你很快会明白,modules 变量是 struct list_head 类型结构,结构内部的 next 指针和 prev 指针,初始化时都指向 modules 本身。对 modules 链表的操作,受 module_mutex 和 modlist_lock 保护。

下面就模块结构中一些重要的域做一些说明。

234:state 表示 module 当前的状态,可使用的宏定义有:

MODULE_STATE_LIVE
MODULE_STATE_COMING
MODULE_STATE_GOING

240:name 数组保存 module 对象的名称。

244:param_attrs 指向 module 可传递的参数名称及其属性。

248~251:module 中可供内核或其他模块引用的符号表。num_syms 表示该模块定义的内核模块符号的个数,syms 就指向符号表。

263,300:init 和 exit 是两个函数指针,其中 init 函数在初始化模块的时候调用;exit 是在删除模块的时候调用的。

294:struct list_head modules_which_use_me,指向一个链表,链表中的模块均依靠当前模块。

在介绍了 module{} 数据结构后,也许你还是觉得似懂非懂,那是因为其中有很多概念和相关的数据结构你还不了解。例如 kernel_symbol{}(见 include/linux/module.h)

```
struct kernel_symbol
{
    unsigned long value;
    const char *name;
};
```

这个结构用来保存目标代码中的内核符号。在编译的时候,编译器将该模块中定义的内核符号写入文件中,在读取文件装入模块的时候通过这个数据结构将其中包含的符号信息读入。

value 定义了内核符号的入口地址。

name 指向内核符号的名称。

2. 实现函数

接下来，我们研究一下源代码中的几个重要的函数。正如前段所述，操作系统初始化时，static LIST_HEAD(modules) 已经建立了一个空链表。之后，没装入一个内核模块，即创建一个 module 结构，并把它链接到 modules 链表中。

从操作系统内核角度说，它提供用户的服务都通过系统调用这个唯一的界面实现。那么，有关内核模块的服务又是怎么做的呢？请参看 arch/i386/kernel/syscall_table.S，2.6.15 版本的内核，通过系统调用 init_module 装入内核模块，通过系统调用 delete_module 卸载内核模块，没有其他途径。

kernel/module.c

```
1931 asmlinkage long
1932 sys_init_module(void __user *umod,
1933                 unsigned long len,
1934                 const char __user *uargs)
1935 {
1936     struct module *mod;
1937     int ret = 0;
1938
1939     /* Must have permission */
1940     if (!capable(CAP_SYS_MODULE))
1941         return -EPERM;
1942
1943     /* Only one module load at a time, please */
1944     if (down_interruptible(&module_mutex) != 0)
1945         return -EINTR;
1946
1947     /* Do all the hard work */
1948     mod = load_module(umod, len, uargs);
1949     if (IS_ERR(mod)) {
1950         up(&module_mutex);
1951         return PTR_ERR(mod);
1952     }
1953
1954     /* Now sew it into the lists.  They won't access us, since
1955        strong_try_module_get() will fail. */
1956     stop_machine_run(__link_module, mod, NR_CPUS);
1957
1958     /* Drop lock so they can recurse */
1959     up(&module_mutex);
1960
1961     down(&notify_mutex);
```

```
1962            notifier_call_chain(&module_notify_list, MODULE_STATE_COMING, mod);
1963            up(&notify_mutex);
1964
1965            /* Start the module */
1966            if (mod->init != NULL)
1967                ret = mod->init();
1968            if (ret < 0) {
1969                /* Init routine failed: abort.  Try to protect us from
1970                   buggy refcounters. */
1971                mod->state = MODULE_STATE_GOING;
1972                synchronize_sched();
1973                if (mod->unsafe)
1974                    printk(KERN_ERR "%s: module is now stuck!\n",
1975                        mod->name);
1976                else {
1977                    module_put(mod);
1978                    down(&module_mutex);
1979                    free_module(mod);
1980                    up(&module_mutex);
1981                }
1982                return ret;
1983            }
1984
1985            /* Now it's a first class citizen! */
1986            down(&module_mutex);
1987            mod->state = MODULE_STATE_LIVE;
1988            /* Drop initial reference. */
1989            module_put(mod);
1990            module_free(mod, mod->module_init);
1991            mod->module_init = NULL;
1992            mod->init_size = 0;
1993            mod->init_text_size = 0;
1994            up(&module_mutex);
1995
1996            return 0;
1997    }
```

函数 sys_init_module( ) 是系统调用 init_module( ) 的实现。入口参数 umod 指向用户空间中该内核模块 image 所在的位置。image 以 ELF 的可执行文件格式保存，image 的最前部是 elf_ehdr 类型结构，长度由 len 指示。uargs 指向来自用户空间的参数。系统调用 init_module( ) 的语法原型为：

```
long sys_init_module(void *umod, unsigned long len, const char *uargs);
```

1940~1941:调用 capable( )函数验证是否有权限装入内核模块。

1944~1945:在并发运行环境里,仍然需保证,每次最多只有一个 module 准备装入。这通过 down_interruptible(&module_mutex)实现。

1948~1952:调用 load_module( )函数,将指定的内核模块读入内核空间。这包括申请内核空间,装配全程量符号表,赋值 _ksymtab、_ksymtab_gpl、_param 等变量,检验内核模块版本号,复制用户参数,确认 modules 链表中没有重复的模块,模块状态设置为 MODULE_STATE_COMING,设置 license 信息,等等。

1956:将这个内核模块插入至 modules 链表的前部,也即将 modules 指向这个内核模块的 module 结构。

1966~1983:执行内核模块的初始化函数,也就是表7.1所述的入口函数。

1987:将内核模块的状态设为 MODULE_STATE_LIVE。至此,内核模块装入成功。

/kernel/module.c

```
573   asmlinkage long
574   sys_delete_module(const char __user *name_user, unsigned int flags)
575   {
576        struct module *mod;
577        char name[MODULE_NAME_LEN];
578        int ret, forced = 0;
579
580        if (! capable(CAP_SYS_MODULE))
581             return -EPERM;
582
583        if (strncpy_from_user(name, name_user, MODULE_NAME_LEN-1) < 0)
584             return -EFAULT;
585        name[MODULE_NAME_LEN-1] = '\0';
586
587        if (down_interruptible(&module_mutex) != 0)
588             return -EINTR;
589
590        mod = find_module(name);
591        if (! mod) {
592             ret = -ENOENT;
593             goto out;
594        }
595
596        if (! list_empty(&mod->modules_which_use_me)) {
597             /* Other modules depend on us: get rid of them first. */
598             ret = -EWOULDBLOCK;
599             goto out;
600        }
601
602        /* Doing init or already dying? */
```

第7章 内核模块

```
603        if (mod->state != MODULE_STATE_LIVE) {
604            /* FIXME: if (force), slam module count and wake up
605               waiter --RR */
606            DEBUGP("%s already dying\n", mod->name);
607            ret = -EBUSY;
608            goto out;
609        }
610
611        /* If it has an init func, it must have an exit func to unload */
612        if ((mod->init != NULL && mod->exit == NULL)
613            || mod->unsafe) {
614            forced = try_force_unload(flags);
615            if (!forced) {
616                /* This module can't be removed */
617                ret = -EBUSY;
618                goto out;
619            }
620        }
621
622        /* Set this up before setting mod->state */
623        mod->waiter = current;
624
625        /* Stop the machine so refcounts can't move and disable module. */
626        ret = try_stop_module(mod, flags, &forced);
627        if (ret != 0)
628            goto out;
629
630        /* Never wait if forced. */
631        if (!forced && module_refcount(mod) != 0)
632            wait_for_zero_refcount(mod);
633
634        /* Final destruction now noone is using it. */
635        if (mod->exit != NULL) {
636            up(&module_mutex);
637            mod->exit();
638            down(&module_mutex);
639        }
640        free_module(mod);
641
642 out:
643        up(&module_mutex);
644        return ret;
645    }
```

函数 sys_delete_module( )是系统调用 delete_module( )的实现。调用这个函数的作用是删除一个系统已经加载的内核模块。入口参数 name_user 是要删除的模块的名称。

580~581:调用 capable( )函数,验证是否有权限操作内核模块。

583~585:取得该模块的名称。

590~594:从 modules 链表中找到该模块。

597~599:如果存在其他内核模块,它们依赖该模块,那么,不能删除。

635~638:执行内核模块的 exit 函数,也就是表 7.1 所述的出口函数。

640:释放 module 结构占用的内核空间。

源代码的内容就看到这里。kernel/module.c 文件里还有一些其他的函数,有兴趣的读者可以自己尝试着分析一下,对于模块机制的实现会有更深的理解。

7.3 如何使用内核模块

7.3.1 模块的加载

系统调用当然是将内核模块插入内核的可行方法。此外,Linux 环境里还有两种方法可达到此目的。一种方法稍微自动一些,可以做到需要时自动装入,不需要时自动卸载。这种方法需要执行 modprobe 程序。下文会介绍 modprobe。

另一种是用 insmod 命令,手工装入内核模块。在前面分析 helloworld 例子的时候,我们提到过 insmod 的作用就是将需要插入的模块以目标代码的形式插入内核中。注意,只有超级用户才能使用这个命令。insmod 的格式是:

```
# insmod [path]modulename.ko
```

insmod 其实是一个 modutils 模块实用程序,当我们以超级用户的身份使用这个命令的时候,这个程序完成下面一系列工作:

(1)从命令行中读入要链接的模块名,通常是扩展名为".ko",elf 格式的目标文件。

(2)确定模块对象代码所在文件的位置。通常这个文件都是在 lib/modules 的某个子目录中。

(3)计算存放模块代码、模块名和 module 对象所需要的内存大小。

(4)在用户空间中分配一个内存区,把 module 对象、模块名以及为正在运行的内核所重定位的模块代码拷贝到这个内存里。其中,module 对象中的 init 域指向这个模块的入口函数重新分配到的地址;exit 域指向出口函数所重新分配的地址。

(5)调用 init_module( ),向它传递上面所创建的用户态的内存区的地址,其实现过程我们已经详细分析过了。

(6)释放用户态内存,整个过程结束。

7.3.2 模块的卸载

要卸载一个内核模块使用 rmmod 命令。rmmod 程序将已经插入内核的模块从内核中移出，rmmod 会自动运行在内核模块自己定义的出口函数。它的格式是：

```
# rmmod [path]modulename
```

当然，它最终还是通过 delete_module( )系统调用实现的。

7.3.3　模块实用程序 modutils

Linux 内核模块机制提供的系统调用大多数都是为 modutils 程序使用的。可以说，是 Linux 的内核模块机制和 modutils 两者的结合提供了模块的编程接口。modutils(modutils-x.y.z.tar.gz)可以在任何获得内核源代码的地方获得，选择最高级别的 patchlevel x.y.z 等于或者小于当前的内核版本，安装后在/sbin 目录下就会有 insmod、rmmod、ksyms、lsmod、modprobe 等实用程序。当然，通常我们在加载 Linux 内核的时候，modutils 已经被装入了。

1. lsmod 的使用

调用 lsmod 程序将显示当前系统中正在使用的模块信息。实际上这个程序的功能就是读取/proc 文件系统中的文件/proc/modules 中的信息。所以这个命令和 cat/proc/modules 等价。它的格式就是：

```
# lsmod
```

2. ksyms

显示内核符号和模块符号表的信息，可以读取/proc/kallsyms 文件。

3. modprobe 的使用

modprobe 是由 modutils 提供的自动根据模块之间的依赖性插入模块的程序。前面讲到的按需装入的模块加载方法会调用这个程序来实现按需装入的功能。举例来讲，如果模块 A 依赖模块 B，而模块 B 并没有加载到内核里，当系统请求加载模块 A 时，modprobe 程序会自动将模块 B 加载到内核。

与 insmod 类似，modprobe 程序也是链接在命令行中指定的一个模块，但它还可以递归地链接指定模块所引用到的其他模块。从实现上讲，modprobe 只是检查模块依赖关系，真正的加载工作还是由 insmod 来实现的。那么，它又是怎么知道模块间的依赖关系的呢？简单地讲，modprobe 通过另一个 modutils 程序 depmod 来了解这种依赖关系。而 depmod 是在系统启动时执行，它查找所有内核中的模块并把所有的模块间的依赖关系写入/lib/modules/2.6.15-1.2054_FC5 目录下，一个名为 modules.dep 的文件。

4. kmod 的实现

在以前版本的内核中，模块机制的按需装入通过一个用户进程 kerneld 来实现，内核通过 IPC 和内核通信，向 kerneld 发送需要装载的模块的信息，然后 kerneld 调用 modprobe 程序将这个模块装载。但是在最近版本的内核中，使用另外一种方法 kmod 来实现这个功能。kmod 与 kerneld 比较，最大的不同在于它是一个运行在内核空间的进程，它可以在内核空间直接调用 modprobe，大大简化了整个流程。

7.4 实验1 编写一个简单的内核模块

本实验完成一个简单的内核模块程序,它可以在 2.6.15 的版本上实现,对于低于 2.4 的内核版本可能还需要做一些调整,这里就不具体讲了。

helloworld. c

```c
#define MODULE
#include <linux/module.h>

int init_module(void)
{
    printk("<1> Hello World!\n");
    return 0;
}

void cleanup_module(void)
{
    printk("<1>Goodbye!\n");
}
MODULE_LICENSE("GPL");
```

说明:

(1)代码的第一行#define MODULE 首先明确这是一个模块。任何模块程序的编写都需要包含 linux/module. h 这个头文件,这个文件包含了对模块的结构定义以及模块的版本控制。文件里的主要数据结构我们会在后面详细介绍。

(2)函数 init_module( )和函数 cleanup_module( )是模块编程中最基本的也是必需的两个函数。init_module( )向内核注册模块提供新功能;cleanup_module( )负责注销所有由模块注册的功能。

(3)注意我们在这儿使用的是 printk( )函数(不要习惯性地写成 printf),printk( )函数是由 Linux 内核定义的,功能与 printf 相似。字符串 <1> 表示消息的优先级,printk( )的一个特点就是它对于不同优先级的消息进行不同的处理,之所以要在这儿使用高优先级,是因为默认优先级的消息可能不能显示在控制台上。可以用 man 命令寻求帮助。

接下来,就要编译和加载这个模块了。在前面的章节里我们已经学习了如何使用 gcc,现在还要注意的一点就是:只有超级用户才能加载和卸载模块。在编译内核模块前,先准备一个 Makefile 文件:

```
TARGET = helloworld
KDIR = /usr/src/linux
PWD = $(shell pwd)
obj-m += $(TARGET).o
```

```
default:
    make -C $(KDIR) M=$(PWD) modules
```

然后简单输入命令 make：

```
#make
```

结果，我们得到文件"helloworld.ko"。然后执行内核模块的装入命令：

```
#insmod helloworld.ko
Hello World!
```

这时，看到了打印在屏幕上的"Hello World!"，它是在 init_module() 中定义的。由此说明，helloworld 模块已经加载到内核中了。我们可以使用 lsmod 命令查看。lsmod 命令的作用是告诉我们所有在内核中运行的模块的信息，包括模块的名称、占用空间的大小、使用计数以及当前状态和依赖性。

```
# lsmod
Module          Size    Used    by
helloworld      464     0       (unused)
...
```

最后，我们要卸载这个模块。

```
# rmmod helloworld
Goodbye!
```

看到了打印在屏幕上的"Goodbye!"，它是在 cleanup_module() 中定义的。由此说明，helloworld 模块已经被删除。如果这时候我们再使用 lsmod 查看，会发现 helloworld 模块已经不在了。

完成上面的实验步骤，并分析结果。

7.5 实验2 多文件内核模块的实现

本实验完成如何将多个源文件合并到一个内核模块中。

1. 内核模块的 make 文件

首先我们来看一看模块程序的 make 文件应该怎么写。自2.6版本之后，Linux 对内核模块的相关规范，有很大变动。例如，所有模块的扩展名都从".o"改为".ko"。详细信息，可参看 Documentation/kbuild/makefiles.txt。针对内核模块而编辑 Makefile，可参看 Documentation/kbuild/modules.txt。

我们练习"helloworld.ko"时，曾经用过简单的 Makefile：

```
TARGET = helloworld
KDIR = /usr/src/linux
PWD = $(shell pwd)
```

```
obj-m += $(TARGET).o
default:
make -C $(KDIR) M=$(PWD) modules
```

$(KDIR)表示源代码最高层目录的位置。

"obj-m += $(TARGET).o"告诉 kbuild,希望将 $(TARGET),也就是 helloworld 编译成内核模块。

"M = $(PWD)"表示生成的模块文件都将在当前目录下。

2. 多文件内核模块的 make 文件

对于多文件的内核模块该如何编译呢?同样以"Hello, world"为例,我们需要做以下事情:

在所有的源文件中,只有一个文件增加一行 #define _NO_VERSION_。这是因为 module.h 一般包括全局变量 kernel_version 的定义,该全局变量包含模块编译的内核版本信息。如果你需要 version.h,则需要自己把它包含进去,因为定义了 _NO_VERSION_后 module.h 就不会包含 version.h。

下面给出多文件的内核模块的程序代码。

Start.c

```
/* start.c
 *
 * "Hello, world" - 内核模块版本
 * 这个文件仅包括启动模块例程
 */

/* 必要的头文件 */

/* 内核模块中的标准 */
#include <linux/kernel.h>    /* 我们在做内核的工作 */
#include <linux/module.h>

/* 初始化模块 */
int init_module()
{
  printk("Hello, world!\n");

  /* 如果我们返回一个非零值,那就意味着
   * init_module 初始化失败并且内核模块
   * 不能加载 */
  return 0;
}
```

第7章 内核模块

stop.c

```c
/* stop.c
 *
 * "Hello,world" - 内核模块版本
 * 这个文件仅包括关闭模块例程
 */

/* 必要的头文件 */

/* 内核模块中的标准 */
#include <linux/kernel.h>   /* 我们在做内核的工作 */


#define _NO_VERSION_
#include <linux/module.h>

#include <linux/version.h>   /* 不被 module.h 包括,因为_NO_VERSION_ */

/* Cleanup - 撤消 init_module 所做的任何事情 */
void cleanup_module()
{
  printk("Bye!\n");
}
/* 结束 */
```

这一次,helloworld 内核模块包含了两个源文件,"start.c"和"stop.c"。再来看看对于多文件内核模块,该怎么写 Makefile 文件。

Makefile

```
TARGET = helloworld
KDIR = /usr/src/linux
PWD = $(shell pwd)
obj-m += $(TARGET).o
$(TARGET)-y := start.o stop.o
default:
    make -C $(KDIR) M=$(PWD) modules
```

相比前面,只增加一行:

$(TARGET)-y := start.o stop.o

最后一步是编译内核模块了。

完成上面的实验步骤,并分析结果。

【实验思考】

内核模块机制和/proc 文件系统,都是 Linux 系统中具有代表性的特征。可否利用这些便利,为特殊文件、设备、公共变量等,创建/proc 目录下对应的节点? 答案当然是肯定的。

这个实验需要自主完成,本书只交待基本思路和部分源代码。程序的完善以及调试工作,留给大家完成。

内核模块与内核空间之外的交互方式有很多种,/proc 文件系统是其中一种主要方式。本书有专门章节介绍/proc 文件系统,在这里我们再把一些基本知识复习一下。文件系统是操作系统在磁盘或其他外设上组织文件的方法。Linux 支持很多文件系统的类型:minix,ext,ext2,msdos,umsdos,vfat,proc,nfs,iso9660,hpfs,sysv,smb,ncpfs 等等。与其他文件系统不同的是,/proc 文件系统是一个伪文件系统。之所以称之为伪文件系统,是因为它没有任何一部分与磁盘有关,只存在内存当中,而不占用外存空间。而它确实与文件系统有很多相似之处。例如,以文件系统的方式为访问系统内核数据的操作提供接口,而且可以用所有一般的文件工具操作。例如我们可以通过命令 cat,more 或其他文本编辑工具查看 proc 文件中的信息。更重要的是,用户和应用程序可以通过 proc 得到系统的信息,并可以改变内核的某些参数。由于系统的信息,如进程是动态改变的,所以用户或应用程序读取 proc 文件时,proc 是动态从系统内核读出所需信息并提交的。/proc 文件系统一般放在/proc 目录下。

怎么让/proc 文件系统反映内核模块的状态呢? 我们来看看下面这个稍微复杂一些的实例。

proc_example.c

```
…
int init_module()
{
        int rv = 0;

        /* 创建目录 */
        example_dir = proc_mkdir(MODULE_NAME, NULL);
        if(example_dir == NULL) {
                rv = -ENOMEM;
                goto out;
        }
        example_dir->owner = THIS_MODULE;

        /* 快速创建只读文件 jiffies */
        jiffies_file = create_proc_read_entry("jiffies", 0444, example_dir,
                            proc_read_jiffies, NULL);
        if(jiffies_file == NULL) {
                rv  = -ENOMEM;
                goto no_jiffies;
```

```c
        }
        jiffies_file->owner = THIS_MODULE;

        /* 创建规则文件 foo 和 bar */
        foo_file = create_proc_entry("foo", 0644, example_dir);
        if(foo_file == NULL) {
                rv = -ENOMEM;
                goto no_foo;
        }
        strcpy(foo_data.name, "foo");
        strcpy(foo_data.value, "foo");
        foo_file->data = &foo_data;
        foo_file->read_proc = proc_read_foobar;
        foo_file->write_proc = proc_write_foobar;
        foo_file->owner = THIS_MODULE;

        bar_file = create_proc_entry("bar", 0644, example_dir);
        if(bar_file == NULL) {
                rv = -ENOMEM;
                goto no_bar;
        }
        strcpy(bar_data.name, "bar");
        strcpy(bar_data.value, "bar");
        bar_file->data = &bar_data;
        bar_file->read_proc = proc_read_foobar;
        bar_file->write_proc = proc_write_foobar;
        bar_file->owner = THIS_MODULE;

        /* 创建设备文件 tty */
        tty_device = proc_mknod("tty", S_IFCHR|0666, example_dir, MKDEV(5, 0));
        if(tty_device == NULL) {
                rv = -ENOMEM;
                goto no_tty;
        }
        tty_device->owner = THIS_MODULE;

        /* 创建链接文件 jiffies_too */
        symlink = proc_symlink("jiffies_too", example_dir, "jiffies");
        if(symlink == NULL) {
                rv = -ENOMEM;
                goto no_symlink;
        }
        symlink->owner = THIS_MODULE;
```

```
        /* 所有创建都成功 */
        printk(KERN_INFO "%s %s initialised\n",
            MODULE_NAME, MODULE_VERSION);
        return 0;
    /*出错处理*/
    no_symlink: remove_proc_entry("tty", example_dir);
    no_tty:     remove_proc_entry("bar", example_dir);
    no_bar:     remove_proc_entry("foo", example_dir);
    no_foo:     remove_proc_entry("jiffies", example_dir);
    no_jiffies: remove_proc_entry(MODULE_NAME, NULL);
    out:        return rv;
    }
    ...
```

内核模块 proc_example 首先在/proc 目录下创建自己的子目录 proc_example。然后在这个目录下创建了三个 proc 普通文件(foo、bar、jiffies)，一个设备文件(tty)以及一个文件链接(jiffies_too)。具体来说，foo 和 bar 是两个可读写文件，它们共享函数 proc_read_foobar 和 proc_write_foobar。jiffies 是一个只读文件，取得当前系统时间 jiffies。jiffies_too 为文件 jiffies 的一个符号链接。

你也许对以上程序的实现细节还不是很清楚，没有关系，请参阅关于/proc 文件系统的章节。至少你已经看明白了，内核模块里面的变量的确可以通过/proc 文件系统读写。

第8章

虚拟内存管理

【实验目的】

- 学习操作系统的虚拟内存管理原理。
- 理解操作系统内存管理的分页、虚拟内存、"按需调页"思想及方法。
- 掌握 Linux 内核对虚拟内存、虚存段、分页式内存管理、按需调页的实现机制。

【实验内容】

(1) 统计自内核加载完成以后到当前时刻为止发生的缺页次数和经历过的时间。
(2) 统计从当前时刻起一段时间内发生的缺页中断次数。

8.1 Linux 虚拟内存管理

8.1.1 虚拟内存的抽象模型

在讨论 Linux 是如何具体实现对虚拟内存的支持前,有必要看一下更简单的抽象模型。在处理器执行程序时,需要将程序从内存中读出后再进行指令解码。在指令解码之前,它必须向内存中某个位置取出或者存入某个值。然后执行此指令并指向程序中下一条指令。在此过程中处理器必须频繁访问内存,要么取指令或者取数据,要么存储数据。

虚拟存储系统中的所有地址都是虚拟地址而不是物理地址。通过操作系统所维护的一系列表,由处理器(更确切地说是 MMU)实现从虚拟地址到物理地址的转换。

为了使转换更加简单,虚拟内存与物理内存都以页面来组织。不同系统中页面的大小可以相同,也可以不同,但这样将带来管理的不便。如 Alpha AXP 处理器上运行的 Linux(缺省)页面大小为 8KB,而 Intel x86 系统上(缺省)使用 4KB 大小的页面。每个页面通过一个叫页帧号(PFN)的数字来标识。

页面模式下的虚拟地址由两部分构成:页号和页面内偏移值。如果页面大小为 4KB,则虚拟地址的低 12 位表示虚拟地址偏移值,12 位以上表示页号。处理器处理虚拟地址时必须完成地址分离工作。在页表的帮助下,它将页号转换成页帧号,然后访问物理页面中相应偏移处。

图 8.1 给出了两个进程 X 和 Y 的虚拟地址空间,它们拥有各自的页表。这些页表将各个进程的页映射到内存中的页帧。在图 8.1 中,进程 X 的页 0 被映射到了页帧 4。理论上

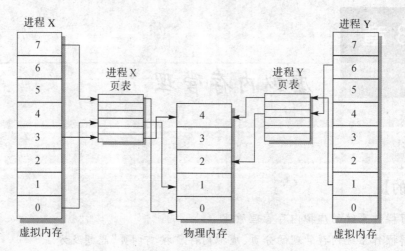

图 8.1 虚拟地址到物理地址映射的抽象模型

每个页表入口应包含以下内容：
- 有效标记，表示此页表入口是有效的；
- 页表入口描述的物理页帧号；
- 访问控制信息，用来描述此页可以进行哪些操作，是否可写，是否包含执行代码。

为了将虚拟地址转换为物理地址，处理器首先必须得到虚拟地址的页号及页内偏移。一般将页面大小设为 2^n（n 是非负整数）字节。将图 8.1 中的页面大小设为 0x2000 字节（十进制为 8192，即 8K）并且设在进程 Y 的虚拟地址空间中有某个地址为 0x2194，则处理器将通过转换得到页号 1 及页内偏移 0x194。

处理器使用页号为索引来访问处理器页表，检索页表入口。如果在此位置的页表入口有效，则处理器将从此入口中得到页帧号。如果此入口无效，则意味着处理器存取的是虚拟内存中一个不存在的区域。在这种情况下，处理器是不能进行地址转换的，它必须将控制传递给操作系统来完成这个工作。

某个进程试图访问处理器无法进行有效地址转换的虚拟地址时，处理器如何将控制传递到操作系统依赖于具体的处理器。通常的做法是：处理器引发一个缺页中断而陷入操作系统核心，这样操作系统将得到有关无效虚拟地址的信息以及发生页面错误的原因。

再以图 8.1 为例，进程 Y 的页 1 已经被映射到页帧 4，该页的页表入口标志是有效的，则其中的虚拟地址 0x2194 对应的物理地址是 0x8000 + 0x194 = 0x8194。而进程 Y 的页 0 未被映射，页 0 的页表入口标志无效，当试图访问虚拟地址 0x1800 时就会触发缺页中断。

通过将虚拟地址映射到物理地址，虚拟内存可以以任何顺序映射到页帧。例如，在图 8.1 中，进程 X 的页 0 被映射到页帧 1，而页 7 被映射到页帧 0，虽然后者的页号要高于前者。这样虚拟内存技术带来了有趣而灵活的结果：虚拟内存中的页无需在物理内存保持特定顺序。

1. 换页

在物理内存比虚拟内存小得多的系统中，操作系统必须提高物理内存的使用效率。节省物理内存的一种方法是仅加载那些正在被执行程序使用的页面。比如说，某个数据库程序可能要对某个数据库进行查询操作,此时并不是数据库的所有内容都要加载到内存中去,而只加载那些需要用的部分,如加载添加记录的代码是毫无意义的。这种仅加载需要访问的页面的技术叫按需调页(paging on demand)。

当进程试图访问当前不在内存中的虚拟地址时,处理器在页表中无法找到所引用地址的入口。在图 8.1 中,对于页 2,进程 X 的页表中没有入口,这样当进程 X 试图访问页 2 的内容时,处理器不能将此地址转换成物理地址。这时处理器通知操作系统有页面错误发生。

如果导致页面错误的虚拟地址所属的页面当前不在内存中,则操作系统必须将此页面从磁盘映像中读入内存中。由于磁盘访问时间较长,进程必须等待一段时间直到页面被读入物理内存。如果系统中还存在其他进程,操作系统就会在读取页面的等待过程中选择其中之一来运行。读取得到的页面将被放在一个空闲的页帧中,同时将相应页表项中的存在位置位。最后进程将从发生页面错误的地方重新开始运行。此时整个虚拟内存访问过程告一段落,处理器又可以继续进行虚拟地址到物理地址转换,而进程也得以继续运行。

Linux 使用按需调页将可执行映像加载到进程的虚拟内存中。当命令执行时,可执行的命令文件被打开,同时其内容映射到进程的虚拟内存。这些操作是通过修改描述进程内存映像的数据结构来完成的,此过程称为内存映射。然而只有映像的起始部分调入物理内存,其余部分仍然留在磁盘上。当映像执行时,它会产生页面错误,这样 Linux 将决定把磁盘上哪些部分调入内存继续执行。

2. 交换

如果进程需要把一个页调入物理内存而正好系统中没有空闲的页帧,操作系统必须丢弃位于物理内存中的某些页,为要换入的页腾出空间。

如果那些从物理内存中丢弃出来的页来自磁盘上的可执行文件或者数据文件,并且没有修改过,则不需要保存那些页的内容。当进程再次需要此页面时,直接从可执行文件或者数据文件中读入。

但是如果页面被修改过了,则操作系统必须保存页面的内容以备再次访问。这种页面称为 dirty 页面,当从内存中置换出来时,它们必须保存在交换空间(交换文件或交换区)中。相对于处理器和物理内存的速度,访问交换空间的速度是非常缓慢的,考虑到效率问题,操作系统必须再将这些 dirty 页面写入交换空间和将其继续保留在内存中做出选择。

选择丢弃页面的算法经常需要判断哪些页面要丢弃或者交换。如果交换算法效率很低,则会发生"颠簸"(thrashing)现象。在这种情况下,页面不断地写入磁盘又从磁盘中读回来。这样一来,操作系统就无法进行其他任何工作。以图 8.1 为例,如果物理页帧 1 被频繁使用,则页面丢弃算法将其作为交换到硬盘的候选者是不恰当的。一个进程当前经常使用的页面集合叫做工作集。高效的交换策略能够确保所有进程的工作集保存在物理内存中。

Linux 使用最近最少使用(LRU)算法来公平地选择将要从系统中抛弃的页面。早期版本的内核为系统中的每个页面设置一个年龄,它随页面访问次数而变化。页面被访问的次数越多则页面年龄越年轻,反之则越衰老。年龄较老的页面是待交换页面的候选者。

8.1.2 Linux 的分页管理

Linux 2.6.10 以前版本内核支持三级页表结构,2.6.11 内核版本及以后支持四级页表结构,本书以三级页表结构为例来说明 Linux 分页管理。这三级页表依次为:页目录(PGD, Page Global Directory)、中间页目录(PMD, Page Middle Directory)和页表(PTE, Page Table Entry)。每一级页表通过虚拟地址的一个域来访问。图 8.2 说明虚拟地址是如何分割成多个域的。其中有三个域分别提供了在三级页表内的偏移,最后一个域提供了页内偏移。为了将虚拟地址转换成物理地址,处理器必须依次得到这几个域中包含的偏移值还需要有页目录在物理内存中的起始地址,该地址保存在寄存器中。处理器首先根据页目录在物理内存中的起始地址和第一个偏移值,访问页目录,得出中间页目录的起始地址;然后根据中间页目录的起始地址和第二个偏移值访问中间页目录,得出页表的起始地址;再然后根据页表的起始地址和第三个偏移值访问页表,得出页帧号;最后根据页帧号和页内偏移得出物理地址。

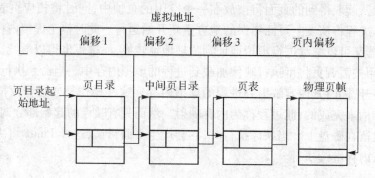

图 8.2　Linux 的三级页表结构

在 Intel x86 体系的微机上,Linux 的页表结构实际上为两级。其中页目录就是 PGD,页表就是 PTE,而 PMD 和 PGD 实际上是合二为一的。所有有关 PMD 的操作实际上是对 PGD 的操作。所以源代码中形如 *_pgd_*() 和 *_pmd_*() 的函数所实现的功能是一样的。有关的宏定义如下:

/include/asm-i386/pgtable-2level-defs.h

```
 1 #ifndef _I386_PGTABLE_2LEVEL_DEFS_H
 2 #define _I386_PGTABLE_2LEVEL_DEFS_H
 3
 4 #define HAVE_SHARED_KERNEL_PMD 0
 5
 6 /*
 7  * traditional i386 two-level paging structure:
 8  */
 9
10 #define PGDIR_SHIFT    22
11 #define PTRS_PER_PGD   1024
12
13 /*
14  * the i386 is two-level, so we don't really have any
15  * PMD directory physically.
16  */
```

第8章 虚拟内存管理

```
17
18 #define PTRS_PER_PTE    1024
19
20 #endif /* _I386_PGTABLE_2LEVEL_DEFS_H */
```

从上面的宏定义可以清楚地看到 i386 体系结构中 PMD 实际上是不存在的(#define HAVE_SHARED_KERNEL_PMD 0),实际上这一级是退化了。页目录 PGD 和页表 PTE 都含有 1024 个项。

每当启动一个新进程,Linux 都为其分配一个 task_struct 结构体,内含 ldt(local descriptor table)、tss(task state segment)、mm 等内存管理信息。其中,task_struct 结构体内含了指向 mm_struct 结构体的指针,mm_struct 结构体包含了用户进程中与内存管理有关的信息。

include/linux/sched.h

```
299  struct mm_struct {
300      struct vm_area_struct * mmap;          /* list of VMAs */
301      rb_root_t mm_rb;
302      struct vm_area_struct * mmap_cache;    /* last find_vma result */
...
314      pgd_t * pgd;
315      atomic_t mm_users;                     /* How many users with user space? */
316      atomic_t mm_count;                     /* How many references to "struct mm_struct"
                                                * (users count as 1) */
317      int map_count;                         /* number of VMAs */
318      struct rw_semaphore mmap_sem;
319      spinlock_t page_table_lock;            /* Protects task page tables and mm->rss */
320
321      struct list_head mmlist;               /* List of all active mm's. These are globally
322                                              * together off init_mm.mmlist,
323                                              * and are protected by mmlist_lock
324                                              */
...
335      unsigned long total_vm, locked_vm, shared_vm, exec_vm;
336      unsigned long stack_vm, reserved_vm, def_flags, nr_ptes;
337      unsigned long start_code, end_code, start_data, end_data;
338      unsigned long start_brk, brk, start_stack;
339      unsigned long arg_start, arg_end, env_start, env_end;
...
343      unsigned dumpable:2;
344      unsigned long cpu_vm_mask;
...
346      /* Architecture-specific MM context */
```

```
347            mm_context_t context;
348
349            /* Token based thrashing protection. */
350            unsigned long swap_token_time;
351            char recent_pagein;
352
353            /* coredumping support */
354            int core_waiters;
355            struct completion *core_startup_done, core_done;
356
357            /* aio bits */
358            rwlock_t      ioctx_list_lock;
359            struct kioctx *ioctx_list;
360    };
```

300：mmap 指向 vma 段双向链表的指针。

301：mm_rb 指向 vma 段红黑树的指针。

302：mmap_cache 存储上一次对 vma 块的查找操作的结果。

314：pgd 进程页目录的起始地址。

315：mm_users 记录了目前正在使用此 mm_struct 结构的用户数。

316：mm_count 由于系统中所有进程页表的内核部分都是一样的，内核线程和普通进程相比无需 mm_struct 结构。普通进程切换到内核线程时，内核线程可以直接借用进程的页表，无需重新加载独立的页表。内核线程用 active_mm 指针指向所借用进程的 mm_struct 结构，而每次被 active_mm 引用都要将这个 mm_count 域加 1。另外注意对于atomic_t类型的变量只能通过 atomic_read、atomic_inc、atomic_set 等进行互斥性的操作。

317：map_count 此进程所使用的 VMA 块的个数。

318：mmap_sem 对 mmap 操作的互斥信号量。

319：page_table_lock 对此进程的页表操作时所需要的自旋锁。

321：mmlist task_struct 中的 active_mm 域的链表。对于普通进程，active_mm 等于 mm，对于内核线程，它等于上一次用户进程的 mm。

337：start_code、end_code 进程代码段的起始地址和结束地址。start_data、end_data 进程数据段的起始地址和结束地址。

338：start_brk、brk 进程未初始化的数据段的起始地址和结束地址。

339：arg_start、arg_end 调用参数区的起始地址和结束地址。env_start、env_end 进程环境区的起始地址和结束地址。

347：context 这个域存放了当前进程使用的段起始地址。

8.1.3　虚存段(vma)的组织和管理

程序执行时，可执行映像的内容将被调入进程虚拟地址空间中。可执行映像使用的共享库同样如此。然而可执行文件实际上并没有被调入到物理内存中，而是仅仅连接到进程的虚拟内存。当程序的其他部分运行需要引用到这部分时才把它们从磁盘上调入内存。

每个进程的虚拟内存用一个 mm_struct 来管理。它包含一些指向 vm_area_struct(如图 8.3 所示)的指针。每个 vm_area_struct 数据结构描述了虚拟内存段的起始与结束位置,进程对此内存区域的存取权限以及一组内存操作函数。这些函数都是 Linux 在操纵虚拟地址空间时必须用到的。当一个进程试图访问的虚拟地址不在物理内存中的时候(发生缺页中断),需要用到一个 nopage 函数,例如当 Linux 试图将可执行映像的页面调入内存时就是这样的情况。

可执行映像映射到进程虚拟地址时将产生一组相应的 vm_area_struct 数据结构。每个 vm_area_struct 数据结构表示可执行映像的一部分:可执行代码、初始化数据(变量)、未初始化数据等。Linux 支持许多标准的虚拟内存操作函数,创建 vm_area_struct 数据结构时有一组相应的虚拟内存操作函数与之对应。

进程可用的虚存空间共有 4GB,但这 4GB 空间并不是可以让用户态进程任意使用的,只是 0GB~3GB 的那一部分可以被直接使用,剩下的 1GB 空间则是属于内核的,用户态进程不能直接访问到。在创建用户进程时,内核的代码段和数据段被映射到虚拟地址 3GB 以后的虚存空间,供内核态进程使用。

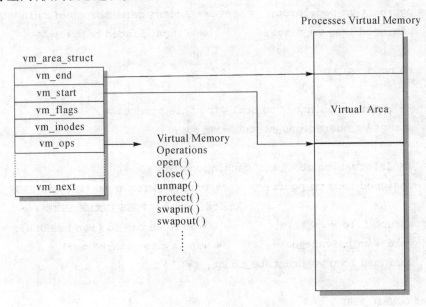

图 8.3 虚拟内存区域

事实上,所有进程的 3GB~4GB 的虚存空间的映像都是相同的,系统以此方式共享内核的代码段和数据段。

如果进程真的使用多达 4G 的虚拟空间,则由此带来的管理开销巨大。例如,管理 4G 的虚拟地址空间,每个页大小为 4K,那么每个页表将占用 4M(4Byte $* (4 * 2^{30})/(4 * 2^{10})$ = $4 * 2^{20}$ Byte =4M Byte)物理内存。事实上目前也没有哪个进程达到如此大的规模。一个进程在运行过程中使用到的物理内存一般是不连续的,用到的虚拟地址也不是连成一片的,而是被分成几块,进程通常占用几个虚存段,分别用于代码段、数据段、堆栈段等。每个进程的所有虚存段通过指针构成链表,虚存段在此链表中的排列顺序按照它们的地址增长顺序进行。此链表的表头由 struct mm_struct 结构的成员 struct vm_area_struct * mmap 所指。为了便于理解,Linux 定义了虚存段 vma,即 virtual memory area。一个 vma 段是属于某个进程的一段连续的虚存空间,在这段虚存里的所有页面拥有一些相同的特征。例如,属于同一进程,相同的访问权限,同时被锁定(locked),同时受保护(protected)等。

vma 段由数据结构 vm_area_struct 描述如下:

include/linux/mm.h

```
59   struct vm_area_struct {
60       struct mm_struct * vm_mm;       /* The address space we belong to. */
61       unsigned long vm_start;         /* Our start address within vm_mm. */
62       unsigned long vm_end;           /* The first byte after our end address
63                                        * within vm_mm. */
64
65       /* linked list of VM areas per task, sorted by address */
66       struct vm_area_struct * vm_next;
67
68       pgprot_t vm_page_prot;          /* Access permissions of this VMA. */
69       unsigned long vm_flags;         /* Flags, listed below. */
70
71       rb_node  vm_rb;
...
98       /* Function pointers to deal with this struct. */
99       struct vm_operations_struct * vm_ops;
100
101      /* Information about our backing store: */
102      unsigned long vm_pgoff;         /* Offset (within vm_file) in PAGE_SIZE
103                                         units, * not * PAGE_CACHE_SIZE */
104      struct file * vm_file;          /* File we map to (can be NULL). */
105      void * vm_private_data;         /* was vm_pte (shared mem) */
106      unsigned long vm_truncate_count; /*
107
108  #ifndef CONFIG_MMU
109      atomic_t vm_usage;
110  #endif
111  #ifdef CONFIG_NUMA
112      Struct mempolicy * vm_policy;
113  #endif
114  };
```

60:vma 段指向所属进程的 mm_struct 结构的指针。

61:vma 段的起始地址 vm_start。

62:vma 段的终止地址 vm_end。

第8章 虚拟内存管理

66：指向此进程 vma 链表中下一个 vma 段结构体的指针。

68：本 vma 块中页面的保护模式。pgprot_t 的定义位置在：

include/asm-i386/page.h

```
59  typedef struct { unsigned long pgprot; } pgprot_t;
```

69：本 vma 块中页面的属性标志。表明这些页面是可读、可写、可执行等。

71：用于对 vma 块进行 rb 树（Red Black Tree）操作的结构体，其定义位置在 include/linux/rbtree.h，第 100～108 行。

99：指向一个结构体的指针，该结构体中是对 vma 段进行操作的函数指针的集合。参见 include/linux/mm.h 中，第 201 行的 struct vm_operations_struct。

104：如果此 vma 段是对某个文件的映射，vm_file 为指向这个文件结构的指针。

以下是结构体 vm_operations_struct 的定义：

include/linux/mm.h

```
196 /*
197  * These are the virtual MM functions - opening of an area, closing and
198  * unmapping it (needed to keep files on disk up-to-date etc), pointer
199  * to the functions called when a no-page or a wp-page exception occurs.
200  */
201 struct vm_operations_struct {
202     void (*open)(struct vm_area_struct *area);
203     void (*close)(struct vm_area_struct *area);
204     struct page * (*nopage)(struct vm_area_struct *area, unsigned long
                                address, int *type);
205     int (*populate)(struct vm_area_struct *area, unsigned long address,
            unsigned long len, pgprot_t prot, unsigned long pgoff, int nonblock);
206 #ifdef CONFIG_NUMA
207     int (*set_policy)(struct vm_area_struct *vma, struct mempolicy *new);
208     struct mempolicy * (*get_policy)(struct vm_area_struct *vma,
209                             unsigned long addr);
210 #endif
211 };
```

为了提高对 vma 段查询、插入、删除操作的速度，Linux 内核为每个进程维护了一棵红黑树（Red Black Tree），树的节点就是 vm_area_struct 类型的结构体。红黑树的节点和根节点的结构定义在：

include/linux/rbtree.h

```
100 typedef struct rb_node_s
101 {
102     struct rb_node_s * rb_parent;
```

```
103          int rb_color;
104 #define RB_RED          0
105 #define RB_BLACK        1
106          struct rb_node_s *rb_right;
107          struct rb_node_s *rb_left;
108 }
109
110 struct rb_root
111 {
112          struct rb_node *rb_node;
113 }
```

在树中，所有的 vm_area_struct 虚存段都作为树的一个节点。节点中 vm_rb 的左指针 rb_left 指向相邻的低地址虚存段，右指针 rb_right 指向相邻的高地址虚存段。

关于红黑树的基本知识请参考相关的数据结构教材。红黑树的一些操作定义在 lib/rbtree.c 中。以下是一些 rb 树的有关操作函数：

```
static void _rb_rotate_left(rb_node_t * node, rb_root_t * root)
static void _rb_rotate_right(rb_node_t * node, rb_root_t * root)
```

上面两个函数用于调整红黑树的平衡。

void rb_insert_color(rb_node_t * node, rb_root_t * root)用于向树中插入一个新节点。

static void _rb_erase_color(rb_node_t * node, rb_node_t * parent, rb_root_t * root)用于删除一个节点。

void rb_erase(rb_node_t * node, rb_root_t * root)用于删除节点后对剩余节点进行颜色调整。

8.1.4 页面分配与回收

计算机执行的各种任务对系统中物理页面的请求十分频繁。例如当一个可执行映像被调入内存时，操作系统必须为其分配页面。当映像执行完毕和卸载时这些页面必须被释放。页面的另一个用途是存储页表等核心数据结构。

系统中所有的物理页面用包含 struct page 结构的链表 mem_map 来描述，这些结构在系统启动时初始化。每个 struct page 描述了一个物理页面。其中与内存管理相关的重要域，例如 count，记录使用此页面的用户个数；当这个页面在多个进程之间共享时，它的值大于1。

页面分配代码使用 free_area 数组来分配和释放页面。free_area 定义在：

include/linux/mmzone.h

```
120 struct zone {
...
139          /*
140           * free areas of different sizes
```

```
141             */
142             spinlock_t       lock;
143     #ifdef CONFIG_MEMORY_HOTPLUG
144             /* see spanned/present_pages for more description */
145             seqlock_t        span_seqlock;
146     #endif
147             struct   free_area            free_area[MAX_ORDER];
…
149     } __cacheline_internodealigned_in_smp;
```

MAX_ORDER 默认值是 4。free_area 的定义如下：

include/linux/mmzone.h

```
25  struct free_area_struct {
26          struct list_head        free_list;
27          unsigned long           nr_free;
28  };
```

free_area 中的每个元素都包含空闲页面块的信息。数组中元素 0 维护 1 个页面大小的空闲块的链表，元素 1 维护 2 个页面大小的空闲块的链表，而接下来的元素依次维护 4 个、8 个、16 个……页面大小的空闲块的链表，也就是维护 2^n（n 是非负整数）个页面大小的空闲块的链表。free_list 域表示一个队列头，它包含指向 mem_map 数组中 page 数据结构的指针，所有的空闲页面块都在此类队列中。当第 N 块空闲时，位图的第 N 位置位。

图 8.4 给出了 free_area 结构。元素 0 有 1 个空闲块（页号 0），元素 2 有 4 个页面大小的空闲块 2 个，前一个从页号 4 开始，而后一个从页号 56 开始。

1．页面分配

Linux 使用 Buddy 算法作为内核页面级分配器，能有效地分配与回收页面块。页面分配代码每次分配包含一个或者多个物理页面的内存块，以 2^n（n 是非负整数）的形式来分配。这意味着它可以分配 1 个、2 个、4 个……页面大小的块。只要系统中有足够的空闲页面来满足这个要求。内存分配代码将在 free_area 数组维护的链表中寻找一个满足要求（即不小于请求的大小）同时又尽可能小的空闲块。free_area 中的每个元素保存着一个反映特定大小的已分配或空闲页面的位图。例如，free_area 数组中元素 3 保存着一个反映大小为 4 个页面的内存块分配情况的位图。

分配算法首先搜寻满足要求的页面块。它从 free_area 数据结构的 free_list 域着手沿链表来搜索空闲块。如果在某一元素维护的链表中没有满足要求的空闲块，则继续在下一个元素维护的链表中（该链表中的空闲块大小是上一个链表中的 2 倍）搜索。这个过程一直将持续到 free_area 所有元素维护的链表被搜索完或找到满足要求的空闲块为止。如果找到的空闲块不小于请求块的两倍，则对该空闲块进行分割以使其大小满足请求且不浪费空间。由于块大小都是 2^n（n 是非负整数）页，所以分割过程十分简单，只要等分成两块即可。分割下来一块分配给请求者，而另一块作为空闲块放入上一个元素维护的空闲块队列。

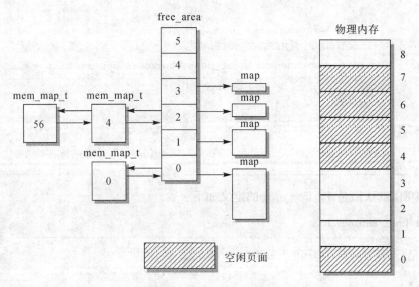

图 8.4 free_area 数据结构

在图 8.4 中,当系统中有大小为两个页面块的分配请求发出时,第一个 2^2 页面大小的空闲块(从页号 4 开始)将被等分成两个 2^1 页面大小的块。前一个,从页号 4 开始,将分配给请求者,而后一个,从页号 6 开始,将被添加到 free_area 数组中元素 1 维护 2^1 页面大小的空闲块链表中。

2. 页面回收

将大的页面块"打碎"势必增加系统中零碎空闲页面块的数目。页面回收代码在适当时候要将这些页面结合起来形成单一大页面块。事实上页面块大小决定了页面重新组合的难易程度。

当页面块被释放时,代码将检查是否有相同大小的相邻空闲块存在。如果有,则将它们结合起来形成一个大小为原来两倍的新空闲块。每次结合完之后,算法还要检查是否可以继续合并成更大的空闲块。最佳情况是系统的空闲块将和允许分配的最大内存一样大。

在图 8.4 中,如果释放页 1,它将和空闲页 0 合并为大小为 2 个页面的空闲块,并放入 free_area 的元素 1 维护 2 个页面大小的空闲块链表中。

3. 按需调页

我们来看一下 Linux kernel 按需调页的过程:

首先由缺页中断进入 do_page_fault 函数,该函数是缺页中断服务的入口函数。该函数先查找出现缺页的虚拟存储区的 vm_area_struct 结构,如果没有找到则说明进程访问了一个非法地址,系统将向进程发送出错信号。若地址是合法的,则接着检查缺页时的访问模式是否合法。若不合法,系统将向进程发送存储访问出错的信息。通过上述两步检查之后,可以确定,此次缺页中断的确是由于发生了缺页情况而引发的,可以进入下一步处理。

第 8 章 虚拟内存管理

arch/i386/mm/fault.c

```
217    /*
218     * This routine handles page faults. It determines the address,
219     * and the problem, and then passes it off to one of the appropriate
220     * routines.
221     *
222     * error_code:
223     *      bit 0 = = 0 means no page found, 1 means protection fault
224     *      bit 1 = = 0 means read, 1 means write
225     *      bit 2 = = 0 means kernel, 1 means user - mode
226     */
227    fastcall void do_page_fault(struct pt_regs * regs,
228                                unsigned long error_code)
229    {
230          struct task_struct * tsk;
231          struct mm_struct * mm;
232          struct vm_area_struct * vma;
233          unsigned long address;
234          unsigned long page;
235          int write, si_code;
236
237          /* get the address */
238          address  = read_cr2();
239
240          if (notify_die(DIE_PAGE_FAULT, "page fault", regs, error_code, 14,
241                              SIGSEGV) = = NOTIFY_STOP)
242              return;
243          /* It's safe to allow irq's after cr2 has been saved */
244          if (regs - >eflags & X86_EFLAGS_IF)
245              local_irq_enable();
246
247          tsk = current;
248
249          si_code = SEGV_MAPERR;
250
251          /*
252           * We fault - in kernel - space virtual memory on - demand. The
253           * 'reference' page table is init_mm.pgd.
254           *
255           * NOTE! We MUST NOT take any locks for this case. We may
256           * be in an interrupt or a critical region, and should
257           * only copy the information from the master page table,
```

```
258         * nothing more.
259         *
260         * This verifies that the fault happens in kernel space
261         * (error_code & 4) == 0, and that the fault was not a
262         * protection error (error_code & 1) == 0.
263         */
264        if (unlikely(address >= TASK_SIZE)) {
265            if (!(error_code & 5))
266                goto vmalloc_fault;
267            /*
268             * Don't take the mm semaphore here. If we fixup a prefetch
269             * fault we could otherwise deadlock.
270             */
271            goto bad_area_nosemaphore;
272        }
273
274        mm = tsk->mm;
275
276         /*
277          * If we're in an interrupt, have no user context or are running in an
278          * atomic region then we must not take the fault..
279          */
280        if (in_atomic() || !mm)
281            goto bad_area_nosemaphore;
...
305        vma = find_vma(mm, address);
306        if (!vma)
307            goto bad_area;
308        if (vma->vm_start <= address)
309            goto good_area;
310        if (!(vma->vm_flags & VM_GROWSDOWN))
311            goto bad_area;
312        if (error_code & 4) {
313            /*
314             * accessing the stack below %esp is always a bug.
315             * The "+ 32" is there due to some instructions (like
316             * pusha) doing post-decrement on the stack and that
317             * doesn't show up until later..
318             */
319            if (address + 32 < regs->esp)
320                goto bad_area;
321        }
322        if (expand_stack(vma, address))
```

```c
323                goto bad_area;
324 /*
325  * Ok, we have a good vm_area for this memory access, so
326  * we can handle it..
327  */
328 good_area:
329        info.si_code = SEGV_ACCERR;
330        write = 0;
331        switch (error_code & 3) {
332            default:         /* 3: write, present */
333 #ifdef TEST_VERIFY_AREA
334                if (regs->cs == KERNEL_CS)
335                    printk("WP fault at %081x\n", regs->eip);
336 #endif
337                /* fall through */
338            case 2:          /* write, not present */
339                if (!(vma->vm_flags & VM_WRITE))
340                    goto bad_area;
341                write++;
342                break;
343            case 1:          /* read, present */
344                goto bad_area;
345            case 0:          /* read, not present */
346                if (!(vma->vm_flags & (VM_READ | VM_EXEC)))
347                    goto bad_area;
348        }
349
350 survive:
351        /*
352         * If for any reason at all we couldn't handle the fault,
353         * make sure we exit gracefully rather than endlessly redo
354         * the fault.
355         */
356        switch (handle_mm_fault(mm, vma, address, write)) {
357            case VM_FAULT_MINOR:
358                tsk->min_flt++;
359                break;
360            case VM_FAULT_MAJOR:
361                tsk->maj_flt++;
362                break;
363            case VM_FAULT_SIGBUS:
364                goto do_sigbus;
365            case VM_FAULT_OOM:
```

```
366                         goto out_of_memory;
367             default:
368                     BUG();
369         }
370
371     /*
372      * Did it hit the DOS screen memory VA from vm86 mode?
373      */
374     if (regs->eflags & VM_MASK) {
375         unsigned long bit = (address - 0xA0000) >> PAGE_SHIFT;
376         if (bit < 32)
377             tsk->thread.screen_bitmap |= 1 << bit;
378     }
379     up_read(&mm->mmap_sem);
380     return;
381
382 /*
383  * Something tried to access memory that isn't in our memory map..
384  * Fix it, but check if it's kernel or user first..
385  */
386 bad_area:
387     up_read(&mm->mmap_sem);
388
389 bad_area_nosemaphore:
390     /* User mode accesses just cause a SIGSEGV */
391     if (error_code & 4) {
392         /*
393          * Valid to do another page fault here because this one came
394          * from user space.
395          */
396         if (is_prefetch(regs, address, error_code))
397             return;
398
399         tsk->thread.cr2 = address;
400         /* Kernel addresses are always protection faults */
401         tsk->thread.error_code = error_code | (address >= TASK_SIZE);
402         tsk->thread.trap_no = 14;
403         force_sig_info_fault(SIGSEGV, si_code, address, tsk);
404         return;
405     }
406
407 #ifdef CONFIG_X86_F00F_BUG
408     /*
```

```
409              * Pentium F0 0F C7 C8 bug workaround.
410              */
411             if(boot_cpu_data.f00f_bug){
412                 unsigned long nr;
413
414                 nr = (address - idt_descr.address) >> 3;
415
416                 if(nr == 6){
417                     do_invalid_op(regs,0);
418                     return;
419                 }
420             }
421 #endif
422
423 no_context:
424             /* Are we prepared to handle this kernel fault?    */
425             if(fixup_exception(regs))
426                 return;
427
428             /*
429              * Valid to do another page fault here, because if this fault
430              * had been triggered by is_prefetch fixup_exception would have
431              * handled it.
432              */
433             if(is_prefetch(regs,address,error_code))
434                 return;
435
436     /*
437      * Oops. The kernel tried to access some bad page. We'll have to
438      * terminate things with extreme prejudice.
439      */
440
441             bust_spinlocks(1);
442
443 #ifdef CONFIG_X86_PAE
444             if(error_code & 16){
445                 pte_t *pte = lookup_address(address);
446
447                 if(pte && pte_present(*pte) && !pte_exec_kernel(*pte))
448                     printk(KERN_CRIT "kernel tried to execute NX-protected
                            page-exploit attempt?(uid:%d)\n",current->uid);
449             }
450 #endif
```

```
451        if (address < PAGE_SIZE)
452             printk(KERN_ALERT "Unable to handle kernel NULL pointer
                    dereference");
453        else
454             printk(KERN_ALERT "Unable to handle kernel paging request");
455        printk(" at virtual address %081x\n",address);
456        printk(KERN_ALERT "printing eip:\n");
457        printk("%081x\n", regs->eip);
458        page = read_cr3();
459        page = ((unsigned long *) __va(page))[address >> 22];
460        printk(KERN_ALERT "*pde = %081x\n", page);
461        /*
462         * We must not directly access the pte in the highpte
463         * case, the page table might be allocated in highmem.
464         * And lets rather not kmap-atomic the pte, just in case
465         * it's allocated already.
466         */
467 #ifndef CONFIG_HIGHPTE
468        if (page & 1) {
469             page &= PAGE_MASK;
470             address &= 0x003ff000;
471             page = ((unsigned long *) _va(page))[address >> PAGE_SHIFT];
472             printk(KERN_ALERT "*pte = %081x\n", page);
473        }
474 #endif
475        tsk->thread.cr2 = address;
476        tsk->thread.trap_no = 14;
477        tsk->thread.error_code = error_code;
478        die("Oops", regs, error_code);
479        bust_spinlocks(0);
480        do_exit(SIGKILL);
481
482 /*
483  * We ran out of memory, or some other thing happened to us that made
484  * us unable to handle the page fault gracefully.
485  */
486 out_of_memory:
487        up_read(&mm->mmap_sem);
488        if (tsk->pid == 1) {
489             yield();
490             down_read(&mm->mmap_sem);
491             goto survive;
492        }
```

```
493         printk("VM: killing process %s\n", tsk->comm);
494         if (error_code & 4)
495             do_exit(SIGKILL);
496         goto no_context;
497
498 do_sigbus:
499         up_read(&mm->mmap_sem);
500
501         /* Kernel mode? Handle exceptions or die */
502         if (!(error_code & 4))
503             goto no_context;
504
505         /* User space => ok to do another page fault */
506         if (is_prefetch(regs, address, error_code))
507             return;
508
509         tsk->thread.cr2 = address;
510         tsk->thread.error_code = error_code;
511         tsk->thread.trap_no = 14;
512         force_sig_info_fault(SIGBUS, BUS_ADRERR, address, tsk);
513         return;
514
515 vmalloc_fault:
516         {
517             /*
518              * Synchronize this task's top level page-table
519              * with the 'reference' page table.
520              *
521              * Do _not_ use "tsk" here. We might be inside
522              * an interrupt in the middle of a task switch..
523              */
524             int index = pgd_index(address);
525             unsigned long pgd_paddr;
526             pgd_t *pgd, *pgd_k;
527             pud_t *pud, *pud_k;
528             pmd_t *pmd, *pmd_k;
529             pte_t *pte_k;
530
531             pgd_paddr = read_cr3();
532             pgd = index + (pgd_t *)_va(pgd_paddr);
533             pgd_k = init_mm.pgd + index;
534
535             if (!pgd_present(*pgd_k))
```

```
536                    goto no_context;
537
538            /*
539             * set_pgd(pgd, *pgd_k); here would be useless on PAE
540             * and redundant with the set_pmd() on non-PAE. As would
541             * set_pud.
542             */
543
544            pud = pud_offset(pgd, address);
545            pud_k = pud_offset(pgd_k, address);
546            if (!pud_present(*pud_k))
547                    goto no_context;
548
549            pmd = pmd_offset(pud, address);
550            pmd_k = pmd_offset(pud_k, address);
551            if (!pmd_present(*pmd_k))
552                    goto no_context;
553            set_pmd(pmd, *pmd_k);
554
555            pte_k = pte_offset_kernel(pmd_k, address);
556            if (!pte_present(*pte_k))
557                    goto no_context;
558            return;
559    }
560 }
```

227：do_page_fault( )函数入口。regs 是 struct pt_regs 结构的指针,保存了在发生异常时的寄存器内容。error_code 是一个 32 位长整型数据,但是只有最低 3 位有效,在异常发生时,由 CPU 的控制部分根据系统当前上下文的情况,生成此 3 位数据,压入堆栈。这 3 位的含义表示：

	set(=1)	clear(=0)
0 位(1b)	保护性错误,越权访问产生异常	"存在位"为 0,要访问的页面不在 RAM 中导致异常
1 位(10b)	因为写访问导致异常(write)	因为读或者运行产生异常(read or execute)
2 位(100b)	用户态(User Mode)	内核态(Kernel Mode)

238：宏定义 read_cr2( )是一组汇编指令

```
#define read_cr2() ({ \
        unsigned int __dummy; \
        __asm____volatile__( \
                "movl %%cr2,%0\n\t" \
                :"=r" (__dummy)); \
```

第8章 虚拟内存管理

```
        __dummy; \
    })
```

在发生缺页异常时，CPU 会将发生缺页异常的地址拷贝到 cr2 控制寄存器中，然后进入缺页异常的处理过程。这段汇编指令以及宏调用，将该地址从 cr2 中取出，然后存放在 address 变量中。

244～245：如果发生异常时的系统状态 EFLAGS 的中断位置位，那么在保存了 cr2 之后便可以允许中断的发生了，调用 local_irq_enable()，其底层过程调用 sti 指令，允许中断。

247：获得当前的进程描述字（process descriptor），其指针存放在 tsk 中。

264～266：如果发生异常的地址在虚拟地址空间的 TASK_SIZE 之上（也就是 PAGE_OFFSET，0xc000 0000），并且 error_code 为 010b 的情况下，才会跳转到 vmalloc_fault 语句。error_code 表示这种情况是在内核态下，对不在 RAM 中的页面进行写操作，导致缺页异常。

274：获得当前任务的 struct mm_struct 结构成员 mm 指针。

305～311：调用 find_vma()，查看 address 是否存在于 mm 已经有的 vma 段中。如果不能找到这个 vma，那么跳转到 bad_area 语句。如果检查到 vma->vm_start 在 address 之后，说明 address 在这个 vma 的 vm_start 和 vm_end 之间，这是虚拟地址正确，但是目标地址不在 RAM 中的情况，那么跳转到 good_area 运行，一般的缺页异常都是运行到这个流程。如果该条件不满足，那么 address 就只能比 vm_start 还要小，从直观上来看，不太可能。但是因为有一些 vma 用来作为堆栈，它的空间范围变化和一般的 vma 不同：一般的 vma 是 vm_start 不变化，vm_end 增加或者减少完成 vma 区域范围的变化，而对于设置了VM_GROWSDOWN标志的 vma 是 vm_end 不变化，通过 vm_start 来扩张 vma 的空间。所以运行到 310 这一行，只能是这种情况，否则就跳转到 bad_area 语句。

312～323：确定是堆栈的情况。如果是在用户态情况下发生异常，那么需要判断是否做了对比 esp 寄存器的地址还要低的地址访问操作。这种情况是不被允许的。不过 319 行将 address 增加了 32，注释中已经说明了原因：是因为有一些指令（如 push，pusha）会在用户态时访问堆栈之后才做地址的减量操作，加 32 表示允许这种情况导致的地址差异。如果这种情况也不满足，那么跳转到 bad_area。322 行的函数 expand_stack() 试图通过减少 vma->vm_start扩展 vma 的堆栈，如果失败也会跳转到 bad_area。

328：good_area 标号语句。只有在 309 行这一种情况下会跳转到这个语句。

331～348：switch 语句，根据 error_code 和 3 的与值判断处理方法。可能有如下四种情况发生：

- 0（345～347）：error_code 为 100 或 000，读 RAM 中不存在的页面。如果 vma->vm_flags不允许读或者执行，那么跳转到 bad_area 运行，否则运行出 switch 域。
- 1（343～344）：error_code 为 101 或 001，读页面，发生保护性错误，直接跳转到 error_code。
- 2（338～342）：error_code 为 010 或 40，写 RAM 中不存在的页面。如果 vma->vm_flags不允许页面的写动作，那么跳转到 bad_area 运行，否则将 write 置 1，用作后面 handle_mm_fault() 的参数，然后跳出 switch 域。
- 其他情况（332～337）：error_code 不为上面 3 种情况。error_code 组合的可能性为 8

种,除去上面已经出现的 6 种排列之外,还有 41 和 04 两种情况,即写操作,但是发生保护性错误。如果定义了 TEST_VERIFY_AREA 宏,才做 334~335 的判断语句,一般情况下都不定义这个宏,而是直接运行出 switch 域范围,到 350 行 survive 语句。

350:survive 语句。除了 good_area 按顺序运行到这里的情况之外,在 out_of_memory 标号开始的语句中,也有可能会到这里。

356~369:switch 语句用于判断 handle_mm_fault() 的返回结果。函数 handle_mm_fault() 用于完成调页过程。入口参数中的 write 标记需要调入的页面是否要用来写入。该函数的返回值有如下四种情况:
- 1:minor fault,在 cache 中找到了这个页面或者指示需要在内存中申请新物理页面。
- 2:major fault,从外存中调入修改的页面。
- 0:因为调度 I/O 的错误而无法获得页面,跳转到 do_sigbus 语句。
- 其他情况:都是负整数,一般情况都是无法申请物理页面,如 alloc_page() 出错等,直接跳转到 out_of_memory 语句。

374~378:判断是否在 vm86 模式下访问 DOS 的 SCREEN MEMORY。这种情况下需要更新 tsk->thread.screen_bitmap 中的内容,其中保存这 SCREEN MEMORY 中的内存映像标记。

379~380:完成这种情况下的调用,释放 mm->mmap_sem 信号量,直接返回。

386:bad_area 标号的语句。在函数 do_page_fault() 中如果有出错情况出现,一般都跳转到这个语句来,准备返回。在这段过程中,主要是以信号和 tsk 内部数据系统报告出错原因。

387:首先释放信号量。因为以后的操作不会涉及 mm 数据的修改。

391~405:如果 error_code 标记为用户态的话,那么直接返回给用户进程一个 Segmentation Fault 的信号 SIGSEGV 就可以了。分别初始化 tsk->thread 的 cr2,error_code 和 trap_no 成员为异常虚拟地址、error_code 和 14(缺页异常)。然后初始化 info,调用 force_sig_info() 函数将信号和相关信息发送给任务 tsk。

407~421:Pentium 的一个 bug 修正,有关情况可以参见 http://x86.ddj.com/errata/dec97/f00fbug.htm。

423:no_context 标号语句,当在中断过程中或者内核进程运行过程中出现缺页异常时就会跳转到该语句。

425~426:从 exception_table 中根据当前的 regs->eip 查找是否存在对应的 fixup 函数,如果有,那么将 eip 初始化为 fixup 函数的地址,然后返回,一般在系统调用中传递地址参数可能会出现这种异常,能事先写好 fixup 函数做好处理。如果没有查找到这种 fixup 函数,那么就可能是内核程序中的错误。

441:运行到这段语句的都是内核试图访问一个不存在的页面而产生的,内核会产生一个 oops 信息打印在终端上。内核开发程序员通过 ksymoops 和内核的符号表查找出错代码,调试内核。bust_spinlocks() 就是用来解开一切用于再终端显示需要的自旋锁的函数。

451~454:如果 address 地址小于 PAGE_SIZE,被内核认为就相当于 0 地址,打印 452 行说明的信息;否则,打印"内核无法处理调页请求"的信息。

455~460:打印出当前的一些重要数据,如异常的虚拟地址、eip 值、页面地址等。

486：out_of_memory 语句。在 handle_mm_fault( ) 返回负整数的情况下才会运行到这段代码，这种情况下出现了无法申请页面的错误，表示内存不够用了。

488～492：如果出现异常的进程是 1 号进程，也就是 init 进程，不能结束这个进程，只能修改 init 进程的调度策略为 SCHED_YIELD，让它等待其他进程的内存释放，然后调用 schedule( )，重新进入进程调度。之后转入 survive 语句，重新再试一次。

493～496：如果不是 init 进程，而是用户进程，就直接结束。如果是内核进程，跳转到 no_context 语句。

498：do_sigbus 标号语句。在申请页面过程中因为 I/O 调度错误而无法申请页面的情况，向进程发送 SIGBUS 的信号，让进程中止运行。

509～513：初始化 info 和 tsk->thread 相关成员，调用 force_sig_info( ) 发送信号和信息给进程，然后直接返回。

515：vmalloc_fault 标号语句，在内核态写不在 RAM 中的页面才会运行到这段语句。

宏定义 handle_mm_fault( )，即 _handle_mm_fault( ) 函数，先生成一个指向页表项的指针，该页表项对应的虚拟地址范围包含了导致缺页的虚拟地址，然后以生成的指针作为参数调用函数 handle_pte_fault( ) 继续处理缺页。

mm/memory.c

```
2368    int __handle_mm_fault(struct mm_struct *mm, struct vm_area_struct *vma,
2369            unsigned long address, int write_access)
2370    {
2371        pgd_t *pgd;
2372        pud_t *pud;
2373        pmd_t *pmd;
2374        pte_t *pte;
2375    
2376        __set_current_state(TASK_RUNNING);
2377    
2378        inc_page_state(pgfault);
2379    
2380        if (unlikely(is_vm_hugetlb_page(vma)))
2381            return hugetlb_fault(mm, vma, address, write_access);
2382    
2383        pgd = pgd_offset(mm, address);
2384        pud = pud_alloc(mm, pgd, address);
2385        if (!pud)
2386            return VM_FAULT_OOM;
2387        pmd = pmd_alloc(mm, pud, address);
2388        if (!pmd)
2389            return VM_FAULT_OOM;
2390        pte = pte_alloc_map(mm, pmd, address);
2391        if (!pte)
```

```
2392              return VM_FAULT_OOM;
2393
2394       return handle_pte_fault(mm, vma, address, pte, pmd, write_access);
2395 }
```

2383：通过 address 得到 pgd(page global directory)，即全局页目录项的指针。

2384：通过 address 和 pgd，得到 pud(page upper directory)，即上层页目录项的指针。

2387：通过 address 和 pud 得到 pmd(page middle directory)，即中间层页目录项。函数 pmd_alloc( )得到 address 所对应的中间层页目录项的地址。由于 x86 平台上没有使用中间页目录，所以实际上只是返回给定的 pgd 指针。

2390：通过 pmd 得到一个 pte(page table entry)，即得到一个与 address 地址相对应的页表项的指针。

2394：进入下一个步骤 handle_pte_fault。

handle_pte_fault 函数：

mm/memory.c

```
2311 static inline int handle_pte_fault(struct mm_struct *mm,
2312         struct vm_area_struct *vma, unsigned long address,
2313         pte_t *pte, pmd_t *pmd, int write_access)
2314 {
2315     pte_t entry;
2316     pte_t old_entry;
2317     spinlock_t *ptl;
2318
2319     old_entry = entry = *pte;
2320     if (!pte_present(entry)) {
2321         if (pte_none(entry)) {
2322             if (!vma->vm_ops || !vma->vm_ops->nopage)
2323                 return do_anonymous_page(mm, vma, address,
2324                     pte, pmd, write_access);
2325             return do_no_page(mm, vma, address,
2326                     pte, pmd, write_access);
2327         }
2328         if (pte_file(entry))
2329             return do_file_page(mm, vma, address,
2330                     pte, pmd, write_access, entry);
2331         return do_swap_page(mm, vma, address,
2332                 pte, pmd, write_access, entry);
2333     }
2334
2335     ptl = pte_lockptr(mm, pmd);
2336     spin_lock(ptl);
2337     if (unlikely(!pte_same(*pte, entry)))
```

```
2338              goto unlock;
2339         if (write_access) {
2340              if (!pte_write(entry))
2341                   return do_wp_page(mm, vma, address,
2342                             pte, pmd, ptl, entry);
2343              entry = pte_mkdirty(entry);
2344         }
2345         entry = pte_mkyoung(entry);
2346         if (!pte_same(old_entry, entry)) {
2347              ptep_set_access_flags(vma, address, pte, entry, write_access);
2348              update_mmu_cache(vma, address, entry);
2349              lazy_mmu_prot_update(entry);
2350         } else {
2351              /*
2352               * This is needed only for protection faults but the arch code
2353               * is not yet telling us if this is a protection fault or not.
2354               * This still avoids useless tlb flushes for .text page faults
2355               * with threads.
2356               */
2357              if (write_access)
2358                   flush_tlb_page(vma, address);
2359         }
2360 unlock:
2361         pte_unmap_unlock(pte, ptl);
2362         return VM_FAULT_MINOR;
2363 }
```

2320：检查该页是否存在于物理内存中。
2321：判断该页是从未被映射到内存中还是已装入内存但被换出到交换空间中去了。
2325：该页从未被映射到内存，则调用 do_no_page() 函数来创建一个新的页面映射。
2328：该页曾作为文件映射，被映射到内存，则调用 do_file_page() 函数来创建一个新的页面映射。
2331：该页处于交换空间中，则调用 do_swap_page() 函数将它从交换空间换回。
2335：如果程序能够执行到这里，说明页表项所指明的页面已经处于物理内存中。
下面是 do_no_page 函数，该函数在缺页服务中负责建立一个新的页面映射。

mm/memory.c

```
2150 static int do_no_page(struct mm_struct *mm, struct vm_area_struct *vma,
2151         unsigned long address, pte_t *page_table, pmd_t *pmd,
2152         int write_access)
2153 {
2154     spinlock_t *ptl;
```

```
2155        struct page *new_page;
2156        struct address_space *mapping = NULL;
2157        pte_t entry;
2158        unsigned int sequence = 0;
2159        int ret = VM_FAULT_MINOR;
2160        int anon = 0;
2161
2162        pte_unmap(page_table);
2163        BUG_ON(vma->vm_flags & VM_PFNMAP);
2164
2165        if (vma->vm_file) {
2166            mapping = vma->vm_file->f_mapping;
2167            sequence = mapping->truncate_count;
2168            smp_rmb(); /* serializes i_size against truncate_count */
2169        }
2170 retry:
2171        new_page = vma->vm_ops->nopage(vma, address & PAGE_MASK, &ret);
2172        /*
2173         * No smp_rmb is needed here as long as there's a full
2174         * spin_lock/unlock sequence inside the ->nopage callback
2175         * (for the pagecache lookup) that acts as an implicit
2176         * smp_mb() and prevents the i_size read to happen
2177         * after the next truncate_count read.
2178         */
2179
2180        /* no page was available -- either SIGBUS or OOM */
2181        if (new_page == NOPAGE_SIGBUS)
2182            return VM_FAULT_SIGBUS;
2183        if (new_page == NOPAGE_OOM)
2184            return VM_FAULT_OOM;
2185
...
2258 }
```

2171：调用 vma 提供的 nopage 函数，试图得到一个新页面。

2181：没得到新页面。

与 do_no_page 函数相对应的是 do_swap_page 函数，该函数负责从交换空间换入页面。

mm/memory.c

```
1980 static int do_swap_page(struct mm_struct *mm, struct vm_area_struct *vma,
1981        unsigned long address, pte_t *page_table, pmd_t *pmd,
1982        int write_access, pte_t orig_pte)
1983 {
```

```
1984            spinlock_t *ptl;
1985            struct page *page;
1986            swp_entry_t entry;
1987            pte_t pte;
1988            int ret = VM_FAULT_MINOR;
1989
1990            if (!pte_unmap_same(mm, pmd, page_table, orig_pte))
1991                goto out;
1992
1993            entry = pte_to_swp_entry(orig_pte);
1994 again:
1995            page = lookup_swap_cache(entry);
1996            if (!page) {
1997                swapin_readahead(entry, address, vma);
1998                page = read_swap_cache_async(entry, vma, address);
...
2074    }
```

1993：将 pte 转换成 swp_entry。

1995：先去查看对换 cache，如果存在着这个页面，则赋给 page。

1997：如果 cache 中不存在，则开始将外存页面换入 cache。我们用一次性换入一批的方法，即 swapin_readahead，这样保证了聚簇性。

1998：从 cache 中读出一页。

8.2 实验 1 统计系统缺页次数

本实验通过自建变量并利用 /proc 文件系统，来统计自系统启动以来系统的缺页次数。

1. 实验原理

由于每发生一次缺页都要进入缺页中断服务函数 do_page_fault 一次，所以可以认为执行该函数的次数就是系统发生缺页的次数。因此可以定义一个全局变量 pfcount 作为计数变量，在执行 do_page_fault 时，该变量值加 1。

至于系统自开机以来经历的时间，可以利用系统原有的变量 jiffies。这是一个系统的计时器，在内核加载完以后开始计时，以 10ms（缺省）为计时单位。

当然，读取变量 pfcount 和变量 jiffies 的值，还需要借助 /proc 文件系统。在 /proc 文件系统下建立目录 pf；并且在 pf 目录下，建立文件 pfcount 和 jiffies。

2. 实验步骤

先在 include/linux/mm.h 文件中声明变量 pfcount：

```
--- linux-2.6.15/include/linux/mm.h.orig
+++ linux-2.6.15/include/linux/mm.h
***************
****26,29****
extern unsigned long num_physpages;
extern void * high_memory;
extern unsigned long vmalloc_earlyreserve;
extern int page_cluster;
+ extern unsigned long pfcount;
```

在 arch/i386/mm/fault.c 文件中定义变量 pfcount：

```
--- linux-2.6.15/arch/i386/mm/fault.c.orig
+++ linux-2.6.15/arch/i386/mm/fault.c
***************
****227,235****
+ unsigned long pfcount;
fastcall void __kprobes do_page_fault(struct pt_regs *regs,
                  unsigned long error_code)
{
    struct task_struct *tsk;
    struct mm_struct *mm;
    struct vm_area_struct *vma;
    unsigned long address;
    unsigned long page;
    int write, si_code;
```

每次产生缺页中断，并且确认是由缺页引起的，则将变量值递增 1。这个操作在 do_page_fault() 函数中执行：

```
--- linux-2.6.15/arch/i386/mm/fault.c.orig
+++ linux-2.6.15/arch/i386/mm/fault.c
***************
****328,328****
    goodarea:
+    pfcount++;
```

在 /kernel/time.c 文件中加入 EXPORT_SYMBOL(pfcount)，让内核模块能够读取变量 pfcount；同理，内核模块也可以读取 jiffies：

```
--- linux-2.6.15/kernel/time.c.orig
```

第 8 章 虚拟内存管理

```
+++ linux-2.6.15/kernel/time.c
****************
****687,687****
EXPORT_SYMBOL(jiffies);
+ extern unsigned long pfcount;
+ EXPORT_SYMBOL(pfcount);
```

以上部分是对 Linux 内核源代码的几处修改。若让它们起作用,显然,需要重新编译内核,产生新的内核的 image;并且,重新启动主机,装入新编译生成的 image。内核的编译和装入,可参见"编译 Linux 内核"一章。

读取 pfcount 和 jiffies 变量的内核模块,需要新编写一个文件:pf.c。

```c
#define MODULE
#include <linux/proc_fs.h>
#include <linux/slab.h>
#include <linux/mm.h>
#include <linux/sched.h>
#include <linux/string.h>
#include <linux/types.h>
#include <linux/ctype.h>
#include <linux/kernel.h>
#include <linux/version.h>
#include <linux/module.h>

struct proc_dir_entry *proc_pf;                    /* /proc/pf/目录项 */
struct proc_dir_entry *proc_pfcount, *proc_jiffies;/* /proc/pf/pfcount 和 /proc
                                                     /pf/jiffies 文件项 */
/*下面这个函数用于建立 /proc/pf/目录项 */
static inline struct proc_dir_entry *proc_pf_create(const char * name,
mode_t mode, get_info_t *get_info)
{
        return create_proc_info_entry(name, mode, proc_pf, get_info);
}

/*读取 pfcount 的值 */
int get_pfcount(char *buffer, char **start, off_t offset, int length)
{
        int len = 0;
        len = sprintf(buffer, "%d\n", pfcount);
        /* pfcount is defined in arch/i386/mm/fault.c */
        return len;
}
```

```c
/*读取 jiffies 的值*/
int get_jiffies(char *buffer, char **start, off_t offset, int length)
{
        int len = 0;
        len = sprintf(buffer, "%d\n", jiffies);
        return len;
}

/*模块初始化进程,建立/proc 下的目录和项*/
int init_module(void)
{
        proc_pf = proc_mkdir("pf", 0);
        proc_pf_create("pfcount", 0, get_pfcount);
        proc_pf_create("jiffies", 0, get_jiffies);
        return 0;
}

/*模块清除进程,清除/proc 下的相关目录和文件*/
void cleanup_module(void)
{
    remove_proc_entry("pfcount", proc_pf);
    remove_proc_entry("jiffies", proc_pf);
    remove_proc_entry("pf", 0);
}
MODULE_LICENSE("GPL");
```

在编译内核模块前,先准备一个 Makefile:

```
TARGET = pf
KDIR = /usr/src/linux
PWD = $(shell pwd)
obj-m += $(TARGET).o
default:
    make -C $(KDIR) M=$(PWD) modules
```

然后简单输入命令 make:

`#make`

结果,我们得到文件"pf.ko"!这意味着编译成功。
然后执行加载模块命令:

`#insmod pf.ko`

这样就可以通过作为中介的/proc 文件系统,轻松地读取我们所需要的两个变量的值了。使用命令 cat /proc/pf/pfcount /proc/pf/jiffies，就可以在终端打印出至今为止的缺页次数和已经经历过的 jiffies 数目。

隔几分钟再使用命令 cat /proc/pf/pfcount /proc/pf/jiffies，查看一下打印出的缺页次数和 jiffies 数目。比较一下结果。

完成这个实验，并分析结果。

8.3 实验 2 统计一段时间内系统缺页次数

本实验统计从当前时刻起一段时间内发生的缺页中断次数。

Linux 内核中存在一个变量记录缺页中断次数，可以利用这个变量来统计一段时间内产生缺页中断的次数。用户可以指定统计的时间段长度，也可以使用默认的时间段长度。

1. 实验原理

在 Linux 系统的/proc 文件系统中有一个记录系统当前基本状况的文件 stat。该文件中有一节是关于中断次数的。这一节中记录了从系统启动后到当前时刻发生的系统中断的总次数以及各类中断分别发生的次数。这一节以关键字 intr 开头，紧接着的一项是系统发生中断的总次数，之后依次是 0 号中断发生的次数，1 号中断发生的次数……其中缺页中断是第 14 号中断，也就是在关键字 intr 之后的第 16 项。如图 8.5 是查看 stat 文件的终端显示结果，可以看到系统已经发生过 1313551 次缺页中断。

```
[jhr@linux /proc]$ less stat
cpu  2379645 0 2644679 27996304
disk 1029569 213590 0 0
disk_rio 556382 123698 0 0
disk_wio 473187 89892 0 0
disk_rblk 4449910 989524 0 0
disk_wblk 3785424 719136 0 0
page 2504416 1951299
swap 4818 3725
intr 68969288 33020628 2 0 0 0 0 3 0 1 0 0 34635100 0 1 1313551 2 0 0 0 0 0 0 0
0 0 0 0 0 0 0 0 0 0 0 0 0 0 0 0 0 0 0 0 0 0 0 0 0 0 0 0 0 0 0 0 0 0 0 0 0 0 0 0
0 0 0 0 0 0 0 0 0 0 0 0 0 0 0 0 0 0 0 0 0 0 0 0 0 0 0 0 0 0 0 0 0 0 0 0 0 0 0 0
0 0 0 0 0 0 0 0 0 0 0 0 0 0 0 0 0 0 0 0 0 0 0 0 0 0 0 0 0 0 0 0 0 0 0 0 0 0 0 0
0 0 0 0 0 0 0 0 0 0 0 0 0 0 0 0 0 0 0 0 0 0 0 0 0 0 0 0 0 0 0 0 0 0 0 0 0 0 0 0
0 0 0 0 0 0 0 0 0 0 0 0 0 0 0 0 0 0 0 0 0 0 0 0 0 0 0 0 0 0 0 0 0 0 0 0 0 0 0 0
0
ctxt 46494837
btime 1019754086
processes 205568
stat (END)
```

图 8.5 stat 文件内容

实验可以利用 stat 文件提供的数据在一段时间的开始时刻和结束时刻分别读取缺页中

断发生的次数,然后作一个简单的减法操作,就可以得出这段时间内发生缺页中断的次数。由于 stat 文件的数据是由系统动态更新的,过去时刻的数据是无法采集到的,所以这里的开始时刻最早也只能是当前时刻,实验中采用的统计时间段就是从当前时刻开始的一段时间。实验的实现中用到定时器,有关定时器的用法请参阅相关章节。

2. 实验步骤

编写程序文件 pfintr.c

```c
#include <signal.h>
#include <sys/time.h>
#include <unistd.h>
#include <stdio.h>
#include <sys/types.h>
#include <sys/stat.h>
#include <fcntl.h>

#define FILENAME "/proc/stat"     /*指定文件操作的对象*/
#define DEFAULTTIME 5             /*设定缺省的统计时间段长度为 5 秒*/

static void sig_handler(int signo);
int get_page_fault(void);
int readfile(char *data);

int exit_flag = 0;
int page_fault;

int main(int argc, char **argv)
{
    struct itimerval v;
    int cacl_time;

    if(signal(SIGALRM, sig_handler) == SIG_ERR)
    {
        printf("Unable to create handler for SIGALRM\n");
        return -1;
    }
    if(argc <= 2)
    page_fault = get_page_fault();

    /*初始化 timer_real*/
    if(argc < 2)
    {
```

```c
                printf("Use default time!\n");
                cacl_time = DEFAULTTIME;
        }
        else if(argc = = 2)
        {
                printf("Use user's time\n");
                cacl_time = atoi(argv[1]);
        }
        else if(argc > 2)
        {
                printf("Usage:mypage [time]\n");
                return 0;
        }
        v.it_interval.tv_sec = cacl_time;
        v.it_interval.tv_usec = 0;
        v.it_value.tv_sec = cacl_time;
        v.it_value.tv_usec = 0;
        setitimer(ITIMER_REAL,&v,NULL);

        while(!exit_flag)
                ;
        printf("In % d seconds,system calls % d page fault!\n",cacl_time,page_fault);
        return 0;
}

static void sig_handler(int signo)
{
        if(signo = = SIGALRM)    /*当ITIMER_REAL为0时,这个信号被发出*/
        {
                page_fault = page_fault - get_page_fault();
                exit_flag = 1;
        }
}

/*该函数通过调用文件操作函数readfile,得到当前系统的缺页中断次数*/
int get_page_fault(void)
{
        char d[50];
        int retval;

        /*读取缺页中断次数*/
        retval = readfile(d);
        if(retval<0)
```

```
            }
                    printf("read data from file failed!\n");
                    exit(0);
            }
            printf("Now the number of page fault is %s\n",d);
            return atoi(d);
    }

    /*该函数对/proc/stat文件内容进行读操作,读取指定项的值*/
    int readfile(char *data)
    {
            int fd;
            int seekcount = 0;
            int retval = 0;
            int i = 0;
            int count = 0;
            char c,string[50];

            fd = open(FILENAME,O_RDONLY);
            if(fd < 0)
            {
                    printf("Open file /proc/stat failed!\n");
                    return -1;
            }

            /*查找stat文件中的关键字intr*/
            do{
                    i = 0;
                    do{
                            lseek(fd,seekcount,SEEK_SET);
                            retval = read(fd,&c,sizeof(char));
                            if(retval < 0)
                            {
                                    printf("read file error!\n");
                                    return retval;
                            }
                            seekcount += sizeof(char);

                            if(c == ' ' || c == '\n')
                            {
                                    string[i] = 0;
                                    break;
                            }
```

```c
                    if((c>='0'&&c<='9')||(c>='a'&&c<='z')||(c>='A'&&c<='Z'))
                        string[i++] = c;
            }while(1);
        }while(strcmp("intr",string));

        printf("find intr!\n");

/*读取缺页次数*/
        do{
            lseek(fd,seekcount,SEEK_SET);
            retval = read(fd,&c,sizeof(char));
            if(retval < 0)
            {
                printf("read file error!\n");
                return retval;
            }
            seekcount += sizeof(char);
            if(c == ' ' || c == '\n')
            {
                string[i] = 0;
                i = 0;
                count++;
            }
            if((c>='0'&&c<='9')||(c>='a'&&c<='z')||(c>='A'&&c<='Z'))
                string[i++] = c;

        }while(count != 16);

        close(fd);
        strcpy(data,string);
        return 0;
}
```

执行编译后的可执行文件就可以统计出一段时间内缺页中断的次数了。如果系统在指定的时间段内不执行任何用户任务的话,得出的缺页次数往往会是 0 次。为了使实验效果明显,可以在同一系统的另一终端下执行一个大任务,比如 cat 一个大文件,这样在统计的终端下就可以看到一定次数的缺页中断。

完成这个实验,并分析结果。

第9章 时钟与定时器

【实验目的】

- 学习 Linux 系统中的时钟和定时器原理。
- 分析理解 Linux 内核时间的实现机制。
- 分析比较 ITIMER_REAL、ITIMER_VIRTUAL、ITIMER_PROF。
- 学习理解内核中各种定时器的实现机制。
- 掌握操作定时器的命令,掌握定时器的使用。

【实验内容】

针对一个计算 fibonacci 数的进程,设定三个定时器,获取该进程在用户模式的运行时间,在核心模式的运行时间,以及总的运行时间。

提示:setitimer( )/getitimer( ) 系统调用的使用。ITIMER_REAL 实时计数;ITIMER_VIRTUAL 统计进程在用户模式(进程本身执行)执行的时间;ITIMER_PROF 统计进程在用户模式(进程本身执行)和核心模式(系统代表进程执行)下的执行时间,与 ITIMER_VIRTUAL 比较,这个计时器记录的时间多了该进程核心模式执行过程中消耗的时间。

9.1 时钟和定时器介绍

一台装有操作系统的计算机里一般有两个时钟:硬件时钟和软件时钟。硬件时钟从根本上讲是 CMOS 时钟,是由小型电池供电的时钟,这种电池一般可持续供电三年左右。因为有自己的电池,所以当计算机断电的时候 CMOS 时钟可以继续运行,这就是为什么你的计算机总是知道正确的日期和时间的原因。而软件时钟则是由操作系统本身维护的,所以又称系统时钟。这个时钟是在系统启动时,读取硬件时钟获得的,而不是靠记忆计时。在得到硬件时钟之后,就完全由系统本身维护。之所以使用两套时钟的原因是因为硬件时钟的读取太麻烦,所消耗的时间太长。硬件时钟的主要作用就是提供计时和产生精确时钟中断。而软件时钟的作用则可以归纳为下面的几条:

- 保存正确时间。
- 防止进程超额使用 CPU。
- 记录 CPU 的使用情况。
- 处理用户进程发出的系统调用。

- 为某一部分系统本身提供守护定时器(watchdog timers)。

9.1.1 系统时钟

在 DOS 或 Mac 系统中,起作用的是硬件时钟。而在 Linux 系统中,起作用的是软件时钟,即系统时钟。这个时钟的初始值在启动时从 CMOS 读取,然后就由 Linux 的内核来维护,它在系统中是用从 1970 年 1 月 1 日 00:00:00(Unix 纪元 epoch)开始算起的累积秒数来表示的。

Linux 的时钟观念比较简单:它以读取的硬件时钟为计时起点,根据系统启动后的时钟滴答数来计算时间。所有的系统计时都基于这种量度,在系统中用一个全局变量——jiffies 表示,这个变量在每个时钟周期更新一次。系统时钟和定时器间隔都是根据这个变量计算出来的。

系统时钟从原理上来讲是很简单的,相对复杂的则是 Linux 系统中的定时器部分。

9.1.2 定时器

1. 什么是定时器

操作系统为了能够准时调度任务,需要有一种能保证调度准时进行的机制。这种机制就是通过定时器来实现的。从硬件上来讲支持各种操作系统的微处理器必须包含一个可周期性中断、可编程的间隔定时器。这个周期性中断被称为系统时钟滴答,它就像节拍器一样来组织系统任务。从软件上来讲必须有一个软件上的定时器在硬件中断到来时处理任务调度。

我们可以用下面的语言来定义 Linux 中的定时器:定时器(timer)是 Linux 提供的一种定时服务机制,它所起的作用是在某个特定的时刻唤醒某个进程来完成一些工作。

Linux 命令中用到定时器的有 sleep、at 等。

2. Linux 中的定时器

(1)定时器类型。较老的内核(2.2 系列版本)还包含有一个基于 timer_struct 结构的定时器,这种定时器用一个包含 32 个指针的静态数组以及当前活动定时器的屏蔽码 time_active 来管理定时器,所以它最多只能管理 32 个定时器。这种机制早在 2.4 内核就已经不再使用。

现在的内核(2.6 系列)的定时器使用一个以 expires 升序排列的 timer_list 结构链表,如图 9.1 所示。

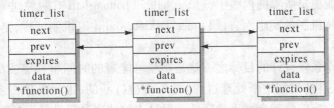

图 9.1 Linux 中的链表定时器类型

定时器使用 jiffies 作为比较时间,这样运行 n 秒的定时器将把 n 秒时间转换成jiffies的单位,并且将这个时间和以 jiffies 计数的当前系统时间相加,从而得到定时器的终结时间 expires。在每个系统时钟滴答时,时钟中断处理程序会标记定时器成活动状态以便调度管理器下次运行时能进行定时器队列的处理(关于时钟中断和标记定时器,我们将在后面小节中介绍)。定时器下半部分处理过程对于不同类型的定时器有不同的处理方法。定时器会检查位于 timer_list 结构链表中的入口。每个过期定时器将从链表中清除,同时它的响应函数将被调用。相对于基于 timer_struct 的老定时器,新定时器机制的优点之一是能传递一个参数 data 给定时器例程,同时还消除了老定时器中对于定时器数目的限制。

(2)进程中的定时器。由于进程执行时有核心模式和用户模式,所以相应的进程执行时间也有进程本身(即在用户模式下)的执行时间和系统代表进程(即通过系统调用在核心模式下)的执行时间。对于不同的时间,Linux 运行了不同的定时器。这些定时器可以分为下面的三种:

- ITIMER_REAL:这种定时器使用实时计数,即不管进程在何种模式下运行(甚至在进程被挂起时),它总是在计数。当定时到达时,会发送给进程一个 SIGALRM 信号。
- ITIMER_VIRTUAL:这种定时器是进程在用户模式(进程本身执行)执行的过程中计数,当计数完毕时发送 SIGVTALRM 信号给该进程。
- ITIMER_PROF:这个定时器是进程在用户模式(进程本身执行)和核心模式(系统代表进程执行)的时候都计时。与 ITIMER_VIRTUAL 比较,这个定时器记录的时间多了该进程在内核模式执行过程中消耗的时间。当定时到达时,会发送 SIGPROF 信号。

定时器的定时时间在定时器初始化的时候被赋了一个初值,然后随着时间递减。每次当减到 0 时,定时器就会发一个信号,表示定时到达,然后将时间恢复到初值。在定时器结构体中专门有一个变量保存这个初值。

我们可以运行一种或者全部的三种定时器,Linux 在进程的 task_struct 数据结构中记录所有的必要信息。可以使用系统调用建立这些定时器,并启动、停止它们或者读取当前还剩余的激活时间 expires。ITIMER_VIRTUAL 和 ITIMER_PROF 定时器的处理方式相同:每一次时钟周期,当前进程的定时器值递减,如果到期,就直接产生适当的信号。ITIMER_REAL 定时器稍微不同。当使用这种类型的定时器的时候,使用系统的 timer 链表。每次时钟中断它的定时值也会递减。但是当它到期的时候,是由时钟后半部分处理例程(bottom half)把它从队列中删除并调用内部定时器处理程序。这个处理例程完成的工作就是产生 SIGALRM 信号。

9.1.3 bottom half

在 2.4 版本或更早版本的内核中,对 top half 和 bottom half 有两种理解:

一种是就具体机制的实施而言,跟 timer、tasklet、softirq 等机制一样,是一种延后执行任务机制的实现。

我们知道操作系统设计的目标之一就是在尽可能短的时间里面完成尽可能多的任务。但是有一些处理过程(比如中断处理过程)是不可被打断的,也就是独占系统的,那么在这段时间里面系统的响应性就会严重地降低。但是这种处理过程又是不可避免的。为了减小这种处理过程的影响,在 Linux 中设计了 bottom half 任务延迟处理机制。它的思想就是中断处理只做必须要做的工作,并且尽快地做完,把暂时可做可不做的剩余部分工作延后再做,等到适当的时候再继续运行。显然,这样的处理缩短了系统的响应时间。基于这样的思想,Linux 将处理硬件中断的中断服务程序一分为二,分别称作 top half(意指"the top half of an interrupt handler")和 bottom half(意指"the bottom half of an interrupt handler")。前者就是在中断服务程序入口表中登记的中断服务程序的入口部分,必须关掉中断运行。后者则是中断服务程序剩余部分,它由 top half 激活,在之后的某个适当的时机再得到运行,运行的时候可以打开中断。

另外一种是抽象的理解,只有硬件中断处理程序本身称为 top half,其他所有的延后执行程序的机制统称为 bottom half(包括 timer,tasklet,softirq,workqueue 等)。

在 2.6 版本的内核里面,为了避免误解,原先的 bottom half 实现的叫法已经丢弃,现在内核中只采用后一种理解,2.4 内核的 bottom half 机制采用 tasklet 实现,而 tasklet 又是建立在 softirq 机制之上实现的。本书沿用 2.6 内核的理解,把直接处理硬件中断的中断服务程序称为上半部分,中断处理程序必须尽可能快地执行完必须执行的任务,然后把其他的任务利用延后执行机制(比如 timer,tasklet 等)放到下半部分中执行。

通常,top half 读取来自设备的数据,保存到预定的缓冲区后,即通知 bottom half 并返回,因而 top half 执行较快。剩余的多数工作由 bottom half 在适当的时候完成。因为 bottom half 是开中执行,所以在它的运行过程中系统可同时接受新的中断。

例如,网络界面检测到一个新的 telnet 数据包后产生中断。中断服务程序中的 top half 只需将数据包转存到缓冲区,即可返回。对数据包的解释、处理以及唤醒相关的 telnetd 进程,则是 bottom half 的工作。

Linux 定义的 bottom half 机制如 include/linux/interrupt.h 所述:

include/linux/interrupt.h,line 109

```
109 enum
110 {
111         HI_SOFTIRQ = 0,
112         TIMER_SOFTIRQ,
113         NET_TX_SOFTIRQ,
114         NET_RX_SOFTIRQ,
115         BLOCK_SOFTIRQ,
116         TASKLET_SOFTIRQ
117 };
```

多数 bottom half 机制用于 Linux 某些驱动程序,放到 TASKLET_SOFTIRQ 中。和系统时钟有关的是 TIMER_SOFTIRQ,专门由 do_timer( )用于激活定时器。

9.2　Linux 系统时钟

我们已经在本章第一节为大家介绍了关于系统时钟方面的原理,但是仅仅停留在原理层面上,要真正地掌握它还需要具体的例子。下面我们就通过对 Linux 中系统时钟的具体实现代码的分析来让大家对其原理有更好的理解和掌握。

Linux 系统中时钟具体实现主要包括两个方面:
- 维护系统时钟的正常运行。
- 实现用户进程中关于系统时钟的读取以及设置。

第一个方面的工作由系统内核完成,主要包括了时钟的初始化和时钟的运行两个部分。第二个方面的工作,则是通过系统调用完成。这一方面的工作主要就是时钟的读取、设置和调整。

9.2.1 系统时钟的正常运行

1. 重要的数据结构

在介绍具体实现代码之前,让我们先来看看在这些代码中要用到的一些数据结构,这些数据结构对于系统时钟的运行有着重要的作用,而且对于时钟的读取、设置和调整来说也是必不可少的。

(1)重要的结构体。下面是几个重要的时钟数据结构体,这几个结构体保存了系统时钟的信息。特别是 struct timespec 类型结构体,由这个结构体定义的变量 xtime 保存了系统的当前时间。

include/linux/time.h,line 12

```
12 struct timespec {
13        time_t    tv_sec;          /* seconds */
14        long      tv_nsec;         /* nanoseconds */
15 };
...
18 struct timeval {
19        time_t         tv_sec;          /* seconds */
20        suseconds_t    tv_usec;         /* microseconds */
21 };
22
23 struct timezone {
24        int    tz_minuteswest;   /* minutes west of Greenwich */
25        int    tz_dsttime;       /* type of dst correction */
26 };
```

timespec 保存系统时间的一个结构体,由这个结构体定义的 xtime 变量代表了系统时间。

tv_sec:从 1970 年 1 月 1 日开始计算的秒数。

tv_nsec:当前秒内的纳秒数。

timeval 是系统时钟数据结构体,在 gettimeofday( )/settimeofday( ) 系统调用的时候都会使用到。

tv_sec:从 1970 年 1 月 1 日开始计算的秒数。

tv_usec:当前秒内的微秒数。

timezone 是系统时区数据结构体,由它定义的变量 sys_tz 保存了系统的当前时区。Linux 时区的相关信息保存在/etc/localtime 文件中,里面的内容在启动的时候通过读取/etc/sysconfig/clock文件决定。每个用户都可以设置自己的时区,但是系统内核保持的是格林尼治时间。

tz_minuteswest:本时区与格林尼治时间的时差。

tz_dsttime:时间的修正方式,这里主要是指因为夏时制而出现的时间修正,但是在新的 Linux 内核中已经废弃了夏时制,所以这个变量在初始化时一般都被赋值为 0,表示不需要修正。

include/linux/timex.h,line 135

```
135 struct timex {
136         unsigned int modes;      /* mode selector */
137         long offset;             /* time offset (usec) */
138         long freq;               /* frequency offset (scaled ppm) */
139         long maxerror;           /* maximum error (usec) */
140         long esterror;           /* estimated error (usec) */
141         int status;              /* clock command/status */
142         long constant;           /* pll time constant */
143         long precision;          /* clock precision (usec) (read only) */
144         long tolerance;          /* clock frequency tolerance (ppm)
145                                   * (read only)
146                                   */
147         struct timeval time;     /* (read only) */
148         long tick;               /* (modified) usecs between clock ticks */
149         …
…
162 };
```

timex 结构体是用来描述内核时钟振荡器,主要用在网络时间服务器。这个结构体变量较多,我们在这里就只介绍重要的几个变量,其他的如果读者有兴趣,可以结合代码自己去研究。

modes:模式选择。

offset:时间偏差量(以秒为单位)。

freq:频率偏差量(以 ppm 为单位)。

maxerror:最大时间容错量(以秒为单位)。

esterror:估计时间容错量(以秒为单位)。

status:时钟状态。

constant:pll 时间常量。

precision:时钟精度(秒为单位,只读)。

tolerance:时钟频率偏差允许量(ppm)(只读)。

time:系统时间(只读)。

tick:(修改的)tick之间的秒数。

(2)重要的变量。下面是一些Linux中记录时间的重要变量。

HZ:时钟中断的频率,在i386体系下HZ现在是100,也即每秒钟会来100个时钟中断。

LATCH:每个时钟中断间隔的硬件频率计数。我们知道时钟中断是由系统中的另外一个更高晶振频率来驱动的,LATCH定义了每隔多少个计数发生一次时钟中断。

xtime:保存系统当前时间的结构体变量,包含秒和微秒两个成员。

jiffies:系统启动以来的时钟滴答数目,这个变量是系统中保存时间的另一个方式。

这里,你可能会问,为什么Linux需要有xtime和jiffies这两个同样是保存系统时间的变量,这两个变量有什么不同呢?

简单地来说,jiffies是系统启动以后的时钟滴答数,而xtime保存的是当前时间(这个时间是用从上面提到过的epoch开始计算的秒数来表示的)。在系统启动结束后,每个时钟中断都会更新jiffies和xtime。jiffies和xtime的差别体现在下面两个方面:

• 精度的不同。jiffies是10毫秒的精度,而xtime则精确到纳秒。至于为什么会有精度的差别,我们将在介绍系统时钟读取的时候给大家结合代码具体讲述。

• 应用范围。xtime主要用在系统时间的读取和设置上,使用情况不多,而jiffies用于系统调度、系统定时器、各种时间比较等,是整个系统的时钟基础。

wall_jiffies:记住最近一次时钟中断发生时的jiffies,这样更新系统时间xtime的时候,根据jiffies跟wall_jiffies的差值可以得到需要更新的时间。在i386体系下,多数情况中,jiffies跟wall_jiffies的差值都为1;少数情况下有可能系统中断被关闭时间过长,导致时钟中断丢失,这时候jiffies跟wall_jiffies的差值可能会大于1。

lost_ticks:记录两个bottom half之间的tick数目,和xtime配合提供准确的系统时间。在新版本的内核中已经不使用。但是通过使用wall_jiffies变量记录每次更新xtime时jiffies的值,然后在下一次更新xtime值时,用那时的jiffies减去wall_jiffies,得到的值就是这个lost_ticks记录的值。

TSC:Time Stamp Count的简写。Time Stamp Count是Intel公司发明的,并且首先用在Pentium级CPU上的64位时钟寄存器。这个寄存器是用来保存CPU的ticks数目。具体的使用我们将会在代码中介绍。

2. 系统时钟的初始化

介绍完了重要的数据结构,下面就是系统时钟的运行过程了。

首先,是系统时钟的初始化。系统刚启动的时候,系统时钟需要根据硬件时钟初始化。下面就让我们一起来看看这个过程。这个过程是从init/main.c文件中的start_kernel函数调用time_init()开始的。

arch/i386/kernel/time.c, line 470

```
470 void __init time_init(void)
471 {
```

```
...
482        xtime.tv_sec = get_cmos_time();
483        xtime.tv_nsec = (INITIAL_JIFFIES % HZ) * (NSEC_PER_SEC /HZ);
484        set_normalized_timespec(&wall_to_monotonic,
485                -xtime.tv_sec, -xtime.tv_nsec);
486
487        cur_timer = select_timer();
488        printk(KERN_INFO "Using % s for high-res timesource \n",cur_timer->name);
489
490        time_init_hook();
491 }
```

arch/i386/mach-default/setup.c,line 90

```
90 void _init time_init_hook(void)
91 {
92        setup_irq(0, &irq0);
93 }
```

482:调用 get_cmos_time( ) 函数从 CMOS 中读取硬件时钟,用读到的时钟初始化 xtime 结构体变量中的 tv_sec 变量。注意,在 get_cmos_time 返回前已经将读取的当前时间转化成从 1970 年开始的秒数。

483:(INITIAL_JIFFIES % HZ)得到所对应的秒内的 jiffies 数;(NSEC_PER_SEC/HZ)是每个 jiffies 对应的纳秒数。

92:调用 setup_irq( ) 重新设置时钟中断 irq0 的中断服务程序入口。

arch/i386/kernel/time.c,line 315

```
315 unsigned long get_cmos_time(void)
316 {
317        unsigned long retval;
318
319        spin_lock(&rtc_lock);
320
321        if (efi_enabled)
322               retval = efi_get_time();
323        else
324               retval = mach_get_cmos_time();
325
326        spin_unlock(&rtc_lock);
327
328        return retval;
329 }
```

include/asm-i386/mach-default/mach_time.h,line 82

```
82  static inline unsigned long mach_get_cmos_time(void)
83  {
84      unsigned int year, mon, day, hour, min, sec;
85      int i;
86
87      /* The Linux interpretation of the CMOS clock register contents:
88       * When the Update-In-Progress (UIP) flag goes from 1 to 0, the
89       * RTC registers show the second which has precisely just started.
90       * Let's hope other operating systems interpret the RTC the same way.
91       */
92      /* read RTC exactly on falling edge of update flag */
93      for (i = 0 ; i < 1000000 ; i++) /* may take up to 1 second... */
94          if (CMOS_READ(RTC_FREQ_SELECT) & RTC_UIP)
95              break;
96      for (i = 0 ; i < 1000000 ; i++) /* must try at least 2.228 ms */
97          if (!(CMOS_READ(RTC_FREQ_SELECT) & RTC_UIP))
98              break;
99      do { /* Isn't this overkill ? UIP above should guarantee consistency */
100         sec = CMOS_READ(RTC_SECONDS);
101         min = CMOS_READ(RTC_MINUTES);
102         hour = CMOS_READ(RTC_HOURS);
103         day = CMOS_READ(RTC_DAY_OF_MONTH);
104         mon = CMOS_READ(RTC_MONTH);
105         year = CMOS_READ(RTC_YEAR);
106     } while (sec != CMOS_READ(RTC_SECONDS));
107     if (!(CMOS_READ(RTC_CONTROL) & RTC_DM_BINARY) || RTC_ALWAYS_BCD)
108     {
109         BCD_TO_BIN(sec);
110         BCD_TO_BIN(min);
111         BCD_TO_BIN(hour);
112         BCD_TO_BIN(day);
113         BCD_TO_BIN(mon);
114         BCD_TO_BIN(year);
115     }
116     if ((year += 1900) < 1970)
117         year += 100;
118
119     return mktime(year, mon, day, hour, min, sec);
120 }
```

319：对CMOS时钟加锁，防止别的进程在读取的时候进行修改。

第9章 时钟与定时器

93~98：当UIP(Update-In-Progress)标志从1变成0，硬件时钟寄存器的改变说明新的一秒刚刚开始。我们要在这个刚开始的时候去读取CMOS时钟。第一个循环体保证UIP标志还是1，而第二个循环体则保证UIP标志刚刚变成0。

99~106：读取CMOS时钟，循环检查标志sec != CMOS_READ(RTC_SECONDS)保证读取到的内容是当前秒。

107~115：如果硬件时钟的数据是二进制编码的十进制，那么调用BCD_TO_BIN将它们转化成二进制数据。

326：读取CMOS已经结束，所以我们可以解开CMOS时钟锁。

116~117：这一段代码是解决千年虫问题的。

119：将普通的时间转化成从1970年1月1日00:00:00开始的秒数。比如普通的时间格式是：2002-03-19 23:29:29，那么year=2002、mon=3、day=19、hour=23、min=29、sec=29，然后调用mktime()将这些数据转化成秒数。

通过上面的init_time函数的介绍，我们可以看到，系统时钟的初始化工作主要就是通过读取CMOS时钟来初始化xtime变量，并且注册时钟中断的处理函数，为下面的时钟运行做准备。

3. 系统时钟的运行

系统时钟的初始化完成了，但是系统时钟是怎么运行的呢？这个问题和系统的硬件时钟中断有关，所以让我们先来看看系统的时钟中断是怎么回事情。

Linux初始化时，init_IRQ()函数设定8253芯片的定时周期为10ms(一个tick的值，arch/i386/kernel/irq.c)。由8253产生的时钟中断信号直接输入到第一块8259A的INT 0 (即irq0，可屏蔽中断)。然后，同样在初始化时，time_init()(arch/i386/kernel/time.c)调用setup_irq(0, &irq0)设置时间中断向量irq0，中断服务程序timer_interrupt()。

arch/i386/mach-default/setup.c，line 81

```
81 static struct irqaction irq0  = { timer_interrupt, SA_INTERRUPT, CPU_MASK_
   NONE, "timer", NULL, NULL};
```

这句对irq0赋值的语句将timer_interrupt定义为时钟中断(irq0)的处理函数。每当有时钟中断时系统就会根据中断服务程序入口找到这个函数，然后调用这个函数。

arch/i386/kernel/time.c，line 289

```
289 irqreturn_t timer_interrupt(int irq, void *dev_id, struct pt_regs *regs)
290 {
...
302     do_timer_interrupt(irq, regs);
...
312 }
...
348 static inline void do_timer_interrupt(int irq, struct pt_regs *regs)
349 {
...
```

```
366         do_timer_interrupt_hook(regs);
…
382 }
```

include/asm – i386/mach – default/do_timer. h, line 17

```
17 static inline void do_timer_interrupt_hook(struct pt_regs *regs)
18 {
19         do_timer(regs);
20 #ifndef CONFIG_SMP
21         update_process_times(user_mode(regs));
22 #endif
…
34 }
```

19：调用 do_timer( )更新系统时间。具体的过程在下面介绍。

21：调用 update_process_times( )函数来更新进程的时间片以及修改的进程的动态优先级，如果必要（比如当前进程的时间片用完），将会告诉调度器需要重新调度。

我们先看看 do_timer( )是怎样更新系统时间的。

kernel/timer. c, line 943

```
943 void do_timer(struct pt_regs *regs)
944 {
945         jiffies_64++;
946         /* prevent loading jiffies before storing new jiffies_64 value. */
947         barrier();
948         update_times();
949         softlockup_tick(regs);
950 }
```

时钟中断发生时,中断服务程序 timer_interrupt( )实际依靠上面的 do_timer( )函数来完成其功能。后者只做必须做的工作（记录系统累计时钟片次数的全局变量 jiffies_64（jiffies 是 jiffies_64 的低 32 位）增 1,然后调用 update_times( )。

kernel/timer. c, line 925

```
925 static inline void update_times(void)
926 {
927         unsigned long ticks;
928
929         ticks = jiffies - wall_jiffies;
930         if (ticks) {
931                 wall_jiffies += ticks;
932                 update_wall_time(ticks);
```

```
933        }
934        calc_load(ticks);
935 }
```

932：立刻调用 update_wall_time( )函数来刷新 xtime 中的值。

然后我们再看看 update_process_times( )是怎么更新每个进程的时间相关信息,并且激活定时器。

kernel/timer.c, line 832

```
832 void update_process_times(int user_tick)
833 {
834        struct task_struct *p = current;
835        int cpu = smp_processor_id();
836
837        /* Note: this timer irq context must be accounted for as well. */
838        if (user_tick)
839                account_user_time(p, jiffies_to_cputime(1));
840        else
841                account_system_time(p, HARDIRQ_OFFSET, jiffies_to_cputime(1));
842        run_local_timers();
843        if (rcu_pending(cpu))
844                rcu_check_callbacks(cpu, user_tick);
845        scheduler_tick();
846        run_posix_cpu_timers(p);
847 }
```

update_process_times( )首先更新进程所使用的时间信息,然后调用 run_local_timers( )标记定时器可以运行,以便内核在适当的时候去运行定时器。scheduler_tick( )函数更新进程里面跟调度器相关的时间片等信息,如果进程时间片用完,将会告诉调度器这个进程需要被调度出去。

9.2.2 系统时钟的设置和调整

为了保证时钟的正确,需要有一定的设置和调整手段,这些手段是由下面的系统调用来实现的。

1．关于时钟中断的系统调用

下面是 Linux 中关于系统时钟的系统调用,它们主要完成系统时钟的读取、设置和校准功能。

sys_time：读取系统时间,精度较低,只达到秒的级别。
sys_stime：设置系统时间,精度较低,只达到秒的级别。
sys_gettimeofday：读取系统时间和时区,精度比 sys_time 高,达到微秒的级别。
sys_settimeofday：设置系统时间和时区,精度比 sys_stime 高,达到微秒的级别。

sys_adjtimex：调整系统时钟。

2. 这些系统调用的实现

（1）系统时间的读取。读取系统时间主要有两个方面的意义：
- 为用户提供查询当前系统时间的一个接口。
- 可以为计时服务提供支持。

time 和 gettimeofday 是两个读取系统时间的系统调用。

首先是 sys_time，这个系统调用得到的系统时间精度为秒的级别，不是很高。

kernel/time.c, line 59

```
59 asmlinkage long sys_time(time_t _user * tloc)
60 {
61         time_t i;
62         struct timeval tv;
63
64         do_gettimeofday(&tv);
65         i = tv.tv_sec;
66
67         if (tloc) {
68                 if (put_user(i,tloc))
69                         i = -EFAULT;
70         }
71         return i;
72 }
```

62：定义一个用来保存当前时钟值的变量 tv。

64~65：调用 do_gettimeofday 函数读取系统的当前时钟，得到的结果保存在 tv 变量中，并且另外保存了从 1970 年 1 月 1 日 00:00:00 开始的秒数。

67~70：检查用户在调用的时候有没有提供保存时间的内存空间，如果有，将得到的时间从内核空间拷贝到用户空间。

71：返回得到的从 1970 年 1 月 1 日 00:00:00 开始的秒数。

其次是更精确地读取系统时间的系统调用 sys_gettimeofday。

kernel/time.c, line 101

```
101 asmlinkage long sys_gettimeofday(struct timeval _user * tv, struct timezone
                               _user *tz)
102 {
103         if (likely(tv != NULL)) {
104                 struct timeval ktv;
105                 do_gettimeofday(&ktv);
106                 if (copy_to_user(tv, &ktv, sizeof(ktv)))
107                         return -EFAULT;
```

```
108         }
109         if (unlikely(tz != NULL)) {
110                 if (copy_to_user(tz, &sys_tz, sizeof(sys_tz)))
111                         return -EFAULT;
112         }
113         return 0;
114 }
```

103~108：如果用户提供了保存时间的参数，那么我们就调用 do_gettimeofday 读取系统时间，然后调用 copy_to_user 将数据从内核空间拷贝到用户空间。

109~112：如果用户提供了保存时区的参数，那么我们就复制 sys_tz 的内容到用户空间。

从上面的两个系统调用我们可以看到，它们都是通过调用 do_gettimeofday 来实现自己的读取时间的功能，所以真正的读取系统时间的代码实现还是在 do_gettimeofday 里面。这个函数主要就是通过读取 xtime 变量来获得当前系统的时间。在上面介绍 xtime 这个变量时说过，它是用来保存系统当前时间的，所以通过读取它就可以获得大致精确的时间。由于系统有可能在关掉中断的时候运行较长的时间，这时候时钟中断没有得到机会运行的话，系统时间也就得不到更新，因此只能说是大概精确的时间。所以当前 xtime 保存的时间是最近一次时间中断之后更新所得的时间。wall_jiffies，这个变量保存了上一次时钟中断处理程序执行时的 jiffies，当前的 jiffies 和 wall_jiffies 的差值就是从上一次时钟中断处理到最近的一次时钟中断间隔。此时，时间的误差就到了 10ms 以内了。

细心的读者可能已经发现了，每个时钟中断间隔的时间是 10ms，而 xtime 变量的成员 usec 的精度是微秒，它们之间的精确度差距是怎么弥补的呢？

解决这个问题的关键就在前面介绍过的 CPU 中的 TSC 寄存器，微秒级的精确度主要就是依靠了它来实现的。这个寄存器保存的是 CPU 的 ticks，所以它的精确度是根据 CPU 的速度来决定的，也就是说 CPU 越快，那么 TSC 的精度就越高。根据当代 CPU 的速度，达到微秒的精度根本不成问题。具体的解决过程我们可以通过下面的代码来细细体会。

do_gettimeofday 的代码如下：

arch/i386/kernel/time.c，line 125

```
125 void do_gettimeofday(struct timeval *tv)
126 {
127         unsigned long seq;
128         unsigned long usec, sec;
129         unsigned long max_ntp_tick;
130
131         do {
132                 unsigned long lost;
133
134                 seq = read_seqbegin(&xtime_lock);
135
```

```
136                    usec = cur_timer->get_offset();
137                    lost = jiffies - wall_jiffies;
138
139                    /*
140                     * If time_adjust is negative then NTP is slowing the clock
141                     * so make sure not to go into next possible interval.
142                     * Better to lose some accuracy than have time go backwards..
143                     */
144                    if (unlikely(time_adjust < 0)) {
145                            max_ntp_tick = (USEC_PER_SEC /HZ) - tickadj;
146                            usec = min(usec, max_ntp_tick);
147
148                            if (lost)
149                                    usec += lost * max_ntp_tick;
150                    }
151                    else if (unlikely(lost))
152                            usec += lost * (USEC_PER_SEC /HZ);
153
154                    sec = xtime.tv_sec;
155                    usec += (xtime.tv_nsec /1000);
156            } while (read_seqretry(&xtime_lock, seq));
157
158            while (usec >= 1000000) {
159                    usec -= 1000000;
160                    sec++;
161            }
162
163            tv->tv_sec = sec;
164            tv->tv_usec = usec;
165    }
```

136：调用 get_offset() 得到从最近一次的时钟中断到当前时间的时间间隔。

137：用当前的 jiffies 减去 wall_jiffies 就可以得到这一部分丢失的时间。

154：时间的秒数。

155：时间的微秒数，要累计上 lost 的时间，这个 lost 包括了上面说过的从上一次运行时钟中断到最近的一次时钟中断之间的间隔时间（jiffies - wall_jiffies）和从最近的一次时钟中断到当前时间的间隔时间（get_offset 获得）。

158~161：因为时间是通过累积计算的，所以 usec 的数值有可能会超过1000000，这时需要将它转化成一秒。

163~164：将计算得到的准确时间赋值。

在 do_gettimeofday 中，通过调用 get_offset()，读取 TSC 的值，然后计算出从最近的一次时钟中断开始，到现在已经过了多少时间（微秒）。

第9章 时钟与定时器

现在我们有了：
- 最近一次时钟中断运行时的时间值 xtime。
- 从上一次时钟中断到最近的一次时钟中断之间的间隔时间(jiffies-wall_jiffies)。
- 从最近的一次时钟中断到当前时间的间隔时间(get_offset()获得)。

上述三个值的和就是当前的时间，而且是精确到了微秒。下面我们留了设置系统时间的过程给读者，请用上面的思想去分析一下。

(2) 系统时间的设置。接下来我们来看看设置系统时钟的实现代码。

首先是 sys_stime 函数，这个函数比较简单，它仅仅是将 xtime 中的秒成员变量的值设置为用户的值，而微秒成员变量的值设置为0。所以通过这个系统调用设置的系统时间误差是比较大的。

kernel/time.c，line 81

```
81 asmlinkage long sys_stime(time_t _user *tptr)
82 {
83        struct timespec tv;
84        int err;
85
86        if (get_user(tv.tv_sec, tptr))
87               return -EFAULT;
88
89        tv.tv_nsec = 0;
90
91        err = security_settime(&tv, NULL);
92        if (err)
93               return err;
94
95        do_settimeofday(&tv);
96        return 0;
97 }
```

86：得到用户的输入参数秒，赋给 tv.tv_sec。
89：tv.tv_nsec 赋值为 0。
95：调用 do_settimeofday() 函数设置系统时间。

下面是设置时间更精细的系统调用 sys_settimeofday。这个系统调用就比较复杂，因为通过它我们不仅可以修改系统时间，而且可以修改当前用户的时区设置。这里的时间修改精度达到了微秒的级别。

kernel/time.c，line 184

```
184 asmlinkage long sys_settimeofday(struct timeval _user *tv,
185                                  struct timezone _user *tz)
186 {
187        struct timeval user_tv;
```

```
188         struct timespec new_ts;
189         struct timezone new_tz;
190
191         if (tv) {
192                 if (copy_from_user(&user_tv, tv, sizeof(*tv)))
193                         return -EFAULT;
194                 new_ts.tv_sec = user_tv.tv_sec;
195                 new_ts.tv_nsec = user_tv.tv_usec * NSEC_PER_USEC;
196         }
197         if (tz) {
198                 if (copy_from_user(&new_tz, tz, sizeof(*tz)))
199                         return -EFAULT;
200         }
201
202         return do_sys_settimeofday(tv ? &new_ts : NULL, tz ? &new_tz : NULL);
203 }

153 int do_sys_settimeofday(struct timespec *tv, struct timezone *tz)
154 {
155         static int firsttime = 1;
156         int error = 0;
157
158         if (tv && ! timespec_valid(tv))
159                 return -EINVAL;
160
161         error = security_settime(tv, tz);
162         if (error)
163                 return error;
164
165         if (tz) {
166                 /* SMP safe, global irq locking makes it work. */
167                 sys_tz = *tz;
168                 if (firsttime) {
169                         firsttime = 0;
170                         if (!tv)
171                                 warp_clock();
172                 }
173         }
174         if (tv)
175         {
176                 /* SMP safe, again the code in arch/foo/time.c should
177                  * globally block out interrupts when it runs.
178                  */
179                 return do_settimeofday(tv);
```

第 9 章 时钟与定时器

```
180         }
181         return 0;
182 }
```

165~173：将系统当前时区修改成用户要求修改的时区。接下来，如果用户不要求修改时钟的话，那只要调用 warp_clock 根据时区将时钟拨快或者拨慢就可以了。这里 firsttime 变量主要是用在多 CPU 上，防止多次修改。我们讨论的是单 CPU，所以这里可以不去考虑 if(firsttime)。

174~180：如果用户要修改系统时钟，那么调用 do_settimeofday 进行设置。

让我们接下去看 do_settimeofday。

arch/i386/kernel/time.c，line 169

```
169 int do_settimeofday(struct timespec *tv)
170 {
171         time_t wtm_sec, sec = tv->tv_sec;
172         long wtm_nsec, nsec = tv->tv_nsec;
173
174         if ((unsigned long)tv->tv_nsec >= NSEC_PER_SEC)
175                 return -EINVAL;
176
177         write_seqlock_irq(&xtime_lock);
178         /*
179          * This is revolting. We need to set "xtime" correctly. However, the
180          * value in this location is the value at the most recent update of
181          * wall time.  Discover what correction gettimeofday() would have
182          * made, and then undo it!
183          */
184         nsec -= cur_timer->get_offset() * NSEC_PER_USEC;
185         nsec -= (jiffies - wall_jiffies) * TICK_NSEC;
186
187         wtm_sec  = wall_to_monotonic.tv_sec + (xtime.tv_sec - sec);
188         wtm_nsec = wall_to_monotonic.tv_nsec + (xtime.tv_nsec - nsec);
189
190         set_normalized_timespec(&xtime, sec, nsec);
191         set_normalized_timespec(&wall_to_monotonic, wtm_sec, wtm_nsec);
192
193         ntp_clear();
194         write_sequnlock_irq(&xtime_lock);
195         clock_was_set();
196         return 0;
197 }
```

184~185：减去现在系统中已经在计算的时间，保证设置的正确性。

190:调用 set_normalized_timespec() 设置 xtime 中的值为 sec,nsec。

(3)系统时间的调整。系统时间的调整功能由系统调用 sys_adjtimex 函数实现。在分布式系统或是联网程序上,当本地的系统时间和网络服务器时间不符合的时候,需要用 xntpd 或 timed 等命令调整系统时钟,这时就要用到这个系统调用。

kernel/time.c, line 405

```
405 asmlinkage long sys_adjtimex(struct timex _user *txc_p)
406 {
407         struct timex txc;              /* Local copy of parameter */
408         int ret;
409
410         /* Copy the user data space into the kernel copy
411          * structure. But bear in mind that the structures
412          * may change
413          */
414         if(copy_from_user(&txc, txc_p, sizeof(struct timex)))
415             return -EFAULT;
416         ret = do_adjtimex(&txc);
417         return copy_to_user(txc_p, &txc, sizeof(struct timex)) ? -EFAULT:ret;
418 }
```

414~415:调用 copy_from_user 将结构 txc_p 从用户空间拷贝到内核空间。

416:调用 do_adjtimex 函数根据 txc 设置的参数调整系统时钟,返回值是调整后的状态。

417:调用 copy_to_user 函数将结构 txc 从内核空间拷回到用户空间。

关于 do_adjtimex 的具体调整过程这里就不详细介绍了,有兴趣的读者可以参阅 NTP(Network Time Protocol)方面的内容。

9.3 Linux 系统定时器

定时器(timer)是 Linux 提供的一种定时服务的机制。它在某个特定的时间唤醒某个进程来做一些工作。定时器有些类似于任务队列,它们都是 CPU 在适当时刻执行一遍队列中各节点指定的响应函数。当然,它们之间是有差别的,前者规定了执行指定函数的准确时刻,而后者无法规定。

9.3.1 定时器的实现机制

1. 外部机制

我们在分析系统时钟的运行中曾经讲到产生时钟中断后,在时钟中断处理例程上半部分 timer_interrupt() 中会调用 update_process_times() 函数,后者会接着调用函数 run_local_timers(),在这个函数中标记 TIMER_SOFTIRQ,表明有 timer 需要运行,这样 softirq

机制在适当的时候就会运行定时器队列。

2. 内部机制

Linux 实现定时器的算法比较精巧，为了能够很好地理解这个机制，我们不妨先来看看几个简单的算法：

一个最直接的方法是将所有的定时器按照定时时间从小到大的顺序排列起来。这样每次时钟中断下半部分处理例程只要检查当前节点是不是到期就可以了。如果没有到期，那么在下次时钟中断再判断。如果到期了，就执行规定的操作，然后将当前节点指针往后移一个。在实现上，这种方法的确很简单，也不需要多余的空间。但是如果链表很长，每次插入的时候排序就要花比较多的时间。

对于上面的方法我们可以采用 hash 表的方式来改进，即采用平均分段的方式来组织链表。比如：我们将到期 jiffies 数按照 0~99,100~199,200~299 分段，每一个定时器到自己所属时段中进行排序。但是当定时器数量太大的时候，这个方法和上面那个方法面临同样的问题，那就是在插入的时候花在查找上的时间太长。

如果我们采用不平均的方法来分段，那么情况就大为不同了。请看下面的分段方式：
0~3,4~7,8~15,16~31,……

区间长度呈指数上升，这样，就不会有太多的分段。而且当前要处理的定时器在比较短的链表中，排序和搜索速度都可以大大加快。

因为我们关心的都是当前时刻要处理的定时器，而对于离执行时间还有很长的定时器是不需要关心的，所以时间距离太远的定时器我们只要将它连到链表中就可以了，用不着排序。Linux 内核就是采用了上面不平均分段的 hash 表思想。

9.3.2 定时器具体实现

1. 定时器内部机制的实现

在 9.3.1 节我们介绍了 Linux 中定时器实现机制的原理，这里将介绍具体实现的代码，让大家对原理有更进一步的认识。

timer_list 型定时器服务依靠链表结构突破了定时器个数的限制，链表的节点采用如下数据结构：

include/linux/timer.h，line 11

```
11  struct timer_list {
12        struct list_head entry;
13        unsigned long expires;
14
15        void ( * function)(unsigned long);
16        unsigned long data;
17
18        struct timer_base_s * base;
19  };
```

这里的 expires 是定时器的激活时刻，function 则是定时器激活时需要执行的函数。data 是这个函数的参数。之所以要把 data 单独地列出来，是因为在执行定时器函数时无法传入函数的参数，所以需要保存在定时器结构体中。

上面这个结构体是链表的节点，整个链表的结构则是通过下面的几个结构体来构成的。

```
66 struct timer_base_s {
67         spinlock_t lock;
68         struct timer_list *running_timer;
69 };
70
71 typedef struct tvec_s {
72         struct list_head vec[TVN_SIZE];
73 } tvec_t;
74
75 typedef struct tvec_root_s {
76         struct list_head vec[TVR_SIZE];
77 } tvec_root_t;
78
79 struct tvec_t_base_s {
80         struct timer_base_s t_base;
81         unsigned long timer_jiffies;
82         tvec_root_t tv1;
83         tvec_t tv2;
84         tvec_t tv3;
85         tvec_t tv4;
86         tvec_t tv5;
87 } __cacheline_aligned_in_smp;
```

tvec_s：定时器链表结构体。

tvec_root_s：定时器根链表结构体。

tvec_t_base_s：用于管理每个 CPU 上的定时器，timer_jiffies 保存上一次运行定时器列表的 jiffies。

Linux 内核通过上面定义的结构体 tvec_t_base_s 的 5 个成员 tv1、tv2、tv3、tv4、tv5 来管理整个定时器链表树。这棵树的结构如图 9.2 所示，结构体 tvec_t_base_s 包含 1 个结构体 tvec_root_t 类型的变量 tv1，以及 4 个 tvec_t 类型的变量，分别是 tv2、tv3、tv4、tv5。TVR_SIZE 在现在的系统中默认是 256；而 TVN_SIZE 默认是 64。

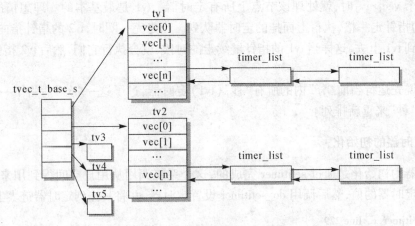

图 9.2　timer_list 型定时器体系结构

用一个通俗的比喻,对于上面介绍过的 5 个定时器数组,我们可以采用下面的假定:

tv1 ←——→ 分
tv2 ←——→ 时
tv3 ←——→ 日
tv4 ←——→ 月
tv5 ←——→ 年

不同的是:
- tv1 的跨度是 2^8 "秒";
- tv2 的跨度是 2^6 "分";
- tv3 的跨度是 2^6 "时";
- tv4 的跨度是 2^6 "日";
- tv5 的跨度是 2^6 "月"。

(这里的"秒"实际上就是滴答)

这样,一"年"就有 2^6 个"月",$2^{(6+6)}$ 个"日",$2^{(4*6+8)} = 2^{32}$ 个"秒",从而能表达 2^{32} 个滴答。tv1 有 2^8 个项,每个项上挂接了特定"秒"的定时器,比如 tv1 第 10 项挂接了第 10 "秒"(也就是第 10 个滴答)需要启动的定时器。

这些结构非常像自来水表的刻度盘(见图 9.3)。假设有一个虚拟的指针,指向当前正在运行的定时器链表;每个圆点代表 vec[i]。每个 vec[i] 上都可以挂一串定时器。当指

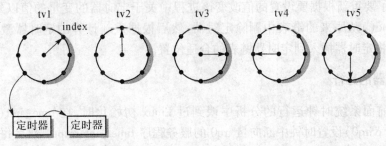

图 9.3　定时器的"自来水表"结构

针走到某个 vec[i] 时,就处理该节点上所有定时器。tv1 是最基本的。理想情况下,每个滴答,它的指针走一格,执行上面挂的定时器队列。当走完一圈时,tv2 的指针指向的定时器重新挂接到 tv1 上去,这样当 tv1 的指针继续走的时候,就会执行它们,然后 tv2 指针走一格,以此类推。

就是说先运行当前"分"内的所有"秒"(tv1)定时器,过了这一"分"后将下一个分的定时器按照"秒"来重新排列。

2. 定时器的初始化

定时器的初始化是通过 setitimer 完成的,这个系统调用从用户空间得到用来初始化或者是设置定时器的值,然后调用 do_setitimer 设置定时器,并将其挂到定时器链表上。

kernel/itimer.c, line 229

```
229 asmlinkage long sys_setitimer(int which,
230                               struct itimerval _user *value,
231                               struct itimerval _user *ovalue)
...
236         if(value) {
237                 if(copy_from_user(&set_buffer, value, sizeof(set_buffer)))
238                         return -EFAULT;
239         } else
240                 memset((char *)&set_buffer, 0, sizeof(set_buffer));
241
242         error = do_setitimer(which, &set_buffer, ovalue ? &get_buffer: NULL);
...
249 }
```

236~240:如果有要设置的定时器内容(即 value 指针不为空),那么我们调用 copy_from_user() 从用户空间将该内容拷贝到内核空间,否则用 0 来填充。

242:调用 do_setitimer() 完成定时器设置。

do_setitimer() 函数根据不同的定时器类型,选择相应的操作。对于 ITIMER_VIRTUAL 和 ITIMER_PROF 类型的定时器,我们只要根据要设置的值将该进程中关于定时器的变量的值相应地改变就可以。对于 ITIMER_REAL 类型的定时器,因为还涉及实时定时器链表,所以我们除了要重新根据要设置的值改变该进程中关于定时器的变量的值以外,还要调用 del_timer_sync() 从原来的链表中删除定时器,然后根据重新计算的定时器激活时间调用 add_timer() 将定时器插入到定时器链表的合适位置。

3. 定时器的运行

我们在前面系统时钟运行的分析中谈到过 Linux 初始化时,在 time_init() 中调用了 setup_irq(0, &irq0) 设置时钟中断向量 irq0 的服务程序 timer_interrupt。然后每次时钟中断的时候,我们都要依靠 bottom half 处理机制在适当的时候调用函数 run_timer_softirq() 来进行实质性的服务。这个函数检查、执行定时服务。所以我们也从这个函数入手去分析定

第9章 时钟与定时器

时器。

判断各定时器时间到达的算法 run_timer_softirq( ) 很复杂,但这种复杂算法带来的好处却是快速的定时响应。

kernel/timer.c,line 904

```
904 static void run_timer_softirq(struct softirq_action *h)
905 {
906         tvec_base_t *base = &__get_cpu_var(tvec_bases);
907
908         hrtimer_run_queues();
909         if (time_after_eq(jiffies, base->timer_jiffies))
910                 __run_timers(base);
911 }
```

kernel/timer.c,line 431

```
431 static inline void __run_timers(tvec_base_t *base)
432 {
433         struct timer_list *timer;
434         unsigned long flags;
435
436         spin_lock_irqsave(&base->t_base.lock, flags);
437         while (time_after_eq(jiffies, base->timer_jiffies)) {
438                 struct list_head work_list = LIST_HEAD_INIT(work_list);
439                 struct list_head *head = &work_list;
440                 int index = base->timer_jiffies & TVR_MASK;
441
442                 /*
443                  * Cascade timers:
444                  */
445                 if (!index &&
446                     (!cascade(base, &base->tv2, INDEX(0))) &&
447                         (!cascade(base, &base->tv3, INDEX(1))) &&
448                             !cascade(base, &base->tv4, INDEX(2)))
449                                 cascade(base, &base->tv5, INDEX(3));
450                 ++base->timer_jiffies;
451                 list_splice_init(base->tv1.vec + index, &work_list);
452                 while (!list_empty(head)) {
453                         void (*fn)(unsigned long);
454                         unsigned long data;
455
456                         timer = list_entry(head->next, struct timer_list, entry);
457                         fn = timer->function;
```

```
458                    data = timer->data;
459
460                    set_running_timer(base, timer);
461                    detach_timer(timer, 1);
462                    spin_unlock_irqrestore(&base->t_base.lock,flags);
463                    {
464                            int preempt_count = preempt_count();
465                            fn(data);
466                            if (preempt_count != preempt_count()) {
467                                    printk(KERN_WARNING "huh, entered %p "
468                                            "with preempt_count %08x, exited"
469                                            " with %08x? \n",
470                                            fn, preempt_count,
471                                            preempt_count());
472                                    BUG();
473                            }
474                    }
475                    spin_lock_irq(&base->t_base.lock);
476            }
477      }
478      set_running_timer(base, NULL);
479      spin_unlock_irqrestore(&base->t_base.lock, flags);
480 }
```

909：如果现在的时间已经在上一次运行定时器队列之后，则表明也许有定时器需要运行。

910：调用 _run_timers( )函数。

437：把所有在现在 jiffies 时间之前的定时器都运行完。

445~449：如果定时器链表 tv(n)空了，那么就从 tv(n+1)向 tv(n)上转移，分散插入 tv(n)的各个链表中。

450：准备处理挂在某个 jiffies 下的定时器，所以加 1。

451：把当前要处理的所有定时器都挂在 work_list 链表上。

452~476：运行 work_list 链表上的所有定时器。

base 里的 timer_jiffies 变量是定时器自己专有的时钟。这个时钟基本上和 jiffies 是一样的，但是有的情况下会落后若干个滴答。比如当产生时钟中断的时候，有别的 bottom half 在执行，因而时钟中断下半部分处理例程无法得到执行，timer_jiffies 会得不到及时更新；又比如时钟下半部分处理例程的时间太长(例如某个定时器花费时间太长，某个滴答上启动的定时器太多等等)，使得 timer_jiffies 得不到及时更新。但是，一旦 timer_jiffies 落后于 jiffies，如果可能的话，时钟 bottom half(其实是函数 _run_timers)会在一个滴答里更新几次 timer_jiffies，来赶上 jiffies。

第9章 时钟与定时器

kernel/timer.c, line 398

```
398 static int cascade(tvec_base_t *base, tvec_t *tv, int index)
399 {
400     /* cascade all the timers from tv up one level */
401     struct list_head *head, *curr;
402
403     head = tv->vec + index;
404     curr = head->next;
405     /*
406      * We are removing _all_ timers from the list, so we don't have to
407      * detach them individually, just clear the list afterwards.
408      */
409     while (curr != head) {
410         struct timer_list *tmp;
411
412         tmp = list_entry(curr, struct timer_list, entry);
413         BUG_ON(tmp->base != &base->t_base);
414         curr = curr->next;
415         internal_add_timer(base, tmp);
416     }
417     INIT_LIST_HEAD(head);
418
419     return index;
420 }
```

409~416：循环遍历整个 tv->vec+index 链表，根据 tmp.expires 值插入适当位置。

417：清除整个链表，此前所有节点都已前插。

总的来说，从_run_timers()的分析我们可以看出来，tv1.vec[]数组相邻元素指示的 timer_list 型定时器，其唤醒时间相差 10ms；tv2.vec[]数组相邻元素指示的 timer_list 型定时器，其唤醒时间相差 2^8 个 10ms；tv3.vec[]数组相邻元素指示的 timer_list 型定时器，其唤醒时间相差 2^{8+6} 个 10ms；tv4.vec[]数组相邻元素指示的 timer_list 型定时器，其唤醒时间相差 2^{8+6+6} 个 10ms；tv5.vec[]数组相邻元素指示的 timer_list 型定时器，其唤醒时间相差 $2^{8+6+6+6}$ 个 10ms。

4．对十定时器的操作

定时器的操作主要就是添加定时器到定时器链表，修改定时器的到期时间和删除定时器。这些操作主要都是由进程主动执行。不过在定时器的初始化和运行中也需要用到这些操作。

（1）定时器的添加。进程可以调用 add_timer() 来添加定时器。

include/linux/timer.h,line 81

```
81 static inline void add_timer(struct timer_list *timer)
82 {
...
84         __mod_timer(timer, timer->expires);
85 }
```

kernel/timer.c,line 206

```
206 int __mod_timer(struct timer_list *timer, unsigned long expires)
207 {
...
245         internal_add_timer(new_base, timer);
...
249 }
```

add_timer()函数调用__mod_timer(),然后会调用函数 internal_add_timer(),把一个 timer 按照它的 expires 放入相应的定时器链表里面。

kernel/timer.c,line 100

```
100 static void internal_add_timer(tvec_base_t *base, struct timer_list *timer)
101 {
102         unsigned long expires = timer->expires;
103         unsigned long idx = expires - base->timer_jiffies;
104         struct list_head *vec;
105
106         if (idx < TVR_SIZE) {
107                 int i = expires & TVR_MASK;
108                 vec = base->tv1.vec + i;
109         } else if (idx < 1 << (TVR_BITS + TVN_BITS)) {
110                 int i = (expires >> TVR_BITS) & TVN_MASK;
111                 vec = base->tv2.vec + i;
112         } else if (idx < 1 << (TVR_BITS + 2 * TVN_BITS)) {
113                 int i = (expires >> (TVR_BITS + TVN_BITS)) & TVN_MASK;
114                 vec = base->tv3.vec + i;
115         } else if (idx < 1 << (TVR_BITS + 3 * TVN_BITS)) {
116                 int i = (expires >> (TVR_BITS + 2 * TVN_BITS)) & TVN_MASK;
117                 vec = base->tv4.vec + i;
118         } else if ((signed long) idx < 0) {
119                 /*
120                  * Can happen if you add a timer with expires == jiffies,
121                  * or you set a timer to go off in the past
122                  */
```

```
123                    vec = base->tv1.vec + (base->timer_jiffies & TVR_MASK);
124            } else {
125                    int i;
126                    /* If the timeout is larger than 0xffffffff on 64-bit
127                     * architectures then we use the maximum timeout:
128                     */
129                    if (idx > 0xffffffffUL) {
130                            idx = 0xffffffffUL;
131                            expires = idx + base->timer_jiffies;
132                    }
133                    i = (expires >> (TVR_BITS + 3 * TVN_BITS)) & TVN_MASK;
134                    vec = base->tv5.vec + i;
135            }
136            /*
137             * Timers are FIFO:
138             */
139            list_add_tail(&timer->entry, vec);
140    }
```

102：expires 保存定时的时间。

103：idx 保存定时的间隔。

106~109：若定时间隔小于 TVR_SIZE，则插入 tv1 的第 i 个链表。

109~112：若定时间隔在 (2^{TVR_BITS}, $2^{(TVR\_BITS + TVN\_BITS)}$) 范围内，则插入 tv2 的第 i 个链表。

112~114：若定时间隔在 ($2^{(TVR\_BITS + TVN\_BITS)}$, $2^{(TVR\_BITS + 2*TVN\_BITS)}$) 范围内，则插入 tv3 的第 i 个链表。

115~117：若定时间隔在 ($2^{(TVR\_BITS + 2*TVN\_BITS)}$, $2^{(TVR\_BITS + 3*TVN\_BITS)}$) 范围内，则插入 tv4 的第 i 个链表。

118~124：插入一个 expires 已经是个已过去时刻的定时器。

124~135：若定时间隔在 ($2^{(TVR\_BITS + 3*TVN\_BITS)}$, 0xffffffffUL) 范围内，则插入 tv5 的第 i 个链表。

（2）定时器定时时间的修改。定时器的修改主要是针对定时时间的修改：

kernel/timer.c, line 292

```
292  int mod_timer(struct timer_list *timer, unsigned long expires)
293  {
294          BUG_ON(!timer->function);
295
296          /*
297           * This is a common optimization triggered by the
298           * networking code - if the timer is re-modified
299           * to be the same thing then just return:
300           */
```

```
301         if (timer->expires == expires && timer_pending(timer))
302             return 1;
303
304     return _mod_timer(timer, expires);
305 }
```

函数直接调用了 mod_timer( ),请参看上面定时器添加中对 mod_timer( )的分析。在实际编程中,mod_timer( )等同于下面的函数调用:

del_timer(timer); timer->expires = expires; add_timer(timer);

但是显然 mod_timer( )的效率更高。

(3)定时器的删除。下面的函数将定时器删除,注意 timer->list 的两个指针都是 NULL。

kernel/timer.c,line 320

```
320 int del_timer(struct timer_list *timer)
321 {
322     timer_base_t *base;
323     unsigned long flags;
324     int ret = 0;
325
326     if (timer_pending(timer)) {
327         base = lock_timer_base(timer, &flags);
328         if (timer_pending(timer)) {
329             detach_timer(timer, 1);
330             ret = 1;
331         }
332         spin_unlock_irqrestore(&base->lock, flags);
333     }
334
335     return ret;
336 }
```

326:判断该 timer 定时器是否在定时器链表上。
327:拿到定时器链表操作锁。
328:再一次判断定时器是否在链表上。因为有可能在拿到锁之前,timer 已经到时而被删除,所以需要在拿到锁之后再判断一次。
329:调用 detach_timer( )将定时器从链表中脱离。

9.4 实验1 一个简单的定时器的实现

我们首先来看一个关于 ITIMER_REAL 定时器。在这里我们将会设置一个

ITIMER_REAL类型的定时器,它每过一秒都会发出一个信号,等到定时到达的时候(即定时器时间值减到0),程序将统计已经经过的时间。下面是具体的代码:

```c
/* gcc -Wall -o example1 example1.c */
#include <stdio.h>
#include <stdlib.h>
/*我们在使用signal和时钟相关的结构体之前,需要包含这两个头文件*/
#include <signal.h>
#include <sys/time.h>

/*声明信号处理函数,这个函数是在进程收到信号的时候调用*/
static void sig_handler(int signo);
int lastsec,countsec;   /*这两个变量分别用来保存上一秒的时间和总共花去的时间*/
int main(void)
{
        struct itimerval v;         /*定时器结构体,结构体内容请参阅第3节中的介绍*/
        long nowsec,nowusec;        /*当前时间的秒数和微秒数*/
        /*注册SIGUSR1和SIGALARM信号的处理函数为sig_handler*/
        if(signal(SIGUSR1,sig_handler) == SIG_ERR)
        {
                printf("Unable to create handler for SIGUSR1 \n");
                exit(0);
        }
        if(signal(SIGALRM,sig_handler) == SIG_ERR)
        {
                printf("Unable to create handler for SIGALRM \n");
                exit(0);
        }
        /*初始化定时器初值和当前值*/
        v.it_interval.tv_sec = 9;
        v.it_interval.tv_usec = 999999;
        v.it_value.tv_sec = 9;
        v.it_value.tv_usec = 999999;

        /*调用setitimer设置定时器,并将其挂到定时器链表上,这个函数的三个参数的含义分
        别是设置ITIMER_REAL类型的定时器,要设置的值存放在变量v中,该定时器设置前的值
        在设置后保存的地址,如果是这个参数为NULL,那么就放弃保存设置前的值*/
        setitimer(ITIMER_REAL,&v,NULL);
        lastsec = v.it_value.tv_sec;
        countsec = 0;

        /*该循环首先调用getitimer读取定时器当前值,再与原来的秒数比较,当发现已经过了
```

一秒后产生一个 SIGUSR1 信号,程序就会进入上面注册过的信号处理函数*/
while(1)
{
    getitimer(ITIMER_REAL,&v);
    nowsec = v.it_value.tv_sec;
    nowusec = v.it_value.tv_usec;
    if(nowsec = = lastsec - 1)
    {
        /*每过一秒,产生一个 SIGUSR1 信号*/
        raise(SIGUSR1);
        lastsec = nowsec;
        countsec + +;   /*记录总的秒数*/
    }
}
}

/*信号处理函数*/
static void sig_handler(int signo)
{
    switch(signo)
    {
        /*接收到的信号是 SIGUSR1,打印 One second passed*/
        case SIGUSR1:
            printf("One second passed \n");
            break;
        /*定时器定时到达*/
        case SIGALRM:
        {
            printf("Timer has been zero,elapsed %d seconds \n",countsec);
            lastsec = countsec;
            countsec = 0;
            break;
        }
    }
}

上面的程序比较简单,主要是给大家看一下定时器的设置和读取的方法。
请仔细阅读上面的源程序,并分析结果。

9.5 实验 2 统计进程的时间

我们在第一节介绍过和 Linux 进程相关的定时器有三种。ITIMER_REAL 实时计数;

ITIMER_VIRTUAL 统计进程在用户模式(进程本身执行)执行的时间;ITIMER_PROF 统计进程在用户模式(进程本身执行)和核心模式(系统代表进程执行)下的执行时间,与 ITIMER_VIRTUAL 比较,这个计时器记录的时间多了该进程核心模式执行过程中消耗的时间。通过在一个进程中设定这三个定时器,我们就可以了解到一个进程在用户模式、核心模式以及总的运行时间。下面的这个程序除了定义了三个定时器和信号处理过程以外,其他和上面的程序完全相同。

```c
/* compiled by: gcc -Wall -o example2 example2.c */
#include <stdio.h>
#include <stdlib.h>
#include <signal.h>
#include <sys/time.h>
static void sig_handler(int signo);
int countsec,lastsec,nowsec;
int main(void)
{
    struct itimerval v;
        /*注册信号处理函数*/
    if(signal(SIGUSR1,sig_handler) == SIG_ERR)
    {
            printf("Unable to create handler for SIGUSR1 \n");
            exit(0);
    }
    if(signal(SIGALRM,sig_handler) == SIG_ERR)
    {
    printf("Unable to create handler for SIGALRM \n");
            exit(0);
    }
    v.it_interval.tv_sec =10;
    v.it_interval.tv_usec =0;
    v.it_value.tv_sec =10;
    v.it_value.tv_usec =0;

    /*调用 setitimer 设置定时器,并将其挂到定时器链表上,这个函数的三个参数的含义分别是设置何种类型的定时器;要设置的值存放在变量 v 中;该定时器设置前的值在设置后保存的地址,如果是这个参数为 NULL,那么就放弃保存设置前的值*/
    setitimer(ITIMER_REAL,&v,NULL);
    setitimer(ITIMER_VIRTUAL,&v,NULL);
    setitimer(ITIMER_PROF,&v,NULL);
    countsec =0;
    lastsec =v.it_value.tv_sec;
    while(1)
```

```c
                getitimer(ITIMER_REAL,&v);
                nowsec=v.it_value.tv_sec;
                if(nowsec = = lastsec-1)
                {
                    if(nowsec<9)
                    {
                        /*同上面一样,我们每隔一秒发送一个 SIGUSR1 信号*/
                        raise(SIGUSR1);
                        countsec + +;
                    }
                    lastsec=nowsec;
                }
        }
}

static void sig_handler(int signo)
{
        struct itimerval u,v;
        long t1,t2;
        switch(signo)
        {
                case SIGUSR1:
                    /*显示三个定时器的当前值*/
                    getitimer(ITIMER_REAL,&v);
                    printf("real      time = %ld      secs      %ld usecs\n",9-v.it_value.tv_sec,999999-v.it_value.tv_usec);
                    getitimer(ITIMER_PROF,&u);
                    printf("cpu       time = %ld      secs      %ld usecs\n",9-u.it_value.tv_sec,999999-u.it_value.tv_usec);
                    getitimer(ITIMER_VIRTUAL,&v);
                    printf("user      time = %ld      secs      %ld usecs\n",9-v.it_value.tv_sec,999999-v.it_value.tv_usec);
                    /*当前 prof timer 已经走过的微秒数*/
                    t1=(9-u.it_value.tv_sec)*1000000+(1000000-u.it_value.tv_usec);
                    /*当前 virtual timer 已经走过的微秒数*/
                    t2=(9-v.it_value.tv_sec)*1000000+(1000000-v.it_value.tv_usec);
                    /*计算并显示 kernel time*/
                    printf("kernel    time = %ld      secs      %ld usecs\n\n",(t1-t2)/1000000,(t1-t2)%1000000);
                    break;
                case SIGALRM:
                    printf("Real Timer has been zero,elapsed %d seconds\n",countsec);
```

```
            exit(0);
            break;
    }
}
```

上面的程序中:ITIMER_REAL 定时器运行的时间就是总运行时间,ITIMER_PROF 定时器的运行时间就是 CPU 花在该进程上的所有时间。ITIMER_VIRTUAL 定时器运行的时间是进程在用户模式的运行时间。ITIMER_PROF 定时器的运行时间减去ITIMER_VIRTUAL 定时器的运行时间就是进程在核心模式的运行时间。

请仔细阅读上面的源程序,用这些程序实现统计进程的时间,分析运行的结果。

【实验思考】

内核编程中使用定时器的例子

在内核编程中,经常会使用到定时器,用于将一个任务延后执行。下面给出一个内核中使用定时器的简单例子,读者可以参考这个例子,然后编出更加复杂的内核模块程序。

```
/*
 * File:         timer_test.c
 * Author:       Mike Frysinger
 * Description:  example code for playing with kernel timers
 *
 * Licensed under the GPL-2 or later.
 * http://www.gnu.org/licenses/gpl.txt
 */

#include <linux/kernel.h>
#include <linux/module.h>
#include <linux/timer.h>
#include <linux/types.h>

#define PRINTK(x...) printk(KERN_DEBUG "timer_test: " x)

static struct timer_list timer_test_1, timer_test_2;

static ulong delay = 5;
module_param(delay, ulong, 0);
MODULE_PARM_DESC(delay, "number of seconds to delay before firing; default=5 seconds");

void timer_test_func(unsigned long data)
{
    PRINTK("timer_test_func: here i am with my data '%li'!\n", data);
```

```c
}

static int _init timer_test_init(void)
{
    int ret;
    PRINTK("timer module init \n");

    /* These two methods for setting up a timer are equivalent.
     * Depending on your code, it may be easier to do this in
     * steps or all at once.
     */

    PRINTK("arming timer 1 to fire % lu seconds from now \n", delay);
    setup_timer(&timer_test_1, timer_test_func, 1234);
    ret = mod_timer(&timer_test_1, jiffies + msecs_to_jiffies(delay * 1000));
    if (ret)
        PRINTK("mod_timer() returned % i!  that's not good! \n", ret);

    PRINTK("arming timer 2 to fire % lu seconds from now \n", delay * 2);
    init_timer(&timer_test_2);
    timer_test_2.function = timer_test_func;
    timer_test_2.data = 9876;
    timer_test_2.expires = jiffies + msecs_to_jiffies(delay * 2 * 1000);
    add_timer(&timer_test_2);

    return 0;
}

static void _exit timer_test_cleanup(void)
{
    PRINTK("timer module cleanup \n");
    if (del_timer(&timer_test_1))
        PRINTK("timer 1 is still in use! \n");
    if (del_timer(&timer_test_2))
        PRINTK("timer 2 is still in use! \n");
}

module_init(timer_test_init);
module_exit(timer_test_cleanup);

MODULE_DESCRIPTION("example kernel timer driver");
MODULE_LICENSE("GPL");
```

程序说明：

(1) 使用下面的 Makefile 编译模块：

```
TARGET = timer_test
KDIR = /usr/src/linux
PWD = $(shell pwd)
obj-m : = $(TARGET).o
default:
    make -C $(KDIR) M=$(PWD) modules
```

编译完成之后，root 用户使用命令

```
# /sbin/insmod timer_test.ko
```

加载模块，然后可以通过

```
# dmesg |tail
```

命令查看内核输出信息。

(2) module_param( ) 用于声明加载模块时候的参数变量。这个参数声明之后，加载模块的时候就可以指定变量参数的值，比如：

```
# /sbin/insmod timer_test.ko delay=3
```

制定 delay 的值为 3 秒。

(3) 可以使用两种方式设定内核定时器：setup_timer( ) 和 init_timer( )。读者可以根据自己的习惯选择，事实上，它们内部的实现都是一样的。

第 10 章

文件系统

【实验目的】
- 深入理解操作系统文件系统原理。
- 学习理解 Linux 的 VFS 文件系统管理技术。
- 学习理解 Linux 的 ext2 文件系统实现技术。
- 设计和实现自定义文件系统。

【实验内容】

添加一个类似于 ext2 的自定义文件系统 myext2。

10.1 Linux 文件系统概念

文件系统是操作系统与用户的接口之一,为用户管理数据,用户的数据通过文件系统被存储在介质上。

文件具有如下属性:文件名、文件分类、元数据等。

文件名是文件在存储系统上的唯一标识,用户因此可以不去关心文件的存储方法、访问路径以及文件在磁盘上的物理存储位置。不同的文件系统对文件的命名方式不尽相同,文件名的长度也不一样。FAT12 是较老版本的 MS-DOS 支持的文件系统,现在 3.5 英寸的软盘上运行的大部分文件系统仍然采用 FAT12 的文件系统。这种文件系统只支持 8.3 的命名规则,也就是文件名最长为 8 个字符,加上最多 3 个字符的扩展名。NTFS(New Technology File System)中的文件名则可以达到 255 个字符。Linux 缺省使用的 ext2 文件系统一般对文件名长度的限定也设置为 255 个字符。

不同文件系统对文件名的识别方式也不同。MS-DOS 的文件系统对文件名大小写不敏感,而 ext2 文件系统对文件名大小写敏感。举个例子,file.c 和 FILE.C 这两个文件在 ext2 文件系统中是不同的两个文件,而在 MS-DOS 中却是相同的。

文件系统是操作系统重要的一部分。现代操作系统都提供多种访问存储设备的方法。如图 10.1(a)所示,设备驱动提供用户空间设备 API 去直接控制硬件设备。这样,用户的进程可以绕过操作系统而直接读写磁盘上的内容。但这种方式给操作系统带来了很大的麻烦。因为操作系统难以保证自身数据的完整性,其数据区中的内容很有可能会被用户空间的程序覆盖,使得系统的稳定性也大大地降低。所以大部分操作系统都是由文件管理器来使用设备 API,而对上层的用户空间的应用程序提供文件 API。只有在特殊的环境下才允许用户通过设备 API 访问硬件设备。例如数据库管理系统就需要跳过操作系统层而直接访问硬件设备,这是通过操作系统赋予对应的进程适合的权限做到的。设备驱动的数据访问是按照"块"的方式来进行的。但是文件管理器却可以按照自己的文件结构来读写数据,这样就使得文件管理器能够以各种各样的格式来存取数据。也正是因为文件管理器的存在,才有不同种类的文件系统的出现。

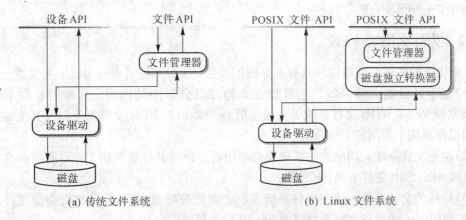

图 10.1 设备与文件管理器

在 Linux 操作系统中,磁盘上的文件大致是按照树的形式来组织的。软盘、CD-ROM 这些可移动设备也不例外。但是在一个文件系统中只有一个根目录,而这些可移动设备可能有自己的文件格式,并且每个分区都有自己的根目录,但是通过 mount 操作被连接到高一级文件系统的一棵子树上,这样不同类型的文件系统就组织到了同一棵树下。

Linux 文件系统的组织框架如图 10.1(b)所示,也有 2 条独立控制设备驱动的途径,一是通过设备驱动的接口,另一个是通过文件管理器接口。然而无论是在 Unix 系统还是在 Linux 系统中,设备驱动的接口 API 都是从文件管理器 API 中继承下来的,所以这些设备 API 都有 open()、close()、read()、write()、lseek()和 ioctl()等与文件 API 类似的接口。

Unix 文件系统通过文件管理器的操作以及对文件、目录的定位来控制存储设备。和现今的大部分 Unix 系统类似,Linux 也使用文件管理器,但是它的文件管理器使用了 VFS(虚拟文件系统),正是 VFS 让 Linux 能够支持目前多种文件系统。VFS 具备访问各种各样的文件系统的能力,也是因为 VFS 在内部去适应各种不同的文件系统的差异,而提供给用户进程的是统一的文件 API。

10.2 VFS 文件系统分析

10.2.1 什么是 VFS 文件系统

顾名思义,VFS(Virtual File System)是一个虚拟的文件系统,它只存在于系统内存中。VFS 在 Linux 系统启动的时候创建,在系统关闭时消亡。也有人把 VFS 看作是虚拟的文件系统切换器(Virtual Filesystem Switch),这种理解也很好地体现了 VFS 的含义:它是一种机制,通过这种机制,Linux 系统抽象出所有的文件系统,将不同的文件系统整合在一起,并提供统一的 API 供上层的应用程序使用(由于有上面两层意思,因此在下文中统一使用 VFS,而不具体使用哪种解释)。

VFS 的使用体现了 Linux 文件系统最大的特点——支持多种不同的文件系统。大量的文件系统通过 VFS 挂接到 Linux 内核中,常见的比如 ext2、ext3、VFAT、NTFS、iso9660、proc、NFS、smb、ReiserFS、xfs 等。

10.2.2 为什么需要 VFS

一个优秀的文件管理器应该具有良好的扩展性。文件系统可以分为以下三大类:

(1)基于磁盘的文件系统。它管理在本地磁盘分区中的内容。这样的文件系统有 ext2、微软的 VFAT、NTFS 文件系统等。还包括 ISO9660 CD-ROM 文件系统以及其他的一些 Unix 的操作系统中采用的文件系统。

(2)网络文件系统。网络文件系统允许应用程序访问其他在网络上的计算机的文件系统。例如 NFS、SMB 文件系统、NCP 等。

(3)特殊的文件系统。这些文件系统并不需要管理磁盘空间,但是也有类似文件系统的接口,例如/dev 的设备文件系统以及 proc 文件系统。

Linux 使用 VFS 将不同的文件系统的接口统一起来。通过 VFS,对用户隐藏了各种不同的文件系统的实现细节,并提供了一套标准的 API 供用户使用。在这里,VFS 担当了一个中间人的角色,处理一切和底层其他文件系统相关的细节问题,并和上层的用户进程交互,图 10.2 描述了这种框架。

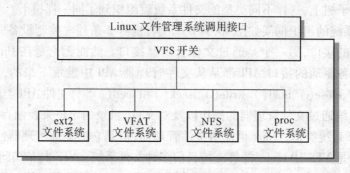

图 10.2 虚拟文件系统开关

10.2.3 VFS 文件系统的结构

笔者认为,VFS 框架是整个 Linux 内核中最漂亮的实现之一,结构非常清晰,易懂,给上层应用或者下层文件系统的接口也都非常清楚。我想这也是这么多年来,虽然 Linux 内核中其他很多模块都被重写或者大规模修改,而 VFS 却一直相对稳定的原因之一。

在 VFS 的实现中,大量使用了面向对象的思想。基本上可以这样认为,VFS 的实现包含的主要内容是:对一些对象类型(比如 file、inode、dentry、super block 等)的抽象,以及对这些对象的操作函数。

第 10 章 文件系统

VFS 是一个接口层，作用于物理的文件系统和服务之间，对 Linux 支持的不同的文件系统进行抽象，这样用户空间进程看到的仅仅是相同的文件操作方式。事实上，VFS 隐含了一个通用文件系统模型的概念。每种物理的文件系统都被映射到通用的文件系统模型上。在通用文件系统模型中，目录被看作普通文件，它包含的内容为目录下的文件链表和其他的目录链表。

因为 VFS 支持的文件系统的种类是可变的，所以 Linux 不可能在 VFS 中保留每种文件系统各自的操作函数，而是通过指向每个文件系统操作函数的指针实现对不同文件系统的控制。以 read( ) 函数为例：每个文件在内核中都有一个对应的文件对象结构体，在这个结构体中包含的 f_op 指针指向具体文件系统的功能函数，其中也包含了 read 的操作。事实上，在用户空间对文件的 read 操作对应 file -> f_op -> read( ) 的间接调用。写函数 write( ) 的过程与 read( ) 十分相似。其中包含了数据结构以及在数据结构上的方法，这种机制正是体现了面向对象的思想。VFS 的设计概念正是按照面向对象的方法进行的。尽管 Linux 的 VFS 不是用面向对象的语言（如 C ++）编写的，但还是把面向对象的思想融入了设计之中。

VFS 有自己通用的文件模型。这个模型抽象出来的对象类型主要有（注意：VFS 的这些对象类型只存在于内存中）：

（1）超级块（super block），存储被 mount 的文件系统的信息。对基于磁盘的文件系统来说，超级块存储的内容主要是指文件系统控制块。

（2）索引节点对象（inode object），存储通用的文件信息。对基于磁盘的文件系统，一般是指磁盘上的文件控制块，每个 inode 都和一个唯一的 inode 号联系起来，并通过这个唯一的 inode 号来标识每个文件。

（3）文件对象（file object），存储的是进程和打开的文件交互的信息。这些信息只有当进程打开文件的时候才存在于内核空间中。

（4）目录项对象（dentry object），存储对目录的连接信息，包含对应的文件信息。基于磁盘的不同文件系统按照自己特定的方法将信息存储于磁盘上。

这些对象之间是如何联系的呢？图 10.3 给出了进程与文件交互的过程。在图中三个进程打开同一个文件，并且其中的两个是打开同样的硬连接（hard link，在 Linux 中可以用 ln 来创建一个文件的硬连接）。每个进程都拥有自己的文件对象，但只有 2 个 dentry 对象存在，每一个 dentry 对应一个打开的硬连接。dentry 对象都指向同样的 inode 对象，以此来获

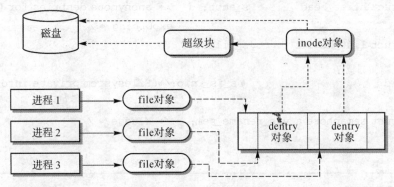

图 10.3 进程与 VFS 的交互

取磁盘上的信息。下面,我们将详细讨论这几种对象以及它们的关系。

1. VFS 的超级块对象

VFS 建立在通用文件系统模型上,它并不知道每种文件系统的细节实现,但是 VFS 是如何控制各种文件系统的呢?这就涉及文件系统管理的问题。当一种文件系统被安装(mount)到 VFS 上时,首先要在 VFS 中注册它。文件系统的注册一般发生在启动的时候或者启动以后按照模块的方式通过 register_filesystem( )(在 fs/super.c 文件中定义)完成的。这个函数主要是为 read_super( ) 函数做准备。read_super( ) 完成如下功能:
- 从磁盘文件系统中读取给定的文件系统的数据。
- 文件管理器将这些数据翻译成独立于设备的有用信息。
- 将这些信息存入 super_block 的结构体中。

下面是这个结构体的内容:

include/linux/fs.h, line 805

```
805  struct super_block {
806      struct list_head        s_list;       /* Keep this first */
807      dev_t                   s_dev;        /* search index; _not_ kdev_t */
808      unsigned long           s_blocksize;
809      unsigned char           s_blocksize_bits;
810      unsigned char           s_dirt;
811      unsigned long long      s_maxbytes;   /* Max file size */
812      struct file_system_type *s_type;
813      struct super_operations *s_op;
...
818      unsigned long           s_magic;
819      struct dentry           *s_root;
...
829      struct list_head        s_inodes;     /* all inodes */
830      struct list_head        s_dirty;      /* dirty inodes */
831      struct list_head        s_io;         /* parked for writeback */
832      struct hlist_head       s_anon;       /* anonymous dentries for (nfs)
                                                  exporting */
833      struct list_head        s_files;
...
844      void                    *s_fs_info;   /* Filesystem private info */
...
850      struct semaphore s_vfs_rename_sem;    /* Kludge */
...
855  };
```

第 10 章 文件系统

s_list：指向了超级块链表中前一个超级块和后一个超级块的指针。

s_dev：超级块所在的设备的描述符。

s_blocksize 和 s_blocksize_bits：指定了磁盘文件系统的块的大小。

s_dirty：超级块的"脏"位。

s_maxbytes：文件最大的字节数。

s_type：指向文件系统的类型的指针。

s_op：指向超级块操作的指针。

s_root：指向目录的 dentry 项。

s_dirt：表示"脏"（内容被修改了，但尚未被刷新到磁盘上）的 inode 节点的链表，分别指向前一个节点和后一个节点。

s_fs_info：指向各个文件系统私有数据，一般是各文件系统对应的超级块信息。以 ext2 文件系统为例，当 ext2 文件系统的超级块装入到内存，即装入到 super_block 的时候，会调用 ext2_fill_super( ) 函数，在这个函数中填写 ext2 对应的 ext2_sb_info，然后挂在这个指针上。

通用文件系统模型的设计借鉴了面向对象的思想，在这里也有所体现。struct super_operations *s_op 恰恰是一个指向一系列操作集合的指针。这个操作函数集合包含所有的对于超级块相关的操作函数。看这个结构体：

include/linux/fs.h，line 1067

```
1067 struct super_operations {
1068     struct inode *(*alloc_inode)(struct super_block *sb);
1069     void (*destroy_inode)(struct inode *);
1070
1071     void (*read_inode) (struct inode *);
1072
1073     void (*dirty_inode) (struct inode *);
1074     int (*write_inode) (struct inode *, int);
1075     void (*put_inode) (struct inode *);
1076     void (*drop_inode) (struct inode *);
1077     void (*delete_inode) (struct inode *);
1078     void (*put_super) (struct super_block *);
1079     void (*write_super) (struct super_block *);
1080     int (*sync_fs)(struct super_block *sb, int wait);
1081     void (*write_super_lockfs) (struct super_block *);
1082     void (*unlockfs) (struct super_block *);
1083     int (*statfs) (struct super_block *, struct kstatfs *);
1084     int (*remount_fs) (struct super_block *, int *, char *);
1085     void (*clear_inode) (struct inode *);
1086     void (*umount_begin) (struct super_block *);
1087
1088     int (*show_options)(struct seq_file *, struct vfsmount *);
1089
```

```
1090        ssize_t(*quota_read)(struct super_block*,int,char*,size_t,loff_t);
1091        ssize_t(*quota_write)(struct super_block*,int,const char*,size_t,loff_t);
1092 };
```

read_inode():用磁盘上读取的信息来填充 inode 对象的内容,读取的 inode 结构中的 i_ino 对象可以用来在磁盘上定位对应的 inode 节点。

dirty_inode():表示一个 inode 对象已经"脏",在 2.2 版本的内核中和 notify_change() 类似。

write_inode():更新 inode 的信息,将其转换为磁盘相关的信息并写回。

put_inode():当有人释放 inode 对象引用的时候被调用,但是并不一定表示这个 inode 没人使用了,只是使用者减少了一个。

delete_inode():当 inode 的引用计数到达 0 的时候被调用,表明这个 inode 对应的对象可以被删除。删除磁盘的数据块,磁盘的 inode 以及 VFS 的 inode。

put_super():由于当前的文件系统的卸载而释放当前的超级块对象。

write_super():更新当前的超级块对象的内容。

statfs():返回当前 mount 的文件系统的一些统计信息。

remount_fs():按照一定的选项重新 mount 文件系统。

clear_inode():和 put_inode 类似,但是也删除包含数据在内的内存对应 inode 中的结构。

umount_begin():开始 umount 操作,并中断其他的 mount 操作,用于网络文件系统。

这些函数都是用于 VFS 管理文件系统与具体文件系统无关的部分。例如调用 read_inode() 这个函数就需要通过 sb -> s_op_ > read_inode() 在内核空间中创建 Linux 的 inode 的信息,而 write_inode() 则将这些 Linux 的 inode 信息翻译成对应的文件系统的信息,然后写回。

2. VFS 的 inode 对象

在 inode 节点中存储着这个 inode 关联的文件的大部分信息(文件名不存在 inode 结构中)。对于一个文件来说,文件名是一个可变的标识,但是 inode 的编号却是唯一的,并且只要这个文件存在,它所对应的 inode 编号就一直不会改变。当然这里的唯一是指在具有相同超级块的文件系统中这个编号是独一无二的,但是在一个正在运行的 Linux 中很容易就能找到 2 个具有相同 inode 号的 inode,但是它们对应的 super_block 不可能相同。

以下是 inode 结构体的主要内容:

include/linux/fs.h, line 463

```
463 struct inode {
464        struct hlist_node      i_hash;
465        struct list_head       i_list;
466        struct list_head       i_sb_list;
467        struct list_head       i_dentry;
468        unsigned long          i_ino;
```

```
469        atomic_t              i_count;
470        umode_t               i_mode;
471        unsigned int          i_nlink;
472        uid_t                 i_uid;
473        gid_t                 i_gid;
474        dev_t                 i_rdev;
475        loff_t                i_size;
476        struct timespec       i_atime;
477        struct timespec       i_mtime;
478        struct timespec       i_ctime;
479        unsigned int          i_blkbits;
480        unsigned long         i_blksize;
481        unsigned long         i_version;
482        unsigned long         i_blocks;
483        unsigned short        i_bytes;
484        spinlock_t            i_lock; /* i_blocks, i_bytes, maybe i_size */
485        struct mutex          i_mutex;
486        struct rw_semaphore   i_alloc_sem;
487        struct inode_operations *i_op;
488        struct file_operations *i_fop;/* former ->i_op->default_file_ops */
489        struct super_block    *i_sb;
490        struct file_lock      *i_flock;
491        struct address_space  *i_mapping;
492        struct address_space  i_data;
...
496        /* These three should probably be a union */
497        struct list_head      i_devices;
498        struct pipe_inode_info *i_pipe;
499        struct block_device   *i_bdev;
500        struct cdev           *i_cdev;
501        int                   i_cindex;
502
503        __u32                 i_generation;
504
...
515        unsigned long         i_state;
516        unsigned long         dirtied_when; /* jiffies of first dirtying */
517
518        unsigned int          i_flags;
519
520        atomic_t              i_writecount;
521        void                  *i_security;
522        union {
523                void          *generic_ip;
```

```
524            } u;
...
528 };
```

　　i_hash:表示已经分配好的 inode 双向链表,并且和 super block 的 s_list 十分相似,也包含指向上一个节点和下一个节点的指针。

　　i_list:表示未分配的 inode 资源的双向链表。

　　i_dentry:表示 dentry 的链表,当多个 dentry 指向同一个 inode 时,通过 i_dentry 将这些 dentry 连接起来。

　　i_ino:inode 的编号。

　　i_count:当前 inode 被引用的次数。

　　i_blksize 和 i_blocks:表明文件系统块的大小以及当前的文件占用多少个块。

　　i_version:版本号。

　　i_op:指向 inode 的操作,和 super_block 中的 s_op 类似。

　　i_fop:inode 所代表的文件的操作函数。

　　i_sb:指向当前的超级块。

　　i_flock:对当前的文件所加的文件锁。

　　i_state:当前 inode 的状态,当 i_state 为 I_DIRTY 时,表示 inode 已"脏",也就是说数据已经被修改过,那么磁盘的 inode 需要写回至磁盘中更新。

　　需要注意的是,在 2.4 版本的内核中,每个特定文件系统的 inode 信息是放在 VFS 的 struct inode 里面的一个 union 里的:

include/linux/fs.h, line 429

```
429 struct inode {
...
480        union {
481              struct minix_inode_info      minix_i;
482              struct ext2_inode_info       ext2_i;
483              struct ext3_inode_info       ext3_i;
...
510        } u;
511 };
```

　　但是在 2.6 版本中,这个关系反了过来,VFS 的 inode 是放在每个特定文件系统的 inode 信息中,如对于 ext2:

fs/ext2/ext2.h, line 16

```
16 struct ext2_inode_info {
...
68        struct inode     vfs_inode;
69 };
```

　　在 4 个链表中可能会引用到的 inode 分别是 inode_unused、inode_in_used、anon_hash_ chain 以及超级块中的 s_dirty 成员。从字面的意思中便可以看出 inode_unused 表示未被使用的 inode 节点，而 inode_in_used 则是指正在使用的节点，anon_hash_chain 是那些没有超级块的 inode 双向链表。但是所有的这些 inode 节点都是由 inode 结构体中的 i_list 全部串起来的，也就是说可以通过 i_list 管理所有的 inode 资源。由于文件系统存在很多 inode 节点，那么从性能的角度来考虑，要查找一个 inode 节点就需要采用一些加速的方法。Linux 的方法是利用 hash 表，因此在 inode.c 文件中存在一个变量 inode_hashtable 就是为了加速 inode 的查找而创建的。但是 hash 表的一个特点是"一对多"，因此每次通过 hash 函数计算之后对应的 hash 表首条 inode 并不一定是我们所需要的。这样就需要根据 inode 结构体中的 i_hash 通过 next 和 prev 指针找到我们最终需要的 inode 节点，如图 10.4 所示。

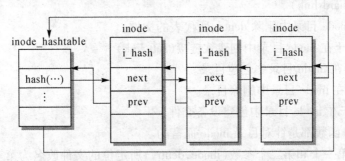

图 10.4   inode_hashtable 和 inode 结构体中的 i_hash

同样的，对于 inode 的所有操作也有一个集合：

include/linux/fs.h, line 1029

```
1029 struct inode_operations {
1030     int (*create) (struct inode *, struct dentry *, int, struct nameidata *);
1031     struct dentry *(*lookup)(struct inode *, struct dentry *, struct nameidata *);
1032     int(*link)(struct dentry *, struct inode *, struct dentry *);
1033     int(*unlink)(struct inode *, struct dentry *);
1034     int (*symlink) (struct inode *, struct dentry *, const char *);
1035     int (*mkdir) (struct inode *, struct dentry *, int);
1036     int (*rmdir) (struct inode *, struct dentry *);
1037     int (*mknod) (struct inode *, struct dentry *, int, dev_t);
1038     int (*rename) (struct inode *, struct dentry *,
1039                    struct inode *, struct dentry *);
1040     int (*readlink) (struct dentry *, char _user *, int);
1041     void * (*follow_link) (struct dentry *, struct nameidata *);
1042     void (*put_link) (struct dentry *, struct nameidata *, void *);
1043     void (*truncate) (struct inode *);
1044     int (*permission) (struct inode *, int, struct nameidata *);
1045     int (*setattr) (struct dentry *, struct iattr *);
1046     int (*getattr) (struct vfsmount *mnt, struct dentry *, struct kstat *);
1047     int (*setxattr) (struct dentry *, const char *, const void *, size_t, int);
1048     ssize_t (*getxattr) (struct dentry *, const char *, void *, size_t);
```

```
1049        ssize_t (*listxattr)(struct dentry *, char *, size_t);
1050        int (*removexattr)(struct dentry *, const char *);
1051        void (*truncate_range)(struct inode *, loff_t, loff_t);
1052  };
```

create：只适用于目录 inode，当 VFS 需要在"inode"中创建一个文件（文件名在 dentry 中给出）的时候被调用。VFS 必须已经检查过文件名在这个目录中不存在。

lookup：用于检查一个文件（文件名在 dentry 中给出）是否在一个 inode 目录中。

link：在 inode 所给出的目录中创建一个从第一个参数 dentry 文件到第三个参数 dentry 文件的硬链接（hard link）。

unlink：从 inode 目录中删除 dentry 所代表的文件。

symlink：用于在 inode 目录中创建软链接（soft link）。

mkdir：用于在 inode 目录中创建目录。

rmdir：用于在 inode 目录中删除目录。

mknod：用于在 inode 目录中创建设备文件。

以上的操作函数都是针对目录 inode 而言的。

rename：把第一个和第二个参数（inode，dentry）所定位的文件改名为第三个和第四个参数所定位的文件。

readlink：读取一个软链接所指向的文件名。

follow_link：VFS 调用这个函数跟踪一个软链接到它所指向的 inode。

put_link：VFS 调用这个函数释放 follow_link 分配的一些资源。

truncate：VFS 调用这个函数改变一个文件的大小。

permission：VFS 调用这个函数得到对一个文件的访问权限。

setattr：VFS 调用这个函数设置一个文件的属性。如 chmod 系统调用就是调用这个函数。

getattr：查看一个文件的属性。如 stat 系统调用就是调用这个函数。

setxattr：设置一个文件的某项特殊属性。详细情况请查看 setxattr 系统调用帮助。

getxattr：查看一个文件的某项特殊属性。详细情况请查看 getxattr 系统调用帮助。

listxattr：查看一个文件的所有特殊属性。详细情况请查看 listxattr 系统调用帮助。

removexattr：删除一个文件的特殊属性。详细情况请查看 removexattr 系统调用帮助。

3. VFS 的 file 对象

文件对象 file 是用来和打开该文件的进程交互的对象，并且只有当文件被打开的时候才在内存中建立 file 对象的内容。file 对象结构中最重要的部分是文件指针 f_op，指明了文件的操作函数集。file 结构创建的时候 f_op 被初始化为 inode 中的缺省文件操作函数，然后特定文件系统的 open 函数被调用，以便其可以进行该文件系统特定的初始化操作。file 结构初始化之后被放入进程的文件描述符表（file description table）。read、write、close 文件的时候，用户传递进一个文件描述符，内核通过该文件描述符查询进程的文件描述符表得到对应的 file 结构，然后调用特定文件系统的 read、write、close 操作。

第 10 章　文件系统

文件对象除含有 f_op 的指针外,还包括以下一些成员:

include/linux/fs.h, line 617

```
617 struct file {
618         /*
619          * fu_list becomes invalid after file_free is called and queued via
620          * fu_rcuhead for RCU freeing
621          */
622         union {
623                 struct list_head        fu_list;
624                 struct rcu_head         fu_rcuhead;
625         } f_u;
626         struct dentry           *f_dentry;
627         struct vfsmount         *f_vfsmnt;
628         struct file_operations  *f_op;
629         atomic_t                f_count;
630         unsigned int            f_flags;
631         mode_t                  f_mode;
632         loff_t                  f_pos;
633         struct fown_struct      f_owner;
634         unsigned int            f_uid, f_gid;
635         struct file_ra_state    f_ra;
636
637         unsigned long           f_version;
638         void                    *f_security;
639
640         /* needed for tty driver, and maybe others */
641         void                    *private_data;
642
...
648         struct address_space    *f_mapping;
649 };
```

fu_list:负责将所有的 file 结构体串起来。和 inode 十分类似,在系统中也有 3 个变量负责管理整个 file 对象,inuse_list、free_list 和 anon_list,free_list 和 inuse_list 分别是负责管理被占用和未被占用的文件对象的链表的头指针,而 anon_list 则在创建一个新文件的时候申请一些新文件对象的链表并留待以后使用。未使用文件对象的数量,也就是 free_list 的大小,由变量 nr_free_files 来表示。当 VFS 试图去分配一个新的文件对象的时候,它通过调用 get_empty_filp( )这个函数来检查当前空闲文件对象的数量是否大于 NR_RESERVED_FILES,如果是,便从队列 free_list 中取出一个,否则,按照常规的内存分配方法来进行。之所以这样做的原因是为了给 root 留下足够的空间,保证 root 运行的程序的稳定。在 Linux 中,给 root 预留的可打开的文件数目是 10。

f_dentry：文件相对应的 dentry 结构。

f_vfsmnt：文件相对应的 vfsmount 结构。

f_op：描述了对文件对象的操作。在解释 inode 对象的时候也有类似的一个成员存在，就是 i_fop。Linux 的文件系统在读入一个文件的时候首先是从磁盘的 inode 中读取并初始化 VFS 的 inode。当一个进程打开一个文件的时候，由 VFS 去初始化 file 对象，这时它将 inode 的 i_fop 指针赋给 file 对象的 f_op。这样进程才可以对文件进行基本的读写操作。按照这种模式，只要赋给 f_op 新的地址，VFS 就可以改变文件的操作函数集。

f_count：文件打开的引用计数。

f_flags：文件标志，定义在 include/asm-i386/fcntl.h 中，如 O_RDONLY、O_NONBLOCK 和 O_SYNC。通过函数 dentry_open 对其赋值。

f_mode：标识了文件的读写权限，在打开文件的时候是根据这个成员来判断是否进程有读写该文件的能力。

f_pos：标注了文件指针的位置。

f_owner：这个结构里面保存了进程 id 和信号，当这个文件有某些事件发生（比如文件中有新的数据已就绪）的时候，使用该信号通知进程。

f_uid,f_gid：打开文件的进程的 uid 和 gid。

private_data：每个文件的私有数据区，为文件系统或设备驱动程序使用。具体内容可以参看设备驱动的内容。

对于文件的操作函数有：

include/linux/fs.h，line 999

```
999  struct file_operations {
1000     struct module *owner;
1001     loff_t (*llseek) (struct file *, loff_t, int);
1002     ssize_t (*read) (struct file *, char _user *, size_t, loff_t *);
1003     ssize_t (*aio_read) (struct kiocb *, char _user *, size_t, loff_t);
1004     ssize_t (*write) (struct file *, const char _user *, size_t, loff_t *);
1005     ssize_t (*aio_write) (struct kiocb *, const char _user *, size_t, loff_t);
1006     int (*readdir) (struct file *, void *, filldir_t);
1007     unsigned int (*poll) (struct file *, struct poll_table_struct *);
1008     int (*ioctl) (struct inode *, struct file *, unsigned int, unsigned long);
1009     long (*unlocked_ioctl) (struct file *, unsigned int, unsigned long);
1010     long (*compat_ioctl) (struct file *, unsigned int, unsigned long);
1011     int (*mmap) (struct file *, struct vm_area_struct *);
1012     int (*open) (struct inode *, struct file *);
1013     int (*flush) (struct file *);
1014     int (*release) (struct inode *, struct file *);
1015     int (*fsync) (struct file *, struct dentry *, int datasync);
1016     int (*aio_fsync) (struct kiocb *, int datasync);
1017     int (*fasync) (int, struct file *, int);
1018     int (*lock) (struct file *, int, struct file_lock *);
```

第 10 章 文件系统

```
1019    ssize_t(*readv)(struct file *, const struct iovec *, unsigned long, loff_t *);
1020    ssize_t (*writev)(struct file *, const struct iovec *, unsigned long, loff_t *);
1021    ssize_t (*sendfile)(struct file *, loff_t *, size_t, read_actor_t, void *);
1022    ssize_t (*sendpage)(struct file *, struct page *, int, size_t, loff_t *, int);
1023    unsigned long (*get_unmapped_area)(struct file *, unsigned long, unsigned
                                           long, unsigned long, unsigned long);
1024    int (*check_flags)(int);
1025    int (*dir_notify)(struct file *filp, unsigned long arg);
1026    int (*flock) (struct file *, int, struct file_lock *);
1027 };
```

llseek:用于移动文件内部偏移量。

read:读文件。

aio_read:异步读,被 io_submit 和其他的异步 I/O 函数调用。

write:写文件。

aio_write:异步写,被 io_submit 和其他的异步 I/O 函数调用。

readdir:当 VFS 需要读目录内容的时候调用这个函数。

poll:当一个进程想检查一个文件是否有内容可读写的时候,VFS 调用这个函数;一般来说,调用这个函数之后进程进入睡眠,直到文件中有内容读写就绪时被唤醒。详情请参考 select 和 poll 系统调用。

ioctl:被系统调用 ioctl 调用。

unlocked_ioctl:被系统调用 ioctl 调用;不需要 BKL(内核锁)的文件系统应该使用这个函数,而不是上面那个 ioctl。

compat_ioctl:被系统调用 ioctl 调用;当在 64 位内核上使用 32 位系统调用的时候使用这个 ioctl 函数。

mmap:被系统调用 mmap 调用。

open:打开文件函数。

flush:被系统调用 close 调用,把一个文件内容写回磁盘。

release:当对一个打开文件的最后引用关闭的时候,VFS 调用这个函数释放文件。

fsync:被系统调用 fsync 调用。

fasync:当对一个文件启用异步读写(非阻塞读写)的时候,被系统调用 fcntl 调用。

lock:fcntl 系统调用使用命令 F_GETLK、F_SETLK 和 F_SETLKW 的时候,调用这个函数。

readv:请参考 readv 系统调用。

writev:请参考 writev 系统调用。

sendfile:请参考 sendfile 系统调用。

get_unmapped_area:被系统调用 mmap 调用。

check_flags:fcntl 系统调用使用命令 F_SETFL 时,调用这个函数。

dir_notify:fcntl 系统调用使用命令 F_NOTIFY 时,调用这个函数。

flock:请参考 flock 系统调用。

对文件的所有这些操作函数由该文件对应的 inode 所在的特定文件系统实现（因为对于不同文件系统上的文件，操作肯定有一些差别）。当打开一个设备节点（面向字符的设备或者块设备）时，大多数的文件系统都会调用 VFS 中相关的支持函数，这些函数会找到对应那个设备的驱动程序信息；同时，把默认的对于文件的操作函数替换成该设备特定的操作函数，并且调用特定设备的 open 函数。这个过程就是文件系统中的设备文件打开时，系统怎样调用到该设备特定的打开操作的流程。

4. VFS 的 dentry 对象

系统中的调用比如 open、stat、chmod 等都是以文件路径名作为参数，这些调用被大量使用，怎样快速根据文件路径名找到对应的 inode，这关系到文件系统甚至整个系统的性能，dentry 和 dcache 正是基于这个目的而产生的。

在 VFS 中，每个 dentry（directory entry）用于关联一个文件路径名和这个名字对应的文件对象（如果存在的话）；dcache 用于管理这些 dentry，由于采用了一些算法设计，因此 VFS 通过 dcache 的快速查找机制，可以很快地把一个文件路径名转换成对应的 dentry。

dentry 和 dcache 都只存在于内存中。

让我们接下来看看 dentry 结构体：

include/linux/dcache. h , line 82

```
82  struct dentry {
83      atomic_t d_count;
84      unsigned int d_flags;         /* protected by d_lock */
85      spinlock_t d_lock;            /* per dentry lock */
86      struct inode *d_inode;        /* Where the name belongs to - NULL is
87                                     * negative */
88      /*
89       * The next three fields are touched by _d_lookup. Place them here
90       * so they all fit in a cache line.
91       */
92      struct hlist_node d_hash;     /* lookup hash list */
93      struct dentry *d_parent;      /* parent directory */
94      struct qstr d_name;
95
96      struct list_head d_lru;       /* LRU list */
97      /*
98       * d_child and d_rcu can share memory
99       */
100     union {
101         struct list_head d_child; /* child of parent list */
102         struct rcu_head d_rcu;
103     } d_u;
104     struct list_head d_subdirs;   /* our children */
```

```
105         struct list_head d_alias;    /* inode alias list */
106         unsigned long d_time;        /* used by d_revalidate */
107         struct dentry_operations *d_op;
108         struct super_block *d_sb;    /* The root of the dentry tree */
109         void *d_fsdata;              /* fs-specific data */
110         void *d_extra_attributes;    /* TUX-specific data */
...
114         int d_mounted;
115         unsigned char d_iname[DNAME_INLINE_LEN_MIN];   /* small names */
116 };
```

d_count：当前 dentry 的引用数。

d_flags：dentry 的标志，用来标识出 dentry 的状态。

d_inode：与此 dentry 相对应的 inode，可以为空。

d_hash：作为接口链入 dentry 的哈希表。

d_parent：父目录的 dentry 结构。但对于根节点，该指针指回自己。

d_name：包含了该 dentry 的名称以及 hash 值。如果名称不长，那么 d_name 中的子项 name 将直接指向 d_iname，否则 name 指向另外申请的字符串空间。

d_lru：作为接口为引用数为零的 dentry 结构构成一个双向链表。

d_child：该双向链表包含所有该 dentry 的 d_parent 的儿子，也就是该 dentry 的所有兄弟。具体的结构参见图 10.5。

d_subdirs：该双向链表包含所有该 dentry 的儿子，参见图 10.5。

d_alias：在文件系统中可以通过硬连接使几个不同的文件名指向同一文件，这就使多个 dentry 指向同一个 inode。这些 dentry 将用 d_alias 链起来。在 inode 结构中 i_dentry 项就作为这个链表的头。

d_time：为 d_revalidate 使用，作时间记录。

d_op：一组 dentry 的操作函数，和 inode、file 结构体的操作函数类似。

d_sb：指向该 dentry 所在的超级块。

d_mounted：当前的目录项被 mount 的次数，由于内核允许一个目录被 mount 多次，所以需要记录当前目录被 mount 的情况。

d_iname：保存文件名的前 36 个字符，适合短名字的目录项。

Linux 将目录也看作 inode 来处理，但是为什么还要引入 dentry 这样的结构呢？为了效率。例如在一个已经存在很多文件的文件系统中，我们需要在根目录下创建一个文件，然后去修改它。如果采用 dentry，每个目录都有 dentry 对象，按照树型文件系统的定位方法，这个文件应该能很快地查找到；如果不采用，考虑到 inode 是根据序号一个一个地按照块的顺序排列在磁盘上的，在文件系统刚刚被创建的时候，inode 的组织是有序的，但是随着时间的增加，inode 的排列不再规律化。因此 inode 的存储是无规则的，所以我们有可能需要遍历所有的 inode 才能找到要被修改的文件。dentry 的快速定位文件功能使文件系统的运行效率大大提高，这也是 VFS 引入 dentry 的原因之一。事实上，不仅仅目录有自己的 dentry 项，文件也有。之所以叫 dentry 而非 fentry 或其他是因为 Linux 的文件系统是按目录组织的。路

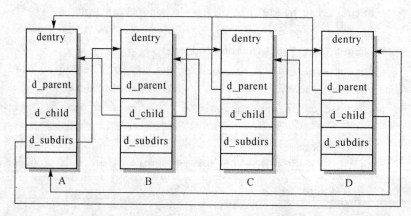

图 10.5　dentry 的结构和指针（其中 A 为父节点目录，B、C、D 为它的三个儿子）

径到 inode 号的转换比较消耗时间，引入的 dentry 可以使目录、文件和 inode 建立对应关系，这样也提高了文件系统性能。举一个具体的实例，假设/tmp 目录下只有一个被 mount 的目录/tmp/dir/test，而我们需要知道是否在/tmp 目录中有一个被 mount 的目录，而且只有这么一个被 mount 的目录/tmp/dir/test。判断一个目录是否被 mount 并不需要去读取磁盘的信息，这部分的工作只需要 dentry 来完成。首先求得目录"/tmp"的 dentry，根据这个目录项的 d_subdirs，按照深度优先的原则，可以迅速地找到它的子目录"/tmp/dir"的目录项。然后再根据/tmp/dir 的目录项 d_subdirs 找到它的子目录"/tmp/dur/test/"。根据 dentry 就知道 inode 号，并且可以在磁盘上找到对应的位置。关于这部分内容的实现可以参考 fs/dcache.c 中的源码。

dentry 一般都在一个被维护的缓冲区中，这个 cache 常常被称为 dcache。此外 dentry 不仅仅有这样缓冲的形式，在"路径的定位和查找"一节中，将介绍 dentry 采用的其他定位方法。

dentry 有 4 种不同的状态，分别是"空闲"、"未被使用"、"使用中"、"无效"状态。当 dentry 处于"空闲"状态的时候，所有的信息都是无效的。当 dentry 处于"未使用"状态的时候，d_count 计数器的引用计数为 0，但是 d_inode 指向实际的 inode 节点。当 d_count 计数器的引用计数不为 0 的时候，说明这个 dentry 正处于"使用"状态，而这时 d_inode 也是实际的 inode 节点。并且这两种情况下 dentry 的信息都是有效的。在最后一种情况中，d_inode 为 NULL，表示当前磁盘上对应的 inode 已经被删除了，也就是说这个 dentry 已经是"无效"的，但是它在内存中仍然可以用来快速定位文件。

前面解释了 dentry 的主要功能是使 inode 得到缓冲，但是 dentry 是如何充当 cache 的作用的呢？有两种方法：一是通过将"使用中"、"未使用"以及"无效"的 dentry 用双向链表连接起来；二是通过哈希函数的方法快速定位给定的文件名和路径，如果无法找到对应的 dentry，则返回空值。

第一种方法中，所有未使用的 dentry 都是通过一个双向链表连接起来的，这个链表的头指针就是 dentry_unused，其他的归属于该链表的节点通过 d_lru 连接起来，即未被使用的节点按照"最近最少使用的原则（LRU）"的方法被组织起来。最近释放的 dentry 节点被放在这个双向链表的头部，这样最近最少使用的节点都靠近链表的尾部。当链表开始收缩的时候,内核把后面的节点元素移去,而保留下来的 dentry 节点都是经常被用到的节点。正在使用的链表的头指针不是单独的变量,它是由 inode 指出的,也就是说 inode 结构体中的 i_dentry 成员作为正在使用的 dentry 的头指针。并且用 d_alias 指向邻接的正在使用的元素。至于无效的 dentry 节点,是在硬连接指向的文件被删除以后,被移到未被使用节点的 LRU 队列中,并且在队列的收缩中慢慢地向后移动,直到最后被释放。

第二种方法,hash 表实现的快速定位是由变量 dentry_hashtable 作为头指针的双向链表完成的。链表中的每一元素指向具有相同 hash 函数值的 dentry 链表,用 d_hash 来表示。因为在使用 hash 表的时候,需要根据 d_hash,在所有具有相同 hash 函数值的链表中查找我们所需要的 dentry。这里 hash 函数值通过目录和文件的地址计算得到。

和 dentry 对象相关的还有和 dentry 关联的操作,这些是由 d_op 来实现的,包含了对 dentry 的分配、释放、hash 函数计算以及重定位的功能。

10.2.4 进程与文件的关系

文件系统是静态地存在着的,如果没有进程的参与,文件系统就会变得没有意义。每个进程都是通过 task_struct 结构来描述的,在这个结构体中有 2 个成员和文件系统相关,就是 struct fs_struct *fs 和 struct files_struct *files。fs_struct 用来描述进程工作的文件系统的信息,包括根目录和当前工作目录的 dentry,它们 mount 的文件系统的信息,以及在 umask 中保存的初始的打开文件的权限。另外的一个结构体 files_struct 说明了当前进程打开的文件的内容。

include/linux/file.h, line 20

```
20 struct fdtable {
21         unsigned int max_fds;
22         int max_fdset;
23         int next_fd;
24         struct file ** fd;       /* current fd array */
25         fd_set *close_on_exec;
26         fd_set *open_fds;
27         struct rcu_head rcu;
28         struct files_struct *free_files;
29         struct fdtable *next;
30 };
31
32 /*
33  * Open file table structure
34  */
35 struct files_struct {
36         atomic_t count;
37         struct fdtable *fdt;
38         struct fdtable fdtab;
39         fd_set close_on_exec_init;
```

```
40          fd_set open_fds_init;
41          struct file * fd_array[NR_OPEN_DEFAULT];
            /* Protects concurrent writers.  Nests inside tsk->alloc_lock */
42          spinlock_t file_lock;
43  };
```

fdtable 中：

max_fds：允许的最大数量的文件对象的个数。

max_fdset：允许的最大数量的文件描述符的个数。

fd：当前的 fd_array 数组。

close_on_exec：可执行 close 的 fd 集合。

open_fds：打开的 fd 集合。

free_files：反向指向 files_struct 的指针。

files_struct 中：

count：当前共享打开文件表的进程的数目。

fdt：文件表指针，指向 fdtab。

fdtab：文件表。

fd_array：文件对象的初始数组，一开始只有 32 个，如果有需要，内核会再分配。

fd 指向文件对象组成的数组，最大允许打开的文件的数目由 max_fds 来指定。fd 是指向 fd_array 的，允许打开的文件数目缺省是 32 个。当打开多于 32 个文件时，内核重新分配更大的存储空间，更新存储文件对象的指针地址，并更新 max_fds。

文件对象 file 是直接和文件内容关联的，但是 file 对象的分布也是无序的，所以 Linux 操作系统建立了一系列索引。这就是我们说到的文件描述符，通过文件描述符可以快速地定位到对应的文件对象。Unix 的进程都通过文件描述符来描述 file 对象。但是可能存在这样的情况，2 个不同的文件描述符指向同一个文件对象，通过这种方式可以实现输入输出的重定向的功能。例如 2>&1 将标准错误输出重定向到标准输出上。可以通过将标准错误的文件描述符的指针定向到标准输出的文件对象上去，例如图 10.6 中的文件描述符 4 被重新定向到了标准输出上。

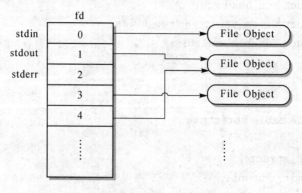

图 10.6 fd 与文件对象的关系(4 被重新定向到标准输出)

在 Linux 中，内核提供了 fget( ) 函数，可以根据一个文件描述符 fd 的入口参数，得到文件对象的指针 current -> files -> fd[fd]，该指针指向它所对应的文件对象。并且在调用 fget()的同时增加对 fd 的引用计数。相反的过程通过 fput()来完成。当进程访问一个文件结束之后，内核调用 fput()函数。这个函数首先减少 fd 的引用计数，如果这个引用计数变成 0，内核会调用文件操作中的 release 方法销毁关联的 dentry 结构，减少 inode 结构体中的 i_writecount，然后将文件对象从正在使用的队列移至未使用的队列中。

10.2.5 文件系统的安装(mount)

VFS 只是一个虚拟的文件系统，要和实际的磁盘设备联系上，还需要将磁盘上的文件系统 mount 在 VFS 上。而在前面介绍 VFS 超级块的时候我们提到文件系统的注册。向系统核心注册文件系统的类型有两种途径。一种是在编译核心系统时确定，并在系统初始化时通过内嵌的函数调用向注册表登记；另一种则利用 Linux 的模块(module)机制，把某个文件系统当作一个模块。一个已安装的 Linux 操作系统究竟支持哪些文件系统，需由文件系统类型的注册链表描述。装入该模块时通过模块加载命令向注册表登记它的类型，卸载该模块时则从注册表注销。

文件系统类型的注册和注销函数：

```
int register_filesystem(struct file_system_type * fs)
int unregister_filesystem(struct file_system_type * fs)
```

文件系统类型的注册和注销反映在以 file_systems(fs/super.c)为链表头，file_system_type 为节点的单向链表中。注册表的每一个 file_system_type 节点描述一个已注册的文件系统类型。

include/linux/fs.h，line 1240

```
1240 struct file_system_type {
1241         const char * name;
1242         int fs_flags;
1243         struct super_block *( * get_sb)(struct file_system_type *, int,
1244                                 const char *, void *);
1245         void ( * kill_sb)(struct super_block *);
1246         struct module * owner;
1247         struct file_system_type * next;
1248         struct list_head fs_supers;
1249 };
```

name：文件系统类型名字，比如"ext2"，"vfat"等等。
fs_flags：mount 的文件系统的参数。
get_sb：当这种类型的文件系统要被 mount 的时候，这个函数会被调用，用以得到相应文件系统的超级块。
kill_sb：当这种类型的文件系统被 umount 的时候，这个函数被调用。
owner：VFS 内部使用，大多数情况下，只需要初始化为 THIS_MODULE。

next：文件系统类型链表的后续指针。VFS 内部使用,初始化为 NULL。

list_head fs_supers：文件系统的超级块的双向链表。

VFS 用 get_fs_type 得到注册的文件系统的类型,最后卸载一个文件系统的时候是通过调用 unregister_filesystem( )进行的。

Linux 并不通过设备标识访问某个文件系统(像 DOS 那样),而是将它们"捆绑"在一个树型的目录结构中。文件系统安装时,Linux 将它安装到树的某个树枝(即目录)中,文件系统的所有文件就是该目录的文件或子目录。直到文件系统卸载时,这些文件或子目录才自然脱离。mount 的文件系统不仅包含文件及数据,还包含了文件系统本身的树型结构,包含了子目录、链接、访问权限等信息。

整个操作系统最初时只有唯一的一个根节点"/",存在于内存中而非任何具体设备上。系统初始化时将一个"根设备"安装到"/"上,根设备上的文件系统成了整个系统中原始的、基本的文件系统。此后,超级用户进程可通过系统调用 mount( )把其他文件系统安装到已有文件系统中的一个空闲节点上。当不再需要使用某一文件系统时,或在关闭系统之前,通过系统调用 umount( )卸载已安装的文件系统。

根据不同情况,内核中的三个函数 sys_mount( )、mount_root( )、kern_mount ( )都可用于设备安装。其中,sys_mount( )将一个可访问的块设备安装到一个可访问的节点上。这里我们主要讲述 sys_mount( )的过程,其他 2 个函数有兴趣的读者可以自行分析。

下面我们看看 mount 系统调用 sys_mount( )的过程：

fs/namespace.c, line 1432

```
1432  asmlinkage long sys_mount(char __user * dev_name, char _user * dir_name,
1433                    char __user * type, unsigned long flags,
1434                    void __user * data)
1435  {
1436      int retval;
1437      unsigned long data_page;
1438      unsigned long type_page;
1439      unsigned long dev_page;
1440      char *dir_page;
1441
1442      retval = copy_mount_options(type, &type_page);
1443      if (retval < 0)
1444          return retval;
1445
1446      dir_page = getname(dir_name);
1447      retval = PTR_ERR(dir_page);
1448      if (IS_ERR(dir_page))
1449          goto out1;
1450
1451      retval = copy_mount_options(dev_name, &dev_page);
1452      if (retval < 0)
```

第10章 文件系统

```
1453                    goto out2;
1454
1455            retval = copy_mount_options(data, &data_page);
1456            if (retval < 0)
1457                    goto out3;
1458
1459            lock_kernel();
1460            retval = do_mount((char *)dev_page, dir_page, (char *)type_page,
1461                            flags, (void *)data_page);
1462            unlock_kernel();
1463            free_page(data_page);
1464
1465    out3:
1466            free_page(dev_page);
1467    out2:
1468            putname(dir_page);
1469    out1:
1470            free_page(type_page);
1471            return retval;
1472    }
```

主要分为以下一些步骤：

（1）检查进程是否具有安装一个文件系统所需要的能力。copy_mount_options()、getname()都将字符串形式以及结构形式的参数值从用户空间复制到系统空间,长度均以一个页面为限。区别是:getname()在复制时遇到字符串结尾符"\0"就停止,并返回指向它的指针;而 copy_mount_options()拷贝整个页面,并返回页面起始地址。

（2）通过调用 do_mount()完成 mount 操作的实际过程。

（3）释放 do_mount 之前申请的数据。

从上面我们可以看到 do_mount()完成了 mount 操作的实际工作,接下来我们看看具体的工作是怎样进行的：

fs/namespace.c, line 1266

```
1266 long do_mount(char *dev_name, char *dir_name, char *type_page,
1267              unsigned long flags, void *data_page)
1268 {
1269         struct nameidata nd;
1270         int retval = 0;
1271         int mnt_flags = 0;
1272
1273         /* Discard magic */
1274         if ((flags & MS_MGC_MSK) == MS_MGC_VAL)
1275                 flags &= ~MS_MGC_MSK;
```

```c
1276
1277        /* Basic sanity checks */
1278
1279        if (!dir_name || !*dir_name || !memchr(dir_name, 0, PAGE_SIZE))
1280                return -EINVAL;
1281        if (dev_name && !memchr(dev_name, 0, PAGE_SIZE))
1282                return -EINVAL;
1283
1284        if (data_page)
1285                ((char *)data_page)[PAGE_SIZE - 1] = 0;
1286
1287        /* Separate the per-mountpoint flags */
1288        if (flags & MS_NOSUID)
1289                mnt_flags |= MNT_NOSUID;
1290        if (flags & MS_NODEV)
1291                mnt_flags |= MNT_NODEV;
1292        if (flags & MS_NOEXEC)
1293                mnt_flags |= MNT_NOEXEC;
1294        if (flags & MS_NOATIME)
1295                mnt_flags |= MNT_NOATIME;
1296        if (flags & MS_NODIRATIME)
1297                mnt_flags |= MNT_NODIRATIME;
1298
1299        flags &= ~(MS_NOSUID | MS_NOEXEC | MS_NODEV | MS_ACTIVE |
1300                MS_NOATIME | MS_NODIRATIME);
1301
1302        /* ... and get the mountpoint */
1303        retval = path_lookup(dir_name, LOOKUP_FOLLOW, &nd);
1304        if (retval)
1305                return retval;
1306
1307        retval = security_sb_mount(dev_name, &nd, type_page, flags, data_page);
1308        if (retval)
1309                goto dput_out;
1310
1311        if (flags & MS_REMOUNT)
1312                retval = do_remount(&nd, flags & ~MS_REMOUNT, mnt_flags,
1313                                data_page);
1314        else if (flags & MS_BIND)
1315                retval = do_loopback(&nd, dev_name, flags & MS_REC);
1316        else if (flags & (MS_SHARED | MS_PRIVATE | MS_SLAVE | MS_UNBINDABLE))
1317                retval = do_change_type(&nd, flags);
1318        else if (flags & MS_MOVE)
```

```
1319                retval = do_move_mount(&nd, dev_name);
1320            else
1321                retval = do_new_mount(&nd, type_page, flags, mnt_flags,
1322                                dev_name, data_page);
1323 dput_out:
1324        path_release(&nd);
1325        return retval;
1326 }
```

主要步骤描述如下：

(1) 检查参数 dir_name 和 dev_name 是否正确。

(2) 对 flags 做初始化的信息检查，将 mnt_flags 对应的标志位置位。

(3) path_lookup 设置安装点的 nameidata，这部分实现和路径的定位是一致的。

(4) 如果调用参数中的 MS_REMOUNT 标志位为 1，就表示所要求的只是改变一个原已安装的设备的安装方式。例如，原来是按"只读"方式来安装的，而现在要改为"可写"方式；或者原来的 MS_NOSUID 标志位为 0，而现在要改变成 1，等等。所以这种操作称为"重安装"。这种情况下调用 do_remount( ) 修改安装标志并返回。

(5) 如果 flags 有 MS_BIND，说明用户希望做 loopback 的操作，则调用 do_loopback( )。

(6) 如果 flags 有 MS_SHARED、MS_PRIVATE、MS_SLAVE 或 MS_UNBINDABLE，调用 do_change_type( )，mount 类型切换。

(7) 如果 flags 有 MS_MOVE，说明用户希望做安装点的移动，则调用 do_move_mount( )。

(8) 具体添加一个 mount 的系统的过程在 do_new_mount 中完成。

(9) 释放路径的信息。

现在我们看到了 mount 的各种操作，但是仍然没有看到具体的添加过程，下面就让我们来看看 do_new_mount( ) 是如何工作的：

fs/namespace.c, line 1025

```
1025 static int do_new_mount(struct nameidata *nd, char *type, int flags,
1026                int mnt_flags, char *name, void *data)
1027 {
1028        struct vfsmount *mnt;
1029
1030        if (!type || !memchr(type, 0, PAGE_SIZE))
1031                return -EINVAL;
1032
1033        /* we need capabilities... */
1034        if (!capable(CAP_SYS_ADMIN))
1035                return -EPERM;
1036
1037        mnt = do_kern_mount(type, flags, name, data);
1038        if (IS_ERR(mnt))
1039                return PTR_ERR(mnt);
```

```
1040
1041            return do_add_mount(mnt, nd, mnt_flags, NULL);
1042    }
1043
1044    /*
1045     * add a mount into a namespace's mount tree
1046     * - provide the option of adding the new mount to an expiration list
1047     */
1048    int do_add_mount(struct vfsmount *newmnt, struct nameidata *nd,
1049                    int mnt_flags, struct list_head *fslist)
1050    {
1051            int err;
1052
1053            down_write(&namespace_sem);
1054            /* Something was mounted here while we slept */
1055            while(d_mountpoint(nd->dentry)&& follow_down(&nd->mnt,&nd->dentry))
1056                    ;
1057            err = -EINVAL;
1058            if (!check_mnt(nd->mnt))
1059                    goto unlock;
1060
1061            /* Refuse the same filesystem on the same mount point */
1062            err = -EBUSY;
1063            if (nd->mnt->mnt_sb == newmnt->mnt_sb &&
1064                nd->mnt->mnt_root == nd->dentry)
1065                    goto unlock;
1066
1067            err = -EINVAL;
1068            if (S_ISLNK(newmnt->mnt_root->d_inode->i_mode))
1069                    goto unlock;
1070
1071            newmnt->mnt_flags = mnt_flags;
1072            if ((err = graft_tree(newmnt, nd)))
1073                    goto unlock;
1074
1075            if (fslist) {
1076                    /* add to the specified expiration list */
1077                    spin_lock(&vfsmount_lock);
1078                    list_add_tail(&newmnt->mnt_expire, fslist);
1079                    spin_unlock(&vfsmount_lock);
1080            }
1081            up_write(&namespace_sem);
1082            return 0;
```

```
1083
1084 unlock:
1085        up_write(&namespace_sem);
1086        mntput(newmnt);
1087        return err;
1088 }
```

主要步骤描述如下:

(1) do_kern_mount( )完成 mount 过程中很重要的一步,将要 mount 的文件系统的超级块放入到 vfsmount 的数据结构中,这个数据结构在下面解释。然后调用 do_add_mount( )。

(2) 得到 namespace_sem 信号量,用这个信号量是为了让安装和卸载操作串行化。

(3) 做检查,防止在等待信号量睡眠的过程中,别的进程将文件安装到当前进程要安装的目录下面。d_mountpoint( )在目录下面没有任何其他文件系统时返回 0,而 follow_down( )在出现两个文件系统互相将对方作为 parent 的情况时返回 1。

(4) 判断当前目录是不是已经被其他的操作系统 mount 过了。

(5) 通过 graft_tree( )将文件系统 mount 在目录上。这里用了 graft 这个单词,也就是说,将被 mount 的文件系统看作是嫁接到原来的树形文件系统上的。而 graft_tree( )中的 attach_mnt( )完成了这个具体的过程。

(6) 释放 namespace_sem 信号量,返回。

把一个设备安装到一个目录节点时要用一个 vfsmount 的数据结构。它包含了我们要安装的文件系统的信息,主要是由要安装的文件系统的超级块构成的。我们来看看这个结构:

include/linux/mount.h, line 30

```
30 struct vfsmount {
31        struct list_head mnt_hash;
32        struct vfsmount *mnt_parent;      /* fs we are mounted on */
33        struct dentry *mnt_mountpoint;    /* dentry of mountpoint */
34        struct dentry *mnt_root;          /* root of the mounted tree */
35        struct super_block *mnt_sb;       /* pointer to superblock */
36        struct list_head mnt_mounts;      /* list of children, anchored here */
37        struct list_head mnt_child;       /* and going through their mnt_child */
38        atomic_t mnt_count;
39        int mnt_flags;
40        int mnt_expiry_mark;              /* true if marked for expiry */
41        char *mnt_devname;                /* Name of device e.g. /dev/dsk/hda1 */
42        struct list_head mnt_list;
43        struct list_head mnt_expire;      /* link in fs-specific expiry list */
44        struct list_head mnt_share;       /* circular list of shared mounts */
45        struct list_head mnt_slave_list;  /* list of slave mounts */
46        struct list_head mnt_slave;       /* slave list entry */
47        struct vfsmount *mnt_master;      /* slave is on master->mnt_slave_list */
48        struct namespace *mnt_namespace;  /* containing namespace */
```

```
49          int mnt_pinned;
50 };
```

mnt_hash：vfsmount 的双向链表。

mnt_parent：指向安装点所隶属的文件系统（其父文件系统），即指向父文件系统的 vfsmount 结构。

mnt_mountpoint：指向文件系统安装点目录的 dentry 结构。

mnt_root：指向被挂文件系统的根目录的 dentry 结构。

mnt_sb：指向该文件系统的超级块。

mnt_mounts：作为所挂文件系统（其子文件系统）vfsmount 结构的链表头。

mnt_child：作为子文件系统接口，挂在上一级文件系统中的 mnt_mounts 为头的链表中。

mnt_count：该 vfsmount 结构被引用的次数。

mnt_flags：vfsmount 结构的标志。

mnt_devname：该文件系统的设备名称，如/dev/dsk/hda1。

mnt_list：指向自身的 vfsmount 链表的双向循环指针。

vfsmount 结构在文件系统安装时通过其队列头 mnt_instances 挂入一个 super_block 结构的 s_mounts 队列。一般一个块设备只安装一次，所以其 super_block 结构中的队列 s_mounts 只含有一个 vfsmount 结构，因此该 vfsmount 结构的队列头 mnt_instances 中的两个指针 next 和 prev 相等。但是，在有些情况下同一个设备是可以安装多次，此时其 super_block 结构中的 s_mounts 队列含有多个 vfsmount 结构，而队列中的每个 vfsmount 结构的 mnt_instances 中的两个指针就不相等了。所以，在文件系统中调用 remove_vfsmnt( ) 所卸载的并不是相应设备仅存的安装。这种情况下的卸载比较简单，因为只是拆除该设备多次安装中的一次，而并非最终将设备拆下。

10.2.6 路径的定位和查找

在介绍 dentry 的过程中我们不止一次提到了路径的定位问题。因为这是 dentry 出现的原因。但是具体 VFS 是如何定位一个路径的，我们将在这里详细讨论。

首先我们应该明确，在 Linux 中对文件或者说目录的定位，最终的结果就是得到它的 dentry。但是定位是从哪里开始的呢？Linux 系统中有一个绝对的根目录，除此之外每个进程都有自己当前的工作目录，这两个目录是操作系统进行路径定位和查找活动的基础。任何进程在处于运行态的时候都可以通过 current -> fs -> root 得到根目录的 dentry，也可以通过 current -> fs -> pwd 得到当前工作目录的 dentry。根目录用于绝对路径的搜索，而当前的工作目录一般用来做相对路径的搜索。

当我们有了初始的路径信息之后，就开始寻找匹配第一层目录的 inode 节点项对应的 inode 节点，找到之后，将信息读入内存。然后继续下一步的匹配也就是第二层目录的匹配，读入相应的 inode，并且直到读入最深层的路径。dentry 的缓冲用来加速路径定位的过程，首先是缓冲的机制在内存中保留了最近经常使用过的 dentry 对象，这些对象都有自己的文件名以及对应的 inode 节点，通过对路径的分析可以避免读入太多的目录数据，也就减少了磁盘 I/O 访问的次数。

第10章 文件系统

但是还有几个问题需要注意：
- 在进行路径定位的过程中需要考虑文件权限的问题，判断进程是否拥有读取目录内容的权限。
- 对于给定的一个路径可能是一个符号连接，在这种情况下就要扩展路径的定位。
- 避免由于符号连接的出现而形成环路，内核必须考虑到会出现这种情况并且当环路出现的时候能断开这种环路。
- 必须考虑到一个目录可能是一个文件系统的安装点，因此当定位到这个目录之后，需要考虑是否进入新的文件系统。

基于这些需要，文件在定位过程中的信息都存储在称作 nameidata 的结构体中：

include/linux/namei.h，line 16

```
16  struct nameidata {
17      struct dentry     *dentry;
18      struct vfsmount   *mnt;
19      struct qstr       last;
20      unsigned int      flags;
21      int               last_type;
22      unsigned          depth;
23      char *saved_names[MAX_NESTED_LINKS + 1];
24
25      /* Intent data */
26      union {
27          struct open_intent open;
28      } intent;
29  };
```

可以看到，nameidata 存储的主要是 3 种信息，即目录项 dentry 的内容、mount 的文件系统的信息以及路径名的信息。文件定位发生在打开文件时。当打开一个文件的时候，只知道文件的路径，需要找到这个文件对应的 VFS 的信息，具体查找的过程是根据给定的路径信息通过 open_namei() 函数来完成的。

open_namei() 首先根据文件打开标志决定查找方式，普通的文件打开调用函数 path_lookup_open()；如果文件打开标志中有 O_CREAT，则需要知道父目录的信息，调用函数 path_lookup_create()。在 path_lookup_open() 中首先判断给定路径信息的第一个字符是不是"/"。如果有"/"的话，说明路径的定位是从根目录开始的，那么第一次访问的目录项就是根目录的 dentry。否则读出进程的当前工作目录的信息，其实是将 current 中的 fs 中的一部分信息放在 nameidata 中。path_lookup_open() 成功之后再通过 do_path_lookup() 函数遍历整个目录，直到找到我们需要的 dentry。

path_lookup_open() 之后调用函数 may_open()，根据 dentry 得到对应的 inode 节点，然后通过对权限的检查后退出。如果是 path_lookup_create()，则需要找到对应的父亲目录的 dentry 项，然后根据路径的最后一项判断是否应该创建对应的文件。

上面描述了 open_namei() 负责整个路径的寻找过程，但是它到底是怎么做到的呢？下面就让我们分析一下 link_path_walk() 这个函数。

fs/namei.c, line 977

```c
977  int fastcall link_path_walk(const char *name, struct nameidata *nd)
978  {
979          struct nameidata save = *nd;
980          int result;
981
982          /* make sure the stuff we saved doesn't go away */
983          dget(save.dentry);
984          mntget(save.mnt);
985
986          result = __link_path_walk(name, nd);
987          if (result == -ESTALE) {
988                  *nd = save;
989                  dget(nd->dentry);
990                  mntget(nd->mnt);
991                  nd->flags |= LOOKUP_REVAL;
992                  result = __link_path_walk(name, nd);
993          }
994
995          dput(save.dentry);
996          mntput(save.mnt);
997
998          return result;
999  }
```

fs/namei.c, line 783

```c
783  static fastcall int __link_path_walk(const char *name, struct nameidata *nd)
784  {
785          struct path next;
786          struct inode *inode;
787          int err, atomic;
788          unsigned int lookup_flags = nd->flags;
789
790          atomic = (lookup_flags & LOOKUP_ATOMIC);
791
792          while (*name=='/')
793                  name++;
794          if (!*name)
795                  goto return_reval;
796
797          inode = nd->dentry->d_inode;
```

```
798         if (nd->depth)
799                 lookup_flags = LOOKUP_FOLLOW | (nd->flags & LOOKUP_CONTINUE);
800
801         /* At this point we know we have a real path component. */
802         for(;;) {
803                 unsigned long hash;
804                 struct qstr this;
805                 unsigned int c;
806
807                 nd->flags |= LOOKUP_CONTINUE;
808                 err = exec_permission_lite(inode, nd);
809                 if (err == -EAGAIN)
810                         err = vfs_permission(nd, MAY_EXEC);
811                 if (err)
812                         break;
813
814                 this.name = name;
815                 c = *(const unsigned char *)name;
816
817                 hash = init_name_hash();
818                 do {
819                         name++;
820                         hash = partial_name_hash(c, hash);
821                         c = *(const unsigned char *)name;
822                 } while (c && (c != '/'));
823                 this.len = name - (const char *) this.name;
824                 this.hash = end_name_hash(hash);
825
826                 /* remove trailing slashes? */
827                 if (!c)
828                         goto last_component;
829                 while (*++name == '/');
830                 if (!*name)
831                         goto last_with_slashes;
832
833                 /*
834                  * "." and ".." are special - ".." especially so because it has
835                  * to be able to know about the current root directory and
836                  * parent relationships.
837                  */
838                 if (this.name[0] == '.') switch (this.len) {
839                         default:
840                                 break;
```

```
841                    case 2:
842                            if (this.name[1] != '.')
843                                    break;
844                            follow_dotdot(nd);
845                            inode = nd->dentry->d_inode;
846                            /* fallthrough */
847                    case 1:
848                            continue;
849            }
850            /*
851             * See if the low-level filesystem might want
852             * to use its own hash..
853             */
854            if (nd->dentry->d_op && nd->dentry->d_op->d_hash) {
855                    err = nd->dentry->d_op->d_hash(nd->dentry, &this);
856                    if (err < 0)
857                            break;
858            }
859            /* This does the actual lookups.. */
860            err = do_lookup(nd, &this, &next, atomic);
861            if (err)
862                    break;
863
864            err = -ENOENT;
865            inode = next.dentry->d_inode;
866            if (!inode)
867                    goto out_dput;
868            err = -ENOTDIR;
869            if (!inode->i_op)
870                    goto out_dput;
871
872            if (inode->i_op->follow_link) {
873                    err = do_follow_link(&next, nd);
874                    if (err)
875                            goto return_err;
876                    err = -ENOENT;
877                    inode = nd->dentry->d_inode;
878                    if (!inode)
879                            break;
880                    err = -ENOTDIR;
881                    if (!inode->i_op)
882                            break;
883            } else
```

第 10 章 文件系统

```
884                         path_to_nameidata(&next, nd);
885             err = -ENOTDIR;
886             if (!inode->i_op->lookup)
887                     break;
888             continue;
889             /* here ends the main loop */
890
891 last_with_slashes:
892             lookup_flags |= LOOKUP_FOLLOW | LOOKUP_DIRECTORY;
893 last_component:
894             /* Clear LOOKUP_CONTINUE iff it was previously unset */
895             nd->flags &= lookup_flags | ~LOOKUP_CONTINUE;
896             if (lookup_flags & LOOKUP_PARENT)
897                     goto lookup_parent;
898             if (this.name[0] == '.') switch (this.len) {
899                     default:
900                             break;
901                     case 2:
902                             if (this.name[1] != '.')
903                                     break;
904                             follow_dotdot(nd);
905                             inode = nd->dentry->d_inode;
906                             /* fallthrough */
907                     case 1:
908                             goto return_reval;
909             }
910             if (nd->dentry->d_op && nd->dentry->d_op->d_hash) {
911                     err = nd->dentry->d_op->d_hash(nd->dentry, &this);
912                     if (err < 0)
913                             break;
914             }
915             err = do_lookup(nd, &this, &next, atomic);
916             if (err)
917                     break;
918             inode = next.dentry->d_inode;
919             if ((lookup_flags & LOOKUP_FOLLOW)
920                 && inode && inode->i_op && inode->i_op->follow_link){
921                     err = do_follow_link(&next, nd);
922                     if (err)
923                             goto return_err;
924                     inode = nd->dentry->d_inode;
925             } else
926                     path_to_nameidata(&next, nd);
```

```c
927             err = -ENOENT;
928             if (!inode)
929                 break;
930             if (lookup_flags & LOOKUP_DIRECTORY) {
931                 err = -ENOTDIR;
932                 if (!inode->i_op || !inode->i_op->lookup)
933                     break;
934             }
935             goto return_base;
936 lookup_parent:
937             nd->last = this;
938             nd->last_type = LAST_NORM;
939             if (this.name[0] != '.')
940                 goto return_base;
941             if (this.len == 1)
942                 nd->last_type = LAST_DOT;
943             else if (this.len == 2 && this.name[1] == '.')
944                 nd->last_type = LAST_DOTDOT;
945             else
946                 goto return_base;
947 return_reval:
948             /*
949              * We bypassed the ordinary revalidation routines.
950              * We may need to check the cached dentry for staleness.
951              */
952             if (nd->dentry && nd->dentry->d_sb &&
953                 (nd->dentry->d_sb->s_type->fs_flags & FS_REVAL_DOT)) {
954                 err = -ESTALE;
955                 /* Note: we do not d_invalidate() */
956                 if (!nd->dentry->d_op->d_revalidate(nd->dentry, nd))
957                     break;
958             }
959 return_base:
960             return 0;
961 out_dput:
962             dput_path(&next, nd);
963             break;
964         }
965     path_release(nd);
966 return_err:
967     return err;
968 }
```

我们要知道路径是放在 name 这个字符串变量中的，link_path_walk() 的功能就是一边解析这个字符串，一边找到对应的 dentry。

986：link_path_walk()调用__link_path_walk()函数。

792～799：如果当前路径的第一个字符是"/"，则过滤掉它。

814～824：得到当前路径中两个"/"之间的内容，放入 struct qstr 中，这是一个可以按照 hash 表查找的结构体。

838～849：根据前面得到的路径信息做判断，对"."和".."作特殊的处理。如果在控制台的模式下访问过目录，你可能会发现在每个目录中都有"."和".."这两个文件，这两个文件有自己特定的含义。"."代表当前的目录，而".."表示上一层目录。如果读到的是"."这个数据，则不做任何动作，跳转到循环的头部（802 行）继续读取目录分隔符"/"之间的数据。而如果是".."，则做 follow_dotdot() 这个动作，也就是将当前的 nameidata 中的数据更新为父目录中的数据。事实上，定位/./test 和定位/test 是等价的，而定位../test 意味着去定位父目录中的 test 子目录。

854～862：如果目录不是这两种情况，就需要进行下面的步骤，去搜索这个目录的 dentry 项。具体的工作由 do_lookup() 完成，do_lookup() 调用函数_d_lookup() 和函数 real_lookup()。_d_lookup() 通过缓冲的方法实现，但是如果不能够找到正确的 dentry，则需要由 real_lookup() 完成最后的工作。在查找的过程中将每一层路径中的目录项都从硬盘上读入。do_lookup() 函数还会调用_follow_mount() 判断这个目录项是否 mount 了其他的文件系统，如果是，则需要通过_follow_down() 读入正确的数据信息。

864～884：只是读入了 dentry 的数据，而 inode 的信息在读入 dentry 的时候就被读入内存，并且通过 dentry 找到对应的 inode，然后根据 inode 才可以知道当前的目录项是否是连接。在知道 inode 之后，需要根据 inode 的信息判断是否要跟随连接走下去，也就是调用 do_follow_link() 函数，直到最后得到正确的 dentry 项，并将这些目录对应的 inode 连接到这个目录项。这样不断地循环读取路径中的信息并且调用 cached_lookup() 和 real_lookup()，直到读完所有的目录节点。

891～892：如果文件路径名最后是以"/"结尾，则应该将搜索的方式加上 LOOKUP_FOLLOW 与 LOOKUP_DIRECTORY。

893～935：处理文件名最后一个"/"后的内容，和前面过程十分类似。

936～946：将当前结点信息保存到父节点中。

在本节内容中，我们已经简单地介绍了 Linux 中 VFS 的框架以及各个组成部分。但是如前所述，VFS 还是建立在对复杂文件系统的抽象之上，没有涉及细节的实现问题。在下面的部分我们以 Linux 的 ext2 文件系统为例，具体地介绍一种文件系统的实现。

10.3　ext2 文件系统

ext2 文件系统可谓是 Linux 土生土长的文件系统。由于它是 ext(Extended File System) 的完善，故而得名 ext2(The Second Extended File System)。ext2 具有很好的扩展性、高效性和安全性，在 Linux 中得到广泛应用。它大致有以下一些特点：

（1）支持 Unix 所有标准的文件系统特征，包括普通文件（regular files）、目录、设备文件和链接文件等,这使得它很容易被 Unix 程序员接受。事实上,ext2 的绝大多数的数据结构和系统调用与经典的 Unix 一致。

(2) 能够管理海量存储介质。支持多达 4TB 的数据,即一个分区的容量最大可达 4TB。

(3) 支持长文件名,最多可达 255 个字符,并且可扩展到 1012 个字符。

(4) 允许用户通过文件属性控制别的用户对文件的访问;目录下的文件继承目录的属性。

(5) 支持文件系统数据"即时同步"特性,即内存中的数据一旦改变,立即更新硬盘上的数据使之一致。

(6) 实现了"快速连接"(fast symbolic links)的方式,使得连接文件只需要存放 inode 的空间。

(7) 允许用户定制文件系统的数据单元(block)的大小,可以是 1024、2048 或 4096 个字节,使之适应不同环境的要求。

(8) 使用专用文件记录文件系统的状态和错误信息,供下一次系统启动时决定是否需要检查文件系统。

接下来的一节将介绍 ext2 的体系结构、关键的数据结构(包括超级块、组描述符、inode)、ext2 文件系统的具体操作的实现和数据块分配机制。(提醒,前面一节介绍的 VFS 是一个虚拟的文件系统,只存在于内存中;这一节介绍的 ext2 文件系统存在于硬盘上,要求读者有少许的硬件知识,知道硬盘是什么,知道分区的概念。)

10.3.1 ext2 体系结构

与其他文件系统一样,ext2 文件系统也是由逻辑块的序列组成。除了第一个引导块外之外(1 个 block),ext2 文件系统将它所占用的逻辑分区划分为块组(Block Group),每个块组保存着关于文件系统的备份信息(超级块和所有的组描述符)。实际上只有第一个块组的超级块内容才被文件管理系统读入。

ext2 文件系统的体系结构如图 10.7。

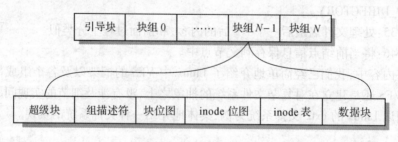

图 10.7 ext2 体系结构

- 超级块(super block):文件系统中最重要的结构,描述了整个系统的信息,如设备号、块大小、操作该文件系统的函数、安装路径等。
- 组描述符(group descriptor):记录所有块组的信息,如块组中的空闲块数、空闲节点数等。
- 块位图(block bitmap):每一个块组有一个对应的块位图,块位图中的每一位代表一个块,1 表示被使用,0 表示是空闲块。

- inode 位图(inode bitmap):每一个块组有一个对应的 inode 位图,inode 位图中的每一位代表一个块,1 表示被使用,0 表示是空闲块。
- inode 表(inode table):每一个文件用一个 inode 表示,inode 表存放该文件系统中所有的 inode。
- 数据块:实际存放文件数据的块。

图 10.7 并不复杂,却涵盖了 ext2 数据布局的全局。一个块组包含一个超级块,块组中对应块的使用信息由组描述符维护。读者从下文可以得知,对于所有块组,它们的超级块和组描述符包含的信息是相同的。而块位图、inode 位图、inode 表、数据块与每一个块组相关。每个文件,无论是目录文件还是普通文件都用一个 inode 来描述。

在 ext2 文件系统中,所有数据块的长度相同,但是对于不同的 ext2 文件系统,数据块的长度可以不同。当然,对于给定的 ext2 文件系统,其块的大小在创建时就会固定下来。文件总是整块存储,不足一块的部分也占用一个数据块。例如,在数据块长度为 1024 字节的 ext2 文件系统中,一个长度为 1025 字节的文件就要占用 2 个数据块。

ext2 文件系统相关代码存放在 fs/ext2 目录下。include/linux/ext2_fs.h、ext2_fs_i.h 和 ext2_fs_sb.h 中也有 ext2 的重要数据结构定义。读者在阅读 ext2 的源代码时,经常看到很多数据结构之间的维护和转换方面的代码,可以参考 ext2 体系结构图理解这些过程的具体实现。

10.3.2 ext2 的关键数据结构

1. 超级块 super_block

每一个块组包含的超级块都是相同的。一般,只有块组 0 的超级块才读入内存。读者可能会问,为什么各个块组都需要包含超级块呢?原因很简单,其他超级块信息只作为备份。由此可见超级块对于维护整个文件系统的作用是至关重要的。

ext2 使用一个称为 ext2_super_block 的数据结构,它包含了文件系统内部的关键信息,其长度目前是 1024 个字节。ext2_super_block 中某些成员在文件系统创建时确定,另有一些则可根据文件系统管理者的实际要求在运行时改变。ext2_super_block 存在于硬盘中,供载入文件系统时读入相应的文件系统信息以建立相应的 VFS 超级块,其中包含文件块的大小之类的信息。当 Linux 将 ext2 文件系统载入内存中后,使用另一个 ext2_sb_info 数据结构来存放有关信息,这样对 ext2 文件系统核心数据的访问只需要在内存中操作即可。对超级块的访问是互斥的,即任意时刻最多只允许有一个进程拥有超级块访问权。

include/linux/ext2_fs.h , line 341

```
341 struct ext2_super_block {
342         __le32  s_inodes_count;         /* Inodes count */
343         __le32  s_blocks_count;         /* Blocks count */
344         __le32  s_r_blocks_count;       /* Reserved blocks count */
345         __le32  s_free_blocks_count;    /* Free blocks count */
346         __le32  s_free_inodes_count;    /* Free inodes count */
347         __le32  s_first_data_block;     /* First Data Block */
```

```
348        __le32    s_log_block_size;         /* Block size */
349        __le32    s_log_frag_size;          /* Fragment size */
350        __le32    s_blocks_per_group;       /* # Blocks per group */
351        __le32    s_frags_per_group;        /* # Fragments per group */
352        __le32    s_inodes_per_group;       /* # Inodes per group */
353        __le32    s_mtime;                  /* Mount time */
354        __le32    s_wtime;                  /* Write time */
355        __le16    s_mnt_count;              /* Mount count */
356        __le16    s_max_mnt_count;          /* Maximal mount count */
357        __le16    s_magic;                  /* Magic signature */
358        __le16    s_state;                  /* File system state */
           ...
411 };
```

s_inodes_count：文件使用的文件节点数。

s_blocks_count：文件块数。

s_r_blocks_count：保留未用的文件块数。

s_free_blocks_count：可用的文件块数。

s_free_inodes_count：可用的 inode 数目。

s_first_data_block：第一个数据块的位置。

s_log_block_size：用来计算 ext2 文件系统数据块的大小。

s_log_frag_size：用来计算 ext2 文件系统文件碎片大小。

s_blocks_per_group：每个组的文件块的数目。

s_frags_per_group：每个组的碎片数目。

s_inodes_per_group：每个组的 inode 总数。

s_mtime：最近被装载(mount)的时间。

s_wtime：最近被修改的时间。

s_mnt_count：最近一次文件系统检查(fsck)后被装载的次数。

s_max_mnt_count：最大可被安装的次数。当达到这个数目时，ext2 文件系统必须被检查，以保证一致性。

s_magic：文件系统的标识。

s_state：文件系统的状态。

2. 组描述符 Group Descriptor

为了易于管理，ext2 将整个文件系统建筑在块(block)的基础之上。物理存储介质被逻辑分成小块的数据块(block)，这也是所能被分配的最小存储单元。数据块的大小可以是 512、1024、2048 或 4096 个字节，但一旦文件系统创建完毕，数据块大小就不可改变。一定数目的连续分配的数据块被组织在一起形成一个 group，这使得 ext2 能够将相似的信息组织在相近的物理存储介质范围内。ext2 使用一个叫做 group descriptor 的结构来管理 block group。这就是块组描述符的由来。

组描述符和超级块一样,记录的信息与整个文件系统相关。当某一个组的超级块或 inode 受损时,这些信息可以用于恢复文件系统。因此,为了更好地维护文件系统,每个块组中都保存关于文件系统的备份信息(超级块和所有组描述符)。

块位图(block bitmap)记录本组内各个数据块的使用情况,其中每一个 bit 对应于一个数据块,0 表示空闲,非 0 表示已经占用。

include/linux/ext2_fs.h, line 136

```
136 struct ext2_group_desc
137 {
138         __le32    bg_block_bitmap;           /* Blocks bitmap block */
139         __le32    bg_inode_bitmap;           /* Inodes bitmap block */
140         __le32    bg_inode_table;         /* Inodes table block */
141         __le16    bg_free_blocks_count;    /* Free blocks count */
142         __le16    bg_free_inodes_count;    /* Free inodes count */
143         __le16    bg_used_dirs_count;      /* Directories count */
144         __le16    bg_pad;
145         __le32    bg_reserved[3];
146 };
```

bg_block_bitmap:存放 block bitmap 所在的 block 的索引。block bitmap 中的每一位(bit)用于记录每一个 block 的分配(used)或释放(free)。

bg_inode_bitmap:存放文件 inode 节点位图的块的索引,意义和结构与 bg_block_bitmap 相似。

bg_inode_table:文件 inode 节点表在硬盘中的第一个块的索引。

bg_free_blocks_count:可用的文件块数。

bg_free_inodes_count:可用的文件 inode 节点数。

bg_used_dirs_count:使用中的目录数。

bg_pad:为了补齐上一个变量的后 16 位,32 位地址对齐。

3. inode

ext2_inode 是 ext2 中非常重要的数据结构,它具有很多的用途,但最主要是用于管理和识别文件及目录。每一个 ext2_inode 结构包含文件的类型、操作权限、所有者、大小和分配给文件的数据块(data block)的索引。当用户请求对一个文件进行操作时,Linux 内核就将操作转化为相应的对物理存储介质的访问。Linux 在内存中使用 ext2_inode_info 来存放相应 ext2_inode 的信息,由 ext2_read_inode() 函数将 ext2_inode 读入内存中生成。

ext2_inode 结构中有一项是一个指向一系列 block 的数组(见图 10.8),其大小 EXT2_N_BLOCKS 在文件系统编译时决定。对 ext2 现在所使用的 0.5b 版本而言,前 12 (EXT2_IND_BLOCK = 12)个直接指向存放文件数据的 block 的索引。取 12 这个数是有根据的:研究表明 Linux 文件系统中绝大多数文件都很小,当被操作的范围在 12 个 block 内时,只需对 block 索引读取一次,这就大大提高了效率。第 13 个 block 索引指向一个 indirect block,indirect block 实际上包含了一列 block 的索引。如果 block 的大小是 1024 个字节,每个 block 索引占据 4 个字节,则从 block 3 到 block 268 大小范围内的数据需要两次操作方可访问到。相似的,第 14 个 block 索引指向一个 double indirect block(可以读写从 block 269 到 block 65804 大小范围内的数据);第 15 个 block 索引则指向一个由 double indirect block 组成的链表的表头。

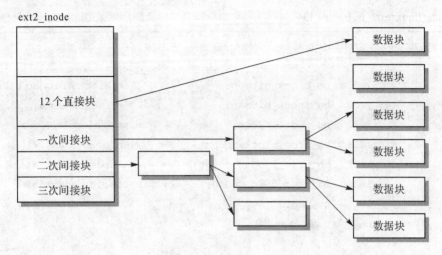

图 10.8 ext2_inode 结构

文件的 inode 结构,存在于外存中,供读入内存以建立 VFS inode。

include/linux/ext2_fs.h,line 211

```
211 struct ext2_inode {
212         __le16   i_mode;            /* File mode */
...
234         __le32   i_block[EXT2_N_BLOCKS];/* Pointers to blocks */
...
263 };
```

i_mode:文件模式,表示文件类型以及存取权限。在 ext2 中,inode 节点可以描述普通文件、目录文件、符号连接、块设备、字符设备或 FIFO 文件。

i_block:文件块索引的数组,前 12 个指向物理块,后 3 个分别是一级、二级、三级间接指针。参见图 10.8。

由此可以粗略估计 ext2 的最大容量:

最大容量的计算和 block size 有关,三级间接指针所能寻址的最大 block 数目是:
$(block\ size\ /\ 4)^3 + (block\ size\ /\ 4)^2 + (block\ size\ /\ 4) + 4$。

当 block 为 1k 时,最大支持的磁盘容量约为 $(>)2^{24} * 1k = 16G$;

当 block 为 2k 时,最大支持的磁盘容量约为 $(>)2^{27} * 2k = 256G$;

当 block 为 4k 时,最大支持的磁盘容量约为 $(>)2^{30} * 4k = 4T$。

这也是为什么我们在前面说当前版本的 ext2 所支持的最大分区的大小为 4T 的原因。

10.3.3 ext2 的操作实现

1. 超级块操作

fs/ext2/super.c, line 237

```
237 static struct super_operations ext2_sops = {
238         .alloc_inode    = ext2_alloc_inode,
239         .destroy_inode  = ext2_destroy_inode,
240         .read_inode     = ext2_read_inode,
241         .write_inode    = ext2_write_inode,
242         .put_inode      = ext2_put_inode,
243         .delete_inode   = ext2_delete_inode,
244         .put_super      = ext2_put_super,
245         .write_super    = ext2_write_super,
246         .statfs         = ext2_statfs,
247         .remount_fs     = ext2_remount,
248         .clear_inode    = ext2_clear_inode,
249         .show_options   = ext2_show_options,
...
254 };
```

ext2_read_inode：读文件节点操作。即将读入的 inode 的位置可以从入口传入的参数 inode 的相关属性计算得到。具体流程：从 inode −>i_no 和 inode −>i_sb 中求出文件块组号和所在组的描述符块的块号。从包含该文件块组的缓冲区中获取组描述符，再从描述符中计算得到文件数据所在的设备块号，将其读入缓存，最后将已经读入缓存的信息填入 inode。

ext2_write_super：写超级块操作。首先判断该超级块是否是只读的，对于可写的超级块 sb，获取其对应的 ext2 超级块，更新文件系统状态，更新安装时间等相关信息，清除超级块对应的"脏"标志(i_dirt)。

ext2_remount：重新安装文件系统。重新设定文件系统的读写状态。首先，解析安装进程的参数，判断安装参数是否已经发生变化。如果以读写的方式重新安装原为读写的文件系统，缓冲将被修改，并更改外存中的超级块，更新文件系统的载入时间。反之，如果以读写方式重新安装只读文件系统，设置文件系统超级块标志不再为只读。

2. inode 操作

目录 inode 操作。

fs/ext2/namei.c, line 392

```
392 struct inode_operations ext2_dir_inode_operations = {
393         .create         = ext2_create,
394         .lookup         = ext2_lookup,
395         .link           = ext2_link,
```

```
396         .unlink        = ext2_unlink,
397         .symlink       = ext2_symlink,
398         .mkdir         = ext2_mkdir,
399         .rmdir         = ext2_rmdir,
400         .mknod         = ext2_mknod,
401         .rename        = ext2_rename,
...
408         .setattr       = ext2_setattr,
409         .permission    = ext2_permission,
410 };
```

ext2_create 建立新文件。首先为新文件建立新的 inode,指定索引文件节点的操作集为 ext2_file_inode_operations,通过 ext2_add_entry 为所在目录增添新目录项,如果有同步要求,还需要将数据写回外存(由 ll_rw_block 完成),最后填写 inode 信息。

ext2_mkdir 建立新目录。目录下生成名为"."和".."的两个子目录,分别指向当前目录和上一层目录,到此新建目录的连接数为 2,标识父目录缓冲区为"脏",增添父目录连接数,最后填写 inode 信息。

ext2_rmdir 删除目录。判断该目录是否为空,非空目录不删除。找到包含该目录项的缓冲区,标识其为"脏",如果要求同步操作,通过 ll_rw_block 将缓冲区刷新到设备上。重新设置对应的 inode 信息,包括大小为 0,引用数为 0 等,将该 inode 从目录索引中删除。

ext2_rename 重新命名文件。将原所在目录节点下的目录项重新命名为新目录下的目录项。首先完成权限和数据有效性检查。注意,在新文件节点加入新目录下成功之前,先减少新的文件节点的连接数,即去掉对上一层目录的连接。所有更改过的缓冲区都标记为"脏",如果要求同步操作,则立即将数据刷新到设备上。

10.3.4 ext2 数据块分配机制

在内存管理中,我们接触到了碎片问题。同样的,这个问题也存在于文件系统的管理中。经过多次的读写操作后,属于同一文件的数据块可能会分散在文件系统的各个角落,导致对同一文件的串行访问效率降低。为了解决这个问题,ext2 有自己的数据块分配机制,我们看看它的具体内容。

ext2 文件系统为文件的扩展部分分配新数据块时,尽量先从文件原有数据块的附近寻找,至少使它们属于同一个块组。如果找不到,才从另外的块组寻找。

对一个文件进行写操作后,文件系统管理模块检查该文件的长度是否扩展了。如果扩展了,则需分配数据块。这时应首先锁定该文件系统的超级块,以保证其他进程不会读取错误的超级块信息。对超级块的申请采取 FCFS(First Come First Served)策略。

理想的选择是和文件最后一个数据块相连的数据块,如果该块已经分配,则从当前块相邻的 64 个块中寻找空块,否则从同一块组中寻找。再没找到就只好从别的块组中分配数据块。如果只能从其他块组搜索空闲数据块,则首先考虑 8 个一簇的连续块。

如果该文件系统采用了预分配机制,则当找到一个空块,接着的 8 个块都被保留(如果是空的)。如果分配的块使用了预分配的块,则需修改 i_prealloc_block 和 i_prealloc_count。

第 10 章　文件系统

找到空闲块后应修改该数据块所在块组的块位图,分配一个数据缓冲区并初始化。初始化包括修正缓冲区 buffer_head 的设备号、块号以及数据区清零。最后,超级块的 s_dirt 置位,说明超级块内容已更改,需写入设备。

文件被关闭后,被预分配但没用到的空块将被释放。

10.4　文件操作分析

在写程序的时候,可能会遇到各种对文件的操作,基本的有 open、close、read、write 等。我们在编写代码的时候,只要直接调用这些函数就可以了,但是它们是怎么实现的? 又是由谁来实现的呢?

我们知道,在程序编译连接的时候,需要连接一些库文件,这些文件操作都是由库文件来实现的。但是要对文件进行操作,势必涉及对磁盘等媒介的物理操作,这些操作显然不是在那些库中完成的。我们也知道,物理设备的访问和管理一般都是由操作系统完成的,这些文件操作应该也不会例外。调用关系十分明显:程序中的文件操作是由库文件实现的,而库文件中文件操作的实现调用了操作系统的文件操作功能。

本节将分析 Linux 操作系统的 open 和 read 操作。close 和 write 操作将作为实验由读者去分析。还分析 ext2 文件系统是如何实现 read、write 操作,以及它们和系统调用是如何关联起来的。

10.4.1　open 操作

在 Linux 中,open 操作是由 open 系统调用完成的;而 open 系统调用是由函数 sys_open 实现的。下面是对 sys_open 函数实现的分析:

fs/open.c,line 1066

```
1066 long do_sys_open(int dfd, const char _user *filename, int flags, int mode)
1067 {
1068         char *tmp = getname(filename);
1069         int fd = PTR_ERR(tmp);
1070
1071         if(!IS_ERR(tmp)) {
1072                 fd = get_unused_fd();
1073                 if(fd >= 0) {
1074                         struct file *f = do_filp_open(dfd, tmp, flags, mode);
1075                         if(IS_ERR(f)) {
1076                                 put_unused_fd(fd);
1077                                 fd = PTR_ERR(f);
1078                         } else {
1079                                 fsnotify_open(f->f_dentry);
1080                                 fd_install(fd, f);
1081                         }
```

```
1082                }
1083                putname(tmp);
1084            }
1085        return fd;
1086 }
1087
1088 asmlinkage long sys_open(const char _user *filename, int flags, int mode)
1089 {
1090     if(force_o_largefile())
1091         flags |= O_LARGEFILE;
1092
1093     return do_sys_open(AT_FDCWD, filename, flags, mode);
1094 }
```

主要步骤解释如下：

（1）调用 getname( ) 函数做路径名的合法性检查。getname( ) 在检查名字合法性的同时要把 filename 从用户数据区拷贝到内核数据区。它会检验给出的地址是否在当前进程的虚存段内；在内核空间中申请一页；并把 filename 字符的内容拷贝到该页中去。这样是为了使系统效率提高，减少不必要的操作。

（2）调用 get_unused_fd( ) 获取一个文件描述符。

（3）调用 do_filp_open( ) 获取文件对应的 file 结构。关于 do_filp_open( ) 函数的实现在后面分析。

（4）如果所获 file 结构有错误，则释放文件描述符，设置 fd 为返回出错信息。

（5）调用 fd_install( ) 将打开文件的 file 结构 f 装入当前进程打开文件表中。

（6）返回打开的文件描述符。

sys_open 的具体流程如图 10.9 所示。

下面是 sys_open 流程中的重要函数 do_filp_open 函数实现的分析。

fs/open.c，line 864

```
864 static struct file *do_filp_open(int dfd, const char *filename, int flags,
865                                  int mode)
866 {
867     int namei_flags, error;
868     struct nameidata nd;
869
870     namei_flags = flags;
871     if((namei_flags +1) & O_ACCMODE)
872         namei_flags ++;
873
874     error = open_namei(dfd, filename, namei_flags, mode, &nd);
875     if(!error)
876         return nameidata_to_filp(&nd, flags);
```

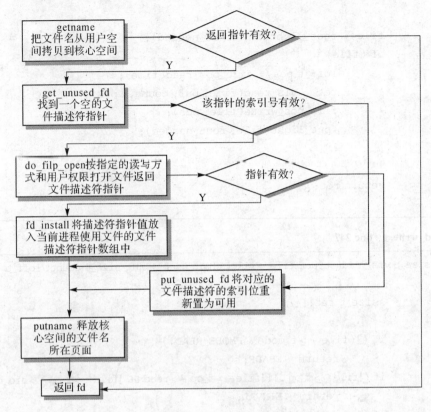

图 10.9 sys_open 流程图

```
877
878            return ERR_PTR(error);
879 }
```

主要步骤如下：

（1）根据参数 flags 来计算 namei_flags。

（2）调用 open_namei()，通过路径名获取其相应的 dentry 与 vfsmount 结构。

（3）如果 open_namei 正常返回，则调用 nameidata_to_filp()，通过 open_namei() 得到的 dentry 和 vfsmount 来得到 file 结构，否则返回错误信息。

10.4.2　read 操作

在 Linux 中，read 操作是通过 sys_read 系统调用实现的。下面是对 sys_read 函数实现的分析：

fs/read_write.c，line 342

```
342 asmlinkage ssize_t sys_read(unsigned int fd, char _user * buf, size_t count)
343 {
344        struct file *file;
345        ssize_t ret = -EBADF;
346        int fput_needed;
```

```
347
348            file = fget_light(fd, &fput_needed);
349            if (file) {
350                    loff_t pos = file_pos_read(file);
351                    ret = vfs_read(file, buf, count, &pos);
352                    file_pos_write(file, pos);
353                    fput_light(file, fput_needed);
354            }
355
356            return ret;
357    }
```

fs/read_write.c, line 247

```
247    ssize_t vfs_read(struct file *file, char __user *buf, size_t count, loff_t *pos)
248    {
249            ssize_t ret;
250
251            if (!(file->f_mode & FMODE_READ))
252                    return -EBADF;
253            if (!file->f_op || (!file->f_op->read && !file->f_op->aio_read))
254                    return -EINVAL;
255            if (unlikely(!access_ok(VERIFY_WRITE, buf, count)))
256                    return -EFAULT;
257
258            ret = rw_verify_area(READ, file, pos, count);
259            if (ret >= 0) {
260                    count = ret;
261                    ret = security_file_permission(file, MAY_READ);
262                    if (!ret) {
263                            if (file->f_op->read)
264                                    ret = file->f_op->read(file, buf, count, pos);
265                            else
266                                    ret = do_sync_read(file, buf, count, pos);
267                            if (ret > 0) {
268                                    fsnotify_access(file->f_dentry);
269                                    current->rchar += ret;
270                            }
271                            current->syscr++;
272                    }
273            }
274
275            return ret;
276    }
```

主要步骤解释如下：

(1) 根据 fd 调用 fget_light() 函数得到 file 结构变量指针。fget_light() 会判断打开文件表是否多个进程共享，如果不是的话，则没有必要增加对应 file 结构的引用计数。

(2) 得到读文件开始时候的文件偏移量。

(3) 调用 vfs_read() 函数。

- 在 vfs_read() 函数中，先调用 rw_verify_area() 以读模式 READ 访问区域，返回负数表示不能访问。
- 如果 file->f_op->read 函数不为空，则调用 read，从文件 file 读取 count 个字节的内容到 buf。file->f_op->read 就是具体文件系统的 read 函数的实现，在本节的第 5 小节会讲 ext2 文件系统的 read 实现。
- 如果以上操作均正常，则调用 fsnotify_access() 通知感兴趣的进程，该文件已经被访问过。vfs_read() 函数结束返回。

(4) 写回文件偏移量。

(5) 调用 fput_light()，如果需要会释放 file 结构的引用计数。

sys_read 的具体流程如图 10.10 所示。

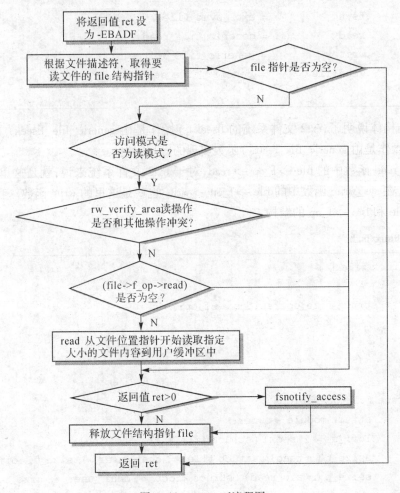

图10.10 sys_read流程图

10.4.3　ext2 的 read、write 操作

在 Linux 中,文件系统对文件的操作一般是封装在一个操作函数指针结构中,ext2 文件系统也不例外:

fs/ext2/file.c, line 42

```
42 struct file_operations ext2_file_operations = {
43      .llseek       = generic_file_llseek,
44      .read         = generic_file_read,
45      .write        = generic_file_write,
46      .aio_read     = generic_file_aio_read,
47      .aio_write    = generic_file_aio_write,
48      .ioctl        = ext2_ioctl,
49      .mmap         = generic_file_mmap,
50      .open         = generic_file_open,
51      .release      = ext2_release_file,
52      .fsync        = ext2_sync_file,
53      .readv        = generic_file_readv,
54      .writev       = generic_file_writev,
55      .sendfile     = generic_file_sendfile,
56 };
```

这个结构体说明了,ext2 文件系统的 llseek() 操作是由 generic_file_llseek() 函数实现的,read() 操作是由 generic_file_read() 函数实现的,以此类推。

在 sys_read 函数中的 file -> f_op -> read,对于 ext2 文件系统来说,就是这里的 read 函数;同样地,在 sys_write 函数中的 file -> f_op -> write 也就是这里的 write 函数。我们再来详细地看看 file 和 file -> f_op 的结构:

include/linux/fs.h

```
617   struct file {
...
628       struct file_operations    * f_op;
...
649   };

...
999 struct file_operations {
1000      struct module * owner;
1001      loff_t ( * llseek) (struct file * , loff_t, int);
1002      ssize_t ( * read) (struct file * , char _user * , size_t, loff_t * );
1003      ssize_t ( * aio_read) (struct kiocb * , char _user * , size_t, loff_t);
1004      ssize_t ( * write) (struct file * , const char _user * , size_t, loff_t * );
```

```
1005        ssize_t (*aio_write) (struct kiocb *, const char __user *, size_t, loff_t);
1006        int (*readdir) (struct file *, void *, filldir_t);
1007        unsigned int (*poll) (struct file *, struct poll_table_struct *);
1008        int (*ioctl)(struct inode *,struct file *,unsigned int,unsigned long);
1009        long(*unlocked_ioctl)(struct file *,unsigned int,unsigned long);
1010        long (*compat_ioctl) (struct file *, unsigned int, unsigned long);
1011        int (*mmap) (struct file *, struct vm_area_struct *);
1012        int (*open) (struct inode *, struct file *);
1013        int (*flush) (struct file *);
1014        int (*release) (struct inode *, struct file *);
1015        int (*fsync) (struct file *, struct dentry *, int datasync);
1016        int (*aio_fsync) (struct kiocb *, int datasync);
1017        int (*fasync) (int, struct file *, int);
1018        int (*lock) (struct file *, int, struct file_lock *);
1019        ssize_t(*readv)(struct file *,const struct iovec *,unsigned long,loff_t *);
1020        ssize_t(*writev)(struct file *,const struct iovec *,unsigned long,loff_t *);
1021        ssize_t(*sendfile)(struct file *,loff_t *,size_t,read_actor_t,void *);
1022        ssize_t(*sendpage)(struct file *,struct page *,int,size_t,loff_t *,int);
1023        unsigned long(*get_unmapped_area)(struct file *,unsigned long,unsigned
                                              long,unsigned long,unsigned long);
1024        int (*check_flags)(int);
1025        int (*dir_notify)(struct file *filp, unsigned long arg);
1026        int (*flock) (struct file *, int, struct file_lock *);
1027 };
```

sys_read 和 sys_write 中，它们调用了各自相应的 file -> f_op -> read 和 file -> f_op -> write 来完成读写功能。由此，读者可以了解到，Linux 文件系统的实现是非常精妙的：它之所以能够支持那么多文件系统，是因为它封装了所有的底层操作。这里的 file_operations 结构是一个典型的例子。另外，还有封装了对 inode 进行操作的 inode_operations 结构，封装了对 super block 进行操作的 super_operations 结构等。对于不同的文件系统，只要实现不同的底层操作接口就可以了。而对上层来讲，则可以做统一处理。对于 ext2 而言，它也有相应的这些底层操作函数结构，除了本节一开始提到的 ext2_file_operations 外，还包括：

fs/ext2/dir.c, line 667

```
667  struct file_operations ext2_dir_operations = {
...
673  };
```

fs/ext2/super.c, line 237

```
237  static struct super_operations ext2_sops = {
...
254  };
```

fs/ext2/file.c, line 42

```
42  struct super_operations ext2_file_operations = {
...
56  };
```

fs/ext2/namei.c, line 392

```
392  struct inode_operations ext2_dir_inode_operations = {
...
410  };
```

由于篇幅的限制，本节仅以 ext2_file_operations 结构分析为例，其他的几个结构，如果读者有兴趣，可以自己去做类似的分析。

回过来看 ext2_file_operations 结构变量的成员，发现 ext2 的 read 是由 generic_file_read 实现的，具体实现过程如下：

mm/filemap.c, line 1096

```
1096  ssize_t
1097  generic_file_read(struct file *filp, char __user *buf, size_t count, loff_t *ppos)
1098  {
1099        struct iovec local_iov = { .iov_base = buf, .iov_len = count };
1100        struct kiocb kiocb;
1101        ssize_t ret;
1102
1103        init_sync_kiocb(&kiocb, filp);
1104        ret = __generic_file_aio_read(&kiocb, &local_iov, 1, ppos);
1105        if (-EIOCBQUEUED == ret)
1106             ret = wait_on_sync_kiocb(&kiocb);
1107        return ret;
1108  }

1003  /*
1004   * This is the "read()" routine for all filesystems
1005   * that can use the page cache directly.
1006   */
1007  ssize_t
1008  __generic_file_aio_read(struct kiocb *iocb, const struct iovec *iov,
1009              unsigned long nr_segs, loff_t *ppos)
1010  {
1011        struct file *filp = iocb->ki_filp;
1012        ssize_t retval;
1013        unsigned long seg;
```

```
1014            size_t count;
1015
1016            count = 0;
1017            for (seg = 0; seg < nr_segs; seg++) {
1018                    const struct iovec *iv = &iov[seg];
1019
1020                    /*
1021                     * If any segment has a negative length, or the cumulative
1022                     * length ever wraps negative then return -EINVAL.
1023                     */
1024                    count += iv->iov_len;
1025                    if (unlikely((ssize_t)(count|iv->iov_len) < 0))
1026                            return -EINVAL;
1027                    if (access_ok(VERIFY_WRITE, iv->iov_base, iv->iov_len))
1028                            continue;
1029                    if (seg == 0)
1030                            return -EFAULT;
1031                    nr_segs = seg;
1032                    count -= iv->iov_len;   /* This segment is no good */
1033                    break;
1034            }
1035
1036            /* coalesce the iovecs and go direct-to-BIO for O_DIRECT */
1037            if (filp->f_flags & O_DIRECT) {
1038                    loff_t pos = *ppos, size;
1039                    struct address_space *mapping;
1040                    struct inode *inode;
1041
1042                    mapping = filp->f_mapping;
1043                    inode = mapping->host;
1044                    retval = 0;
1045                    if (!count)
1046                            goto out; /* skip atime */
1047                    size = i_size_read(inode);
1048                    if (pos < size) {
1049                            retval = generic_file_direct_IO(READ, iocb,
1050                                                    iov, pos, nr_segs);
1051                            if (retval > 0 && !is_sync_kiocb(iocb))
1052                                    retval = -EIOCBQUEUED;
1053                            if (retval > 0)
1054                                    *ppos = pos + retval;
1055                    }
1056                    file_accessed(filp);
```

```
1057                    goto out;
1058            }
1059
1060            retval = 0;
1061            if(count) {
1062                    for(seg = 0; seg < nr_segs; seg + +) {
1063                            read_descriptor_t desc;
1064
1065                            desc.written = 0;
1066                            desc.arg.buf = iov[seg].iov_base;
1067                            desc.count = iov[seg].iov_len;
1068                            if(desc.count = = 0)
1069                                    continue;
1070                            desc.error = 0;
1071                            do_generic_file_read(filp,ppos,&desc,file_read_
                                actor,0);
1072                            retval + = desc.written;
1073                            if(desc.error) {
1074                                    retval = retval ?: desc.error;
1075                                    break;
1076                            }
1077                    }
1078            }
1079 out:
1080            return retval;
1081 }
```

函数大致说明如下:

(1) iovec 包含起始地址和长度,描述读取的文件内容所放入的数据块。

(2) kiocb 描述的是内核传输控制块,用于跟踪一个传输的完成情况。

(3) 初始化 kiocb。

(4) 调用__generic_file_aio_read()完成直接读或者异步读操作,如果需要,会等待这个传输完成。

(5) 我们大致看看__generic_file_aio_read()。这是一个默认的读函数,能很好地跟页缓存配合。

(6) 调用 access_ok()来判断用户提供的数据块是否可写(VERIFY_WRITE)。在 i386 体系里,第一个参数被忽略。access_ok()只判断这个地址空间有没有超过这个进程所能访问的地址空间上限(对于用户进程 0 - 0xBFFFFFFF;对于内核线程 0 - 0xFFFFFFFF)。

(7) 如果文件 flags 中设置的是直接读取,而不是异步读(filp -> f_flags & O_DIRECT),那么调用 generic_file_direct_IO()使用 bio 架构进行文件读操作,然后返回。

(8) 如果没有设置 O_DIRECT 标志,则调用函数 do_generic_file_read()进行异步读,这

样能尽快地返回用户程序。

generic_file_read 是个通用的读函数,是所有文件系统默认的读函数。这种通用的读函数并不与每个文件系统都必须有自己的底层操作函数的概念相矛盾,因为系统将 struct file *filp结构变量指针作为入口参数传给了 generic_file_read 函数。Linux 这样做的目的很明确,正如_generic_file_aio_read( )函数开头的注释中指明,文件系统的读操作就可以直接利用 page cache 了。即 Linux 在这里还加了一层封装,统一使用 page cache 来提高效率。如果读者有兴趣自己实现一套不使用 page cache 的文件系统,再将 ext2_file_operations 中的操作函数指针指向自己设计的功能函数集,这样自己实现的文件系统就能和其他的文件系统一样工作了。

对于 generic_file_write 的分析,读者可以按照 generic_file_read 的思路自行完成。

10.5 实验1 分析 close 和 write 操作

在 Linux 中,close 操作是由 close 系统调用完成的。close 系统调用是由函数 sys_close 实现的,sys_close 函数在文件 fs/open.c 中。write 操作是通过 sys_write 系统调用实现的,sys_write函数在 fs/read_write.c 文件中。

请分析 sys_close 和 sys_write 这两个函数,并画出这两个函数的流程图。

10.6 实验2 添加一个文件系统

实验的内容是要添加一个类似于 ext2 的自定义文件系统 myext2。

myext2 文件系统的描述如下:

(1)myext2 文件系统的物理格式定义与 ext2 基本一致,除了 myext2 的 magic number 是 0x6666,而 ext2 的 magic number 是 0xEF53。

(2)myext2 是 ext2 的定制版本,它只支持原来 ext2 文件系统的部分操作,以及修改了部分操作。

实验基本方法是这样的:首先添加一个完全和 ext2 相同的文件系统 myext2;然后再对 myext2 进行修改,先修改 magic number;再修改 Linux 对 myext2 文件系统的一些操作;最后是创建文件系统的工具 mkfs.myext2 的完成。

1. 添加一个和 ext2 完全相同的文件系统 myext2

要添加一个与 ext2 完全相同的文件系统 myext2,首先确定实现 ext2 文件系统的内核源码是由哪些文件组成。Linux 源代码结构很清楚地告诉我们:fs/ext2 目录下的所有文件是属于 ext2 文件系统的。再检查一下这些文件所包含的头文件,可以初步总结出来 Linux 源代码中属于 ext2 文件系统的有:

```
fs/ext2/acl.c
fs/ext2/acl.h
fs/ext2/balloc.c
fs/ext2/bitmap.c
fs/ext2/dir.c
fs/ext2/ext2.h
fs/ext2/file.c
fs/ext2/fsync.c
fs/ext2/ialloc.c
fs/ext2/inode.c
fs/ext2/ioctl.c
fs/ext2/namei.c
fs/ext2/super.c
fs/ext2/symlink.c
fs/ext2/xattr.c
fs/ext2/xattr.h
fs/ext2/xattr_security.c
fs/ext2/xattr_trusted.c
fs/ext2/xattr_user.c
fs/ext2/xip.c
fs/ext2/xip.h
include/linux/ext2_fs.h
include/linux/ext2_fs_sb.h
```

有了这些初步的信息后(当然这些信息是否正确,还需后面的检验),我们接下来开始添加 myext2 文件系统的源代码到 Linux 源代码。

由于本节工作是要克隆 ext2 文件系统到 myext2 文件系统,所以我们需要把 ext2 部分的源代码克隆到 myext2 去,即复制一份以上所列的 ext2 源代码文件给 myext2 用。按照 Linux 源代码的组织结构,我们把 myext2 文件系统的源代码存放到 fs/myext2 下,头文件放到 include/linux 下。在 Linux 的 shell 下,执行如下操作(也许需要先转成 root 用户):

```
#cd /usr/src/linux
#cd fs
#cp -R ext2 myext2
#cd ../include/linux
#cp ext2_fs.h myext2_fs.h
#cp ext2_fs_sb.h myext2_fs_sb.h
#cd /usr/src/linux/fs/myext2
#mv ext2.h myext2.h
```

这样就完成了克隆文件系统工作的第一步——源代码复制。对于克隆文件系统来说,

第 10 章 文件系统

这样当然还远远不够,因为文件中的数据结构名、函数名以及相关的一些宏等内容还没有根据 myext2 改掉,连编译都通不过。

下面我们开始克隆文件系统的第二步:修改上面添加的文件的内容。为了简单起见,我们做了一个最简单的替换:将原来 * EXT2 * 替换成 * MYEXT2 * ;将原来的 * ext2 * 替换成 * myext2 * 。

如果读者是使用 vi 编辑单个文件,可以使用类似于这样的替换命令:

:% s/EXT2/MYEXT2/gc
:% s/ext2/myext2/gc

对于 fs/myext2 下面文件中字符串的替换,也可以使用下面的脚本:

```
#! /bin/sh

SCRIPT = substitute.sh

for f in *;
do
    if [ $f = $SCRIPT ]; then
        echo "skip $f"
        continue
    fi

    echo -n "substitute ext2 to myext2 in $f..."
    cat $f | sed 's/ext2/myext2/g' > ${f}_tmp
    mv ${f}_tmp $f
    echo "done"

    echo -n "substitute EXT2 to MYEXT2 in $f..."
    cat $f | sed 's/EXT2/MYEXT2/g' > ${f}_tmp
    mv ${f}_tmp $f
    echo "done"

done
```

把这个脚本命名为 substitute.sh,放在 fs/myext2 下面,加上可执行权限,运行之后就可以把当前目录里所有文件里面的"ext2"和"EXT2"都替换成对应的"myext2"和"MYEXT2"。

完成这一步之后,我们可以用 diff 来看看修改后的代码。

diff -Naur fs/ext2/ fs/myext2/ > /home/kai/myext2.diff

改动的地方还比较多,例如:

```diff
--- include/linux/ext2_fs.h      2006-01-02 22:21:10.000000000 -0500
+++ include/linux/myext2_fs.h    2007-08-15 05:35:06.000000000 -0400
@@ -1,5 +1,5 @@
 /*
- *  linux/include/linux/ext2_fs.h
+ *  linux/include/linux/myext2_fs.h
...
-struct ext2_inode {
+struct myext2_inode {
    __le16   i_mode;        /* File mode */
    __le16   i_uid;         /* Low 16 bits of Owner Uid */
    __le32   i_size;        /* Size in bytes */
@@ -231,7 +231,7 @@
            __le32  m_i_reserved1;
        } masix1;
    } osd1;                 /* OS dependent 1 */
-   __le32  i_block[EXT2_N_BLOCKS];/* Pointers to blocks */
+   __le32  i_block[MYEXT2_N_BLOCKS];/* Pointers to blocks */
    __le32  i_generation;   /* File version (for NFS) */
    __le32  i_file_acl;     /* File ACL */
    __le32  i_dir_acl;      /* Directory ACL */
@@ -294,51 +294,51 @@
 /*
  * File system states
  */
-#define  EXT2_VALID_FS            0x0001   /* Unmounted cleanly */
-#define  EXT2_ERROR_FS            0x0002   /* Errors detected */
+#define  MYEXT2_VALID_FS          0x0001   /* Unmounted cleanly */
+#define  MYEXT2_ERROR_FS          0x0002   /* Errors detected */
...
```

再如：

```diff
--- fs/ext2/namei.c      2007-08-13 21:47:12.000000000 -0400
+++ fs/myext2/namei.c    2007-08-15 06:13:32.000000000 -0400
...
-static inline void ext2_inc_count(struct inode *inode)
+static inline void myext2_inc_count(struct inode *inode)
 {
    inode->i_nlink++;
    mark_inode_dirty(inode);
 }
```

```diff
-static inline void ext2_dec_count(struct inode * inode)
+static inline void myext2_dec_count(struct inode * inode)
 {
     inode->i_nlink--;
     mark_inode_dirty(inode);
 }

-static inline int ext2_add_nondir(struct dentry * dentry, struct inode * inode)
+static inline int myext2_add_nondir(struct dentry * dentry, struct inode * inode)
 {
-    int err = ext2_add_link(dentry, inode);
+    int err = myext2_add_link(dentry, inode);
     if (!err) {
         d_instantiate(dentry, inode);
         return 0;
     }
-    ext2_dec_count(inode);
+    myext2_dec_count(inode);
     iput(inode);
     return err;
 }
@@ -68,15 +68,15 @@
  * Methods themselves.
  */

-static struct dentry * ext2_lookup(struct inode * dir, struct dentry *
- dentry, struct nameidata * nd)
+static struct dentry * myext2_lookup(struct inode * dir, struct dentry *
+ dentry, struct nameidata * nd)
 {
     struct inode * inode;
     ino_t ino;

-    if (dentry->d_name.len > EXT2_NAME_LEN)
+    if (dentry->d_name.len > MYEXT2_NAME_LEN)
         return ERR_PTR(-ENAMETOOLONG);

-    ino = ext2_inode_by_name(dir, dentry);
+    ino = myext2_inode_by_name(dir, dentry);
     inode = NULL;
     if (ino) {
         inode = iget(dir->i_sb, ino);
```

```
@@ -86,7 +86,7 @@
    return d_splice_alias(inode, dentry);
}
...
```

其他代码的修改类似。

源代码的修改到此结束。接下来就是第三步——编译源代码。首先要把我们的myext2加到编译选项中去,以便在做 make menuconfig 的时候,可以将该选项加上去。由于2.6版本的内核编译系统相对于2.4版本作了很大的改进,添加一个模块或者文件的工作很简单。做这项工作只需要修改三个文件:

```
fs/Kconfig
fs/Makefile
arch/i386/defconfig
```

fs/Kconfig 中拷贝一份对应的对 EXT2 文件宏的定义和帮助信息,这样在做 make menuconfig的时候可以查看该选项的有关帮助的内容。fs/Makefile 的修改是告内核编译系统,当 myext2 对应的宏被选择上的时候,到 fs/myext2 目录下去编译 myext2 文件系统。defconfig 是改动默认的编译选项,比如:

```
--- fs/Kconfig.bak    2007-08-15 07:14:4.000000000 -0400
+++ fs/Kconfig        2007-08-15 07:21:29.000000000 -0400
@@ -62,6 +62,62 @@
      If you do not use a block device that is capable of using this,
      or if unsure, say N.

+config MYEXT2_FS
+     tristate "MY Second extended fs support"
+     help
+       This is a test of adding a self-defined filesystem.
+
+       To compile this file system support as a module, choose M here: the
+       module will be called myext2.
+
+       If unsure, say Y.
...
--- fs/Makefile.bak   2007-08-15 08:37:03.000000000 -0400
+++ fs/Makefile       2007-08-15 08:37:21.000000000 -0400
@@ -54,6 +54,7 @@
 obj-$(CONFIG_EXT3_FS)     += ext3/ # Before ext2 so root fs can be ext3
 obj-$(CONFIG_JBD)         += jbd/
 obj-$(CONFIG_EXT2_FS)     += ext2/
```

第 10 章 文件系统

```
+obj-$(CONFIG_MYEXT2_FS)         += myext2/
 obj-$(CONFIG_CRAMFS)            += cramfs/
 obj-$(CONFIG_SQUASHFS)          += squashfs/
 obj-$(CONFIG_RAMFS)             += ramfs/
...
--- arch/i386/defconfig.bak   2007-08-15 07:16:34.000000000 -0400
+++ arch/i386/defconfig       2007-08-15 07:17:07.000000000 -0400
@@ -1073,6 +1073,8 @@
 #
 CONFIG_EXT2_FS=y
 # CONFIG_EXT2_FS_XATTR is not set
+CONFIG_MYEXT2_FS=y
+# CONFIG_MYEXT2_FS_XATTR is not set
 CONFIG_EXT3_FS=y
 CONFIG_EXT3_FS_XATTR=y
# CONFIG_EXT3_FS_POSIX_ACL is not set
```

一切都准备就绪了，使用 make menuconfig 选择上 myext2，如下：

```
# cd /usr/src/linux
# make menuconfig
```

```
<*>  econd extended fs support
[*]    xt2 extended attributes
[*]      xt2 POSIX Access Control Lists
[*]    xt2 Security Labels
[ ]    xt2 execute in place support
< > MY Second extended fs support (NEW)
```

选中 MY EXT2 对应的选项：

```
<*>  econd extended fs support
[*]    xt2 extended attributes
[*]      xt2 POSIX Access Control Lists
[*]    xt2 Security Labels
[ ]    xt2 execute in place support
<*> MY Second extended fs support
[*]    MY xt2 extended attributes
[*]      MY xt2 POSIX Access Control Lists
[*]    MY xt2 Security Labels
[ ]    MY xt2 execute in place support (NEW)
```

保存修改，然后使用"make"命令编译连接生成新内核文件。
编译一切正常，只是在连接的时候出现了以下错误：

```
...
  LD      fs/built-in.o
  GEN     .version
  CHK     include/linux/compile.h
  UPD     include/linux/compile.h
```

```
  CC      init/version.o
  LD      init/built-in.o
  LD      .tmp_vmlinux1
```
fs/built-in.o: In function 'grab_block': fs/myext2/balloc.c:271: undefined reference to 'myext2_test_bit'
:fs/myext2/balloc.c:285: undefined reference to 'myext2_find_next_zero_bit'
:fs/myext2/balloc.c:302: undefined reference to 'myext2_test_bit'
:fs/myext2/balloc.c:307: undefined reference to 'myext2_find_next_zero_bit'
:fs/myext2/balloc.c:314: undefined reference to 'myext2_set_bit_atomic'
fs/built-in.o: In function 'myext2_free_blocks': fs/myext2/balloc.c:239: undefined reference to 'myext2_clear_bit_atomic'
fs/built-in.o: In function 'myext2_new_block': fs/myext2/balloc.c:490: undefined reference to 'myext2_set_bit_atomic'
fs/built-in.o: In function 'myext2_free_inode': fs/myext2/ialloc.c:151: undefined reference to 'myext2_clear_bit_atomic'
fs/built-in.o: In function 'myext2_new_inode': fs/myext2/ialloc.c:495: undefined reference to 'myext2_find_next_zero_bit'
:fs/myext2/ialloc.c:510: undefined reference to 'myext2_set_bit_atomic'
make: *** [.tmp_vmlinux1] Error 1
[root@localhost linux]#

只要编译不出现问题，连接错误还是比较好处理的。从显示出来的错误分析，估计是缺了这些函数的定义。根据逆向思维方法，只要在 Linux 源代码中搜索 ext2_test_bit，ext2_find_next_zero_bit 等函数，找到它们之后，同样复制一份，改成 myext2_test_bit，myext2_find_next_zero_bit 等函数名就可以了。我们对这些函数逐个击破，先搜索 ext2_test_bit。在 include/asm-i386/bitops.h 中可以发现这些函数群，把它们全部复制一份再修改掉。

```
--- include/asm-i386/bitops.h.bak    2007-08-15 08:58:19.000000000 -0400
+++ include/asm-i386/bitops.h        2007-08-15 08:58:04.000000000 -0400
@@ -449,6 +449,19 @@
    find_first_zero_bit((unsigned long *)addr, size)
 #define ext2_find_next_zero_bit(addr, size, off) \
    find_next_zero_bit((unsigned long *)addr, size, off)
+#define myext2_set_bit(nr,addr) \
+    __test_and_set_bit((nr),(unsigned long *)addr)
+#define myext2_set_bit_atomic(lock,nr,addr) \
+        test_and_set_bit((nr),(unsigned long *)addr)
+#define myext2_clear_bit(nr, addr) \
+    __test_and_clear_bit((nr),(unsigned long *)addr)
+#define myext2_clear_bit_atomic(lock,nr, addr) \
+        test_and_clear_bit((nr),(unsigned long *)addr)
+#define myext2_test_bit(nr, addr)      test_bit((nr),(unsigned long *)addr)
```

```
+#define myext2_find_first_zero_bit(addr, size) \
+    find_first_zero_bit((unsigned long*)addr, size)
+#define myext2_find_next_zero_bit(addr, size, off) \
+    find_next_zero_bit((unsigned long*)addr, size, off)

 /* Bitmap functions for the minix filesystem. */
 #define minix_test_and_set_bit(nr,addr) __test_and_set_bit(nr,(void*)addr)
```

添加完了以后,保存,退出。回到 linux 目录下,再次做 make。

克隆 ext2 文件系统已经完成了。再回想一下,linux/include/asm/bitops.h 中这些宏的作用是什么。显然,ext2 需要的这些操作是和计算机的 CPU 指令相关的。因此,要把这些指令单独拿出来,放到 linux/include/asm-i386 下。

我们添加的 myext2 文件系统是否可以正常使用呢？以新编译出来的内核重新启动系统。

注：由于 FC5 中默认采用 ext3 文件系统作为 root,并且启用了逻辑卷管理分区,所以最好是把 ext3 和对逻辑卷的支持编译进内核中,而不是以模块的方式在启动的时候装载,后者的做法可能需要更新 initrd,对不熟悉的人来说更难操作。

如果使用 make menuconfig 的话,则逻辑卷的配置页在这里：Device Drivers -> Multi-device support (RAID and LVM),请选择以下四个配置项编译进内核：

```
Device mapper support
Snapshot target
Mirror target
Zero target
```

ext3 的配置页在这里：File systems -> ,请选择以下几个配置项编译进内核：

```
Ext3 journalling file system support
Ext3 extended attributes
Ext3 POSIX Access Control Lists
Ext3 Security Labels
```

编译完成之后,配置 grub 以新内核重新启动(注意可能仍然需要原先的 initrd)。比如我们添加到 grub.conf 里面的内容如下：

```
title MYEXT2
    root (hd0,0)
    kernel /bzImage.myext2 ro root=/dev/VolGroup00/LogVol00 rhgb quiet
    initrd /initrd-2.6.15-1.2054_FC5.img
```

下面对添加的 myext2 文件系统进行测试：

```
#pwd
#/root
#dd if=/dev/zero of=myfs bs=1M count=1
#/sbin/mkfs.ext2 myfs
```

```
#cat /proc/filesystems | grep ext
    ext2
    ext3
    myext2
#mount -t myext2 -o loop ./myfs /mnt
#mount
/root/myfs on /mnt type myext2 (rw,loop = /dev/loop0)
#umount /mnt
#mount -t ext2 -o loop ./myfs /mnt
#mount
/root/myfs on /mnt type ext2 (rw,loop = /dev/loop0)
#
```

对上面的命令我们解释如下：

(1) dd if = /dev/zero of = myfs bs = 1M count = 1

创建大小为 1M 的名字为 myfs 的内容全为 0 的文件。

(2) /sbin/mkfs. ext2 myfs

将 myfs 格式化成 ext2 文件系统。从理论上来看，myext2 和 ext2 是完全一致的，当然除了名字外，可以试着用 myext2 文件系统格式去 mount 我们刚刚做出来的 ext2 文件系统。

(3) cat /proc/filesystems | grep ext

现在系统是否支持 myext2 文件系统？

(4) mount -t myext2 -o loop ./myfs /mnt

将 myfs 通过 loop 设备 mount 到 /mnt 目录下。请注意，我们用的参数是 - t myext2，也就是用 myext2 文件系统格式去 mount 的，发现这样 mount 是可以的，也就证明了新内核已经支持我们的新文件系统 myext2。

(5) mount

用来检查当前系统的 mount 情况。发现我们的 myext2 已经被内核所认可，证明我们前面的实验是完全成功的。

(6) umount /mnt

将原来的 mount 的文件系统 umount 下来，准备下一步测试。

(7) mount -t ext2 -o loop ./myfs /mnt

将 myfs 通过 loop 设备 mount 到 /mnt 目录下。这次我们用的参数是 - t ext2，这样做的目的是再来检查一下 myext2 和 ext2 是否完全一致，发现这样 mount 是可以的，也证明了 ext2 和 myext2 是一致的。

(8) mount

检查结果证明我们的推测是完全正确的。

2. 修改 myext2 的 magic number

有了上面的成功基础后，这部分相对来讲就简单一些了。我们找到 myext2 的 magic number，并将其改为 0x6666：

第 10 章 文件系统

```
- - - include/linux/myext2_fs.h.magic    2007-08-15 4:30:30.000000000 -0400
+ + + include/linux/myext2_fs.h          2007-08-15 4:30:44.000000000 -0400
@@ -67,7 +67,7 @@
 /*
  * The second extended file system magic number
  */
-#define MYEXT2_SUPER_MAGIC    0xEF53
+#define MYEXT2_SUPER_MAGIC    0x6666

#ifdef __KERNEL__
static inline struct myext2_sb_info *MYEXT2_SB(struct super_block *sb)
```

改动完成之后,再用 make 重新编译内核,以新内核重新启动,准备下面的测试。

在测试这个部分之前,需要写个小程序来修改我们创建的 myfs 文件系统的 magic number。因为它必须和内核中记录 myext2 文件系统的 magic number 匹配,myfs 文件系统才能被正确地 mount。

这个程序这里就不详细展开了,有需要的读者可以到网站(http://os.zju.edu.cn)上下载这个小程序。我们假设这个程序经过编译后产生的可执行程序名字为 changeMN。

下面开始测试:

```
#dd if=/dev/zero of=myfs bs=1M count=1
#mkfs.ext2 myfs
#./changeMN myfs
#mount -t myext2 -o loop ./myfs /mnt
#mount
/root/myfile on /mnt myext2 (rw,loop=/dev/loop0)
#umount /mnt
#mount -t ext2 -o loop ./myfs /mnt
mount: wrong fs type, bad option, bad superblock on /dev/loop0,
       or too many mounted file systems
#
```

第 1、2 条代码就不再解释了,我们从第 3 条代码开始:

第 3 条. /changeMN myfs:调用 changeMN 将 myfs 的 magic number 改掉。

第 4、5 条也不解释了,证明了我们的实验结果是正确的。

第 6 条也不解释了。

第 8、9 条这次我们试图用 -t ext2 去 mount myext2 文件系统,发现是失败的,因为它们的 magic number 不再匹配。有兴趣的读者也可以测试一下,用 -t myext2 去 mount ext2 文件系统,可以得到相同的结果。

3. 修改文件系统操作

myext2 只是一个实验性质的文件系统,我们希望它只要能支持简单的文件操作即可。因此在完成了 myext2 的总体框架以后,我们来看看如何修改掉 myext2 支持的一些操作,来加深对操作系统文件系统操作的理解。因为读者在创建自己的文件系统中,也会希望自己创建的文件系统有自身特色的操作。下面我们以裁减 myext2 的 mknod 操作为例,了解这个过程的实现流程。

Linux 将所有的对块设备、字符设备和命名管道的操作,都看成对文件的操作。mknod 操作是用来产生那些块设备、字符设备和命名管道所对应的节点文件。在 ext2 文件系统中它的实现函数如下:

fs/ext2/namei.c, line 144

```
144 static int ext2_mknod (struct inode * dir, struct dentry *dentry, int mode,
                dev_t rdev)
145 {
146     struct inode * inode;
147     int err;
148
149     if (!new_valid_dev(rdev))
150         return -EINVAL;
151
152     inode = ext2_new_inode (dir, mode);
153     err = PTR_ERR(inode);
154     if (!IS_ERR(inode)) {
155         init_special_inode(inode, inode->i_mode, rdev);
156 #ifdef CONFIG_EXT2_FS_XATTR
157         inode->i_op = &ext2_special_inode_operations;
158 #endif
159         mark_inode_dirty(inode);
160         err = ext2_add_nondir(dentry, inode);
161     }
162     return err;
163 }
```

它定义在结构 ext2_dir_inode_operations 中:

fs/ext2/namei.c, line 392

```
392 struct inode_operations ext2_dir_inode_operations = {
393     .create     = ext2_create,
394     .lookup     = ext2_lookup,
395     .link       = ext2_link,
396     .unlink     = ext2_unlink,
```

```
397            .symlink          = ext2_symlink,
398            .mkdir            = ext2_mkdir,
399            .rmdir            = ext2_rmdir,
400            .mknod            = ext2_mknod,
401            .rename           = ext2_rename,
402 #ifdef CONFIG_EXT2_FS_XATTR
403            .setxattr         = generic_setxattr,
404            .getxattr         = generic_getxattr,
405            .listxattr        = ext2_listxattr,
406            .removexattr      = generic_removexattr,
407 #endif
408            .setattr          = ext2_setattr,
409            .permission       = ext2_permission,
410 };
```

当然，我们从 ext2 克隆过去的 myext2 的 myext2_mknod，以及 myext2_dir_inode_operations 和上面的程序是一样的。

对于 mknod 函数，我们在 myext2 中作如下修改：

fs/myext2/namei.c

```
static int myext2_mknod (struct inode * dir, struct dentry *dentry, int mode, int rdev)
{
    printk(KERN_ERR "haha, mknod is not supported by myext2! you've been cheated!\n");
    return -EPERM;
}
```

添加的程序中：

第 1 行：打印信息，说明 mknod 操作不被支持。

第 2 行：将错误号为 EPERM 的结果返回给 shell，即告诉 shell，在 myext2 文件系统中，maknod 不被支持。

修改完毕，重新编译内核。以新生成的内核重新启动计算机，我们在 shell 下执行如下测试程序：

```
#mount -t myext2 -o loop ./myfs /mnt
#cd /mnt
#mknod myfifo p
haha, mknod is not supported by myext2! You've been cheated!
mknod: 'myfifo': Operation not permitted
#
```

第 1 行命令：将 myfs mount 到 /mnt 目录下。

第 2 行命令：进入 /mnt 目录，也就是进入 myfs 这个 myext2 文件系统。

第 3 行命令：执行创建一个名为 myfifo 的命名管道的命令。

第 4、5 行是执行结果：第 4 行是我们添加的 myext2_mknod 函数的 printk 的结果；第 5 行是返回错误号 EPERM 结果给 shell，shell 捕捉到这个错误后打出出错信息。需要注意的是，如果是在图形界面下使用虚拟控制台，printk 打印出来的信息不一定能在终端上显示出来，但是可以通过命令 dmesg|tail 来观察。

可见，我们的裁减工作取得了预期的效果。读者如果还需要定制其他的操作，可以按照上面讲的原理和步骤来完成。

4. 添加文件系统创建工具

文件系统的创建对于一个文件系统来说是首要的。因为，如果不存在一个文件系统，所有对它的操作都是空操作，也是无用的操作。

制作出一个更快捷方便的 myext2 文件系统的创建工具：mkfs.myext2（名称上与 mkfs.ext2 保持一致）。

首先需要确定的是该程序的输入和输出。为了灵活和方便起见，我们的输入为一个文件，这个文件的大小，就是 myext2 文件系统的大小。输出就是带了 myext2 文件系统的文件。

我们在 /sbin 目录下编辑如下的程序：

/sbin/mkfs.myext2

```
1   #!/bin/sh
2
3   /sbin/losetup -d /dev/loop0
4   /sbin/losetup /dev/loop0 $1
5   /sbin/mkfs.ext2 /dev/loop0
6   dd if=/dev/loop0 of=/tmp/tmpfs bs=1k count=2
7   /sbin/changeMN /tmp/tmpfs
8   dd if=/tmp/tmpfs of=/dev/loop0
9   /sbin/losetup -d /dev/loop0
10  rm -f /tmp/tmpfs
```

第 1 行：表明是 shell 程序。

第 3 行：如果有程序用了 /dev/loop0 了，就将它释放。

第 4 行：用 losetup 将第 1 个参数装到 /dev/loop0 上。

第 5 行：用 mkfs.ext2 格式化 /dev/loop0，也就是用 ext2 文件系统格式格式化我们的文件系统。

第 6 行：将文件系统的头 2K 字节的内容取出来。

第 7 行：调用程序 changeMN 将 magic number 改成 0x6666。

第 8 行：再将 2K 字节的内容写回去。

第 9 行：把我们的文件系统从 loop0 中卸下来。

第 10 行：将临时文件删除。

编辑完了之后，我们来试一下我们的成果：

第10章 文件系统

```
#dd if=/dev/zero of=myfs bs=1M count=1
#mkfs.myext2 myfs
#mount -t myext2 -o loop ./myfs /mnt
#mount
/root/myfile on /mnt myext2 (rw,loop=/dev/loop0)
#
```

至此,文件系统部分的实验已经全部完成了。现在,你对 Linux 整个文件系统的运作流程,如何添加一个文件系统,以及如何修改 Linux 对文件系统的操作,是不是了解得比较清楚了?在本实验的基础上,你完全可以发挥自己的创造性,构造出自己的文件系统,然后将它添加到 Linux 中。

【实验思考】

1. 结合前面章节讲述的内核模块内容,请尝试把 myext2 改成内核模块方式(那样我们就不用每次改动 myext2 文件系统都重启系统了)。

2. 由于 VFS 设计得非常优秀,接口简单、稳定,方便编程。所以现在 Linux 支持的文件系统非常多,收入标准内核代码树的文件系统都已经达到 50 多种,另外还有很多优秀的文件系统没被收入。比如手机消费类电子产品/嵌入式系统中使用非常多的 YAFFS2 等。有兴趣的读者可以对 Linux 下的文件系统做一个概述,或者在 google、freshmeat 或 sourceforge 上找一些感兴趣的小的文件系统,尝试分析,动手改改。同时理解一个好的接口设计对于一个系统的稳定与发展的重要性。

3. 由于文件系统模块的相对独立性,有很多把文件系统放到用户层的尝试,比如 FUSE:http://fuse.courceforge.net/,有兴趣的读者可以研读它的文档与代码,动手实现 FUSE 下的文件系统。实践中学习才是最有效率、最容易掌握知识的学习方法。

附录 Linux 操作系统环境

1. Linux 的 shell

每个 Linux 系统发行版本中都包含了多种 shell。目前使用最为广泛的 shell 包括 bash、TC shell 和 Korn shell。进入系统后开始运行的那种 shell 就是你的登录 shell（login shell）。通常默认的登录 shell 是 bash。系统管理员可以为你指定使用哪种 shell 作为登录 shell。当然也可以通过命令来改变自己的默认登录 shell。比如说，如果默认登录 shell 是 bash，而想切换成 TC shell，则可以通过命令 tcsh 或者 chsh 来改变默认登录 shell。

各种发行版本的 Linux 系统中并不一定把所有的 shell 都安装在系统中，作者使用的 fedora core 系统中最常用的几种 shell 如表 1 所示。各种 shell 程序放在/bin/目录下。

表 1 常用 shell 程序

shell 名称	存放的位置	程序名
Bourne shell	/bin/sh -> bash	bash
Bourne Again shell	/bin/bash	bash
C shell	/bin/csh -> tcsh	tcsh
TC shell	/bin/tcsh	tcsh
Korn shell	/bin/ksh	ksh

◆ shell 的环境变量

shell 环境变量具有特殊的意义，它们的名字一般比较短，bash 的环境变量名通常由大写英文字母组成。

用户在任何时候都可以更改大多数 shell 环境变量的值，但通常没有必要修改系统初始化文件/etc/profile 和/etc/csh.cshrc 中初始化的环境变量的值。如果需要修改 bash 环境变量的值，就在初始化文件中进行修改。用户可以将用户创建的变量变成全局变量，同样，可以将环境变量变成全局变量，这个工作一般在初始化文件中自动完成。用户还可以将环境变量变为只读。

在下面的这个例子中，我们在搜索路径中增加了两个目录，~/bin 和.("."表示当前目录)。而且使 ~/bin 成为最先被搜索的目录，而当前目录则成为最后被搜索的目录。

```
# PATH = ~ /bin:$PATH:
```

我们在表 2 列出了部分环境变量,更多的环境变量在第 9 章中已给出。

表 2　部分 bash 环境变量

环境变量名	含义
CDPATH	cd 命令访问的目录的别名
EDITOR	用户在程序中使用的默认的编辑器
ENV	Linux 查找配置文件的路径
HOME	主目录的名字
PATH	存放搜索命令或者程序的所有目录
PS1	shell 提示符
PS2	shell 的二级提示符
PWD	当前工作目录的名字
TERM	用户使用的控制台终端的类型

◆ **shell 元字符**

除了字母和数字,很多其他字符对于 shell 都有特殊的含义。这些字符被称为 shell 元字符(shell metacharacters),也称为特殊字符。如果不以特殊方式指明,在 shell 命令中,这些字符不能作为文本字符使用。所以,不要在文件名中使用这些字符,而且在命令中使用这些字符时,不需要在它们的前面或者后面加上空格。当然,为了清楚起见,也可以在这些元字符的前面或者后面加上空格。表 3 包含了 shell 元字符及其作用的列表。

表 3　shell 中的元字符

元字符	功能
回车换行	把命令输入后要按回车键
空格	命令行中的分隔符
TAB	命令行中的分隔符
#	以#开头是注释行
"	引用多个字符但是允许替换
'	引用多个字符,括号中字符按原义解释
$	表示一行的结束,或引用变量时使用
&	使命令在后台执行
( )	在子 shell 中执行命令
[ ]	匹配[ ]中一个字符
{ }	在当前 shell 中执行命令,或实现扩展
*	匹配 0 个或者多个字符
?	匹配单个字符
^	紧跟^后面的字符开始的行,或作为否定符号

续表

元字符	功能
`	替换命令
|	管道符
;	顺序执行命令的分隔符
<	输入重定向符号
>	输出重定向符号
/	用作根目录或者路径名中的分割符
\	转义字符；转义回车换行字符；或作为续行符
!	启动历史记录列表中的命令和当前命令
%	指定一个作业号时作为起始字符
~	表示主目录

shell 元字符允许在一个命令行中指定若干个目录中的若干个文件。在这里，我们只给出一些简单的例子解释一些常用元字符的含义，包括?、*，~ 和[ ]。

字符"?"是一个匹配任何单个字符的通配符。

字符"*"则匹配 0 个或者多个字符。

例：字符串"?.txt"可以用来表示一个字符后跟".txt"的所有文件名，如：a.txt、1.txt、@.txt。

例：字符串 lab1 \ / c 表示 lab1/c。注意，在这里，我们用反斜线号(\)来处理"消除了特殊意义"的斜线号(/)。

例：下面的这条命令显示当前目录中所有由 2 个字符组成，且以 .html 为结尾的文件。而且这些文件名的第一个字符是数字，第二个字符是大写或者小写的字母。

```
$ ls [0-9][a-zA-Z].html
```

在这里，[0-9]表示从 0 到 9 的任何数字，[a-zA-Z]表示任何大写或者小写的字母。

2. 修改密码

使用 passwd 命令修改密码。下面是 passwd 命令示例，your_username 是你的登录名。

```
$ passwd
Changing password for your_username
New password：新密码
Retype new password：再输入一次新密码
Passwd：all authentication tokens updated successfully
```

3. 获取帮助

Linux 系统的发行版通常没有纸质的参考手册。但是 Linux 提供了详尽联机帮助文档。

我们可以用 man 和 info 工具得到 Linux 的联机帮助文档,也可通过 Internet 找到 Linux 的各种帮助信息。

◆ 使用—help 选项获取帮助

大多数 GNU 工具或命令都有 --help 选项,用来显示使用命令的一些帮助信息。使用 ls 命令的帮助信息如下所示:

```
$ ls --help

Usage: ls [OPTION]... [FILE]...
List information about the FILEs (the current directory by default).
Sort entries alphabetically if none of -cftuSUX nor --sort.

Mandatory arguments to long options are mandatory for short options too.
  -a, --all                  do not hide entries starting with .
  -A, --almost-all           do not list implied . and ..
      --author               print the author of each file
  -b, --escape               print octal escapes for nongraphic characters
      --block-size=SIZE      use SIZE-byte blocks
  -B, --ignore-backups       do not list implied entries ending with ~
...
```

如果显示的信息超出了一个屏幕,可以通过管道使用 more 程序分屏显示帮助信息。例如:

```
$ ls --help |more
```

◆ man 命令

man 命令可用来访问在线手册页。通过查看 man 页可以得到有关程序或命令的更多相关主题信息和 Linux 的更多特性。以下是 man 命令语法。

命令语法:man [options] command – list

常用选项:

-S 'section'　指定 man 命令查找章节号为"section"的文档。

用 man 命令显示这些文档,根据主题分成 8 个章节。表 4 列出了手册的 8 个章节和它们包含的内容。

表 4　Linux 帮助手册的章节

节	描　述
1	用户命令
2	系统调用
3	语言函数库调用(C,C++等)
4	设备和网络界面

续表

节	描 述
5	文件格式
6	游戏和示范
7	troff 的环境,表格和宏
8	关于系统维护的命令

帮助手册对每个 Linux 命令、系统调用以及库函数调用都有描述。一个命令往往对应多页格式化描述。这里的格式由七个部分组成:名字、概要、描述、文件列表、相关信息、错误/警告和已知 bug。用户可以使用 man 命令来阅读帮助手册。在屏幕上显示一页帮助手册时,这页的左上角显示命令名以及在括弧中的命令所属的章节号,如 ls (1)。

帮助手册是多页文本文档,每个主题的帮助手册需要一个以上的满屏文本来显示全部内容。按键盘上的空格键,可以一次满屏地显示帮助手册。按 <Q> 键退出浏览帮助手册。

◆ **info 命令**

GNU 软件和其他一些自由软件还使用名为 info 的在线文档系统。可以通过特殊的程序 info 或通过 emacs 编辑器中的 info 命令来在线浏览全部的文档。对文档作者来说,info 系统的优点是它的文件可以由排版印刷文档使用的同一个源文件自动生成。

例:当我们输入 info passwd 命令后,屏幕显示如下内容:

```
File: *manpages*,  Node: passwd,  Up:(dir)


PASSWD(1)              User utilities              PASSWD(1)
NAME
       passwd - update a user's authentication tokens(s)
SYNOPSIS
       passwd [ -k ] [ -l ] [ -u [ -f ]] [ -d ] [ -S ] [username]
DESCRIPTION
       Passwd is used to update a user's authentication token(s).
       Passwd  is  configured to work through the Linux-PAM API. Essentially,
       it initializes itself as a "passwd" service with Linux-PAM and utilizes
       configured  password  modules  to authenticate and then update a user's
       password.
...
```

由于屏幕上的信息来自于可编辑文件,所以不同的系统显示结果可能有所不同。当我们看到 info 上面的初始屏幕后,可以使用各种 info 命令,下面列出几个最常用的键盘命令:

- <?> 或 <Ctrl> + <H> 键:列出 info 命令。
- <SPACE> 键:滚动翻屏。
- <Q> 键:退出。

info 系统包含它自己的一个 info 形式的帮助页。如果按下 <?> 或 <Ctrl> + <H> 键,

附录　Linux 操作系统环境　　283

我们将看到一些帮助信息,其中包括如何使用 info 的指南。

4. 获取用户和系统信息的命令

可以通过下面的命令来了解用户 id、登录上的计算机或系统,以及计算机上的操作系统的信息。

whoami 命令:在屏幕上显示你的用户 id。
hostname 命令:显示登录上的主机的名字。
uname 命令:显示关于运行在计算机上的操作系统的信息。
下面的会话显示了在命令行上键入这些命令时我们的系统是怎样回答它们的。

```
$ whoami
root
$ hostname
localhost.localdomain
$ uname
Linux
```

5. 为命令创建别名

alias 命令可以用来为各种 shell 命令创建别名。命令语法:

命令语法:alias [name[=string]…]
功能:为"string"命令建立别名"name"。

别名命令可以保存在系统启动文件中,比如 ~/.bash_profile,不过它们通常是在 shell 的启动文件中,比如.bashrc(bash) 和.cshrc(TC shell)。~/.bash_profile 文件在用户登录时执行一次,而.bashrc 和.cshrc 则是在用户每次运行 bash 或者 tcsh 时执行。

bash 下一些有用的别名:

```
alias dir  = 'ls - la \! *'
alias rename = 'mv \! *'
alias ls  = 'ls - C'
alias ll  = 'ls - ltr'
alias mv  = 'mv - i'
alias rm  = 'rm - i'
alias vi  = 'vim'
```

如果已在用户环境中设置了这些别名,就可以把这些别名看作命令,代替引号内的实际命令。在使用别名时,"\!*"字符串会被实际的参数所代替。比如,当运行 dir 命令时,shell 实际上在运行 ls -la 这个命令。因此,对于命令 dir book,shell 执行的是 ls -la book。

运行 alias 命令时,如果不使用任何参数,这条命令就会列出所有的别名设置。也可以用 unalias 命令从别名列表中删除别名。用 unalias -a 命令可以删除所有的别名。

6. 显示系统运行时间

可以用 uptime 命令显示系统的运行时间(从最近一次启动开始,系统已经运行的时间)和其他一些有用的统计数据,比如当前系统中有多少登录的用户。这个命令并不需要任何参数。下面的这个例子显示了这条命令的输出。

```
$ uptime
9:43am up 58 min, 1 users, load average: 0.4, 0.12, 0.17
```

7. 显示日期和时间

我们可以用 date 命令来显示当前的日期和时间,超级(root)用户可以使用 date 命令来修改系统时钟。

例:显示当前的时间和日期,如下所示:

```
$ date
五 9 月 28 16:19:27 UTC 2007
```

例:将时间设置为 9 月 4 日的下午 14:20:15,不改变年份:

```
$ date 0941420.15
二 9 月 4 14:20:15 UTC 2007
```

8. vi 文本编辑器

vi 是 Linux/Unix 中最常用的全屏编辑器,所有的 Linux 系统都提供该编辑器,而 Linux 也提供了 vi 的加强版——vim,与 vi 完全兼容,存放路径为/usr/bin/vim,vim 软件及有关信息可从 www.vim.org 获得。vi 虽然不易学习,但它功能强大、灵活性高、与操作系统的兼容性最好,而且是 Unix 类操作系统使用人数最多的文本编辑器。

多数的 Linux 系统中 vi 命令是 vim 的别名,可以通过 alias 命令或 which vi 命令查看一下,所以,当启动 vi 命令时,实际是运行 vim 程序。在这里,我们不对 vi 和 vim 加以区别,统一使用 vi 命令。

vi 文本编辑器的命令语法如下:

命令语法:vi [options] [filename]

常用选项:

+n　　从第 n 行开始编辑文件。

+/exp　从文件中匹配字符串 exp 的第一行开始编辑。

vi 中的操作主要有以下两类模式:

• 命令模式(command mode):由键盘命令序列(vi 编辑器命令)组成,完成某些特定动作。

- 插入模式(insert mode)：允许你输入文本。

图1说明vi文本编辑器的一般结构,说明如何在模式间进行切换。在vi中执行的键盘命令是大小写敏感的,例如:大写的 <A> 可在当前行末尾的最后一个字符后添加新文本,而小写的 <a> 则在当前光标所在字符后添加新文本。

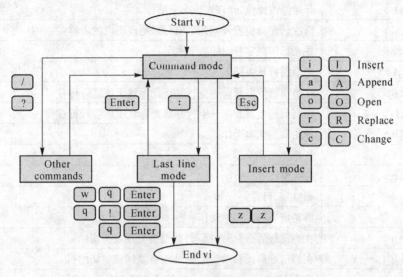

图1 vi文本编辑器的操作模式

◆ **vi 的进入与退出**

在系统提示符下键入命令 vi,后面跟上要编辑或创建的文件名,vi自动装入所要编辑的文件或是开启一个新文件。

退出 vi 编辑器,可以在命令行方式下使用命令":wq"或者":q!",前者的功能是写文件并从 vi 中退出,后者的功能是从 vi 中退出,但不保存所作的修改。

◆ **vi 的插入方式**

vi 编辑器预设的是以命令模式开始。当我们要从命令模式转变成插入模式时有三个键,分别是 a 键、i 键和 o 键。

a　从当前光标下一个位置开始插入。
i　从当前光标所在位置开始插入。
o　从当前光标下一行位置开始插入。

按 <Esc> 键或组合键 <Ctrl> + <I>,可以从插入模式切换到命令模式。

◆ **vi 的命令模式**

移动光标：要对正文内容进行修改,必须先把光标移动到要修改的内容所在的位置,用户除了通过按键盘的上、下、左、右光标箭头键来移动光标外,还可以利用 vi 提供的众多字符组合键,在正文中移动光标,迅速达到指定的行或列,实现定位,常用的快捷键如表5所示。

表 5　vi 编辑器的一些常用命令

语法	说明
<a>	在光标所在位置后添加文本
<A>	在当前行最后一个字符后添加文本
<c>	开始修改操作,允许你更改当前行文本
<C>	修改从光标位置开始到当前行末尾范围内的内容
<i>	在光标所在字符前插入文本
<I>	在当前行开头插入文本
<o>	在当前行下方开辟一空行并将光标置于该空行行首
<O>	在当前行上方开辟一空行并将光标置于该空行行首
<R>	开始覆盖文本操作
<s>	替换单个字符
<S>	替换整行
d	删除字、行等
u	撤销最近一次编辑动作
p	在当前行后面粘贴(插入)此前被复制或剪切的行
P	在当前行前面粘贴(插入)此前被复制或剪切的行
:r filename	读取 filename 文件中的内容并将其插入在当前光标位置
:q!	放弃缓冲区内容,并退出 vi
:wq	保存缓冲区内容,并退出 vi
:w filename	将当前缓冲区内容保存到 filename 文件中
:w!filename	用当前文本覆盖 filename 文件中的内容
ZZ	退出 vi,仅当文件在最后一次保存后进行了修改,才保存缓冲区内容
5dw	开始在当前光标所在的地方,删除 5 个字符
7dd	在当前所在位置删除七行
7o	在当前所在位置后空七行
7O	在当前所在位置前空七行
<u>	撤销最近一次所作的修改
<r>	用随后键入的一个字符替换当前光标位置处的字符
:s/string1/string2/	在当前行用 string2 替换 string1,只替换一次
:s/string1/string2/g	在当前行用 string2 替换所有的 string1
:1,10s/big/small/g	在第 1~10 行用 small 替换所有的 big
:1,$s/men/women/g	在整个文件中用 women 替换所有的 men

删除文本:将光标定位于文档中指定位置后,从当前光标位置删除一个或多个字符,删除文本命令示例如表 5 所示。

复制和粘贴:在 vi 编辑器中,从正文中删除的内容(如字符、字段或行)并没有真正丢失,而是被剪贴并复制到了一个内存缓冲区中,用户可将其粘贴到正文中的任意位置,完成这一操作的命令如表 5 所示。

查找和替换字符串：vi 提供了强大的字符串查找功能，要查找文件中指定字符或字段出现的位置，可以用该功能直接进行搜索。简单的查找和替换，通过 vi 的替换命令完成。这个命令在屏幕的末行显示，通过输入冒号(:)开始命令，并通过 <Enter> 键结束命令。在状态行键入替换命令的格式是：

:[range] s /old_string /new_string [/option]

其中：

[ ]	方括号的部分是可选的。
:	状态行命令，冒号是前缀。
range	缓冲区中有效行的范围指定(如果省略，当前行就是命令的作用范围)。
s	代表替换命令。
/	分隔符。
old_string	被替换的文本。
/	分隔符。
new_string	替换上去的新文本。
/option	是命令的修饰选项，通常用 g 代表全局。

注意，old_string 和 new_string 的语法可以很复杂，可以采用正则表达式(regular expression)的形式。表5给出了替换命令的一些语法示例。

9. Linux 文件类型

Linux 文件类型分为普通文件、目录文件、符号链接(symbolic link)文件、设备(特殊)文件、管道文件、socket 文件。

◆ **普通文件**

普通文件一般有执行文件、目标文件、备份或压缩文件、图型文件、函数库文件、文档文件、批处理文件、源程序文件、网页文件等。

Linux 不对任何文件的命名规则作强制的规定，可以按照你所喜欢的规则命名文件。文件名最长不能超过 255 个字符，建议不要使用非打印字符、空白字符(空格和制表符)和 shell 命令保留字符，因为这些字符有特殊的含义。可以任意给文件名加上你自己或应用程序定义的扩展名，扩展名对 Linux 系统来说没有任何意义；而 Windows 操作系统，扩展名是有特殊意义的。

◆ **目录文件**

目录包含一些文件名和子目录名。一个目录文件是由一组目录项组成的，不同操作系统的目录项内容有很大的不同。

◆ **符号链接文件**

符号链接是指向另一个文件的文件类型，它的数据内容是存放另外一个文件的地址。

符号链接文件可以让我们更改文件的名称,而不用再复制文件,因为我们使用符号指针文件指向文件。

◆ 设备文件

设备文件是访问硬件设备,包含键盘、终端、硬盘、软盘、光驱、DVD、磁带机和打印机等。每一种硬件都有它自己的设备文件名。设备文件分为字符设备文件和块设备文件。在 I/O 时,字符设备是以字符为传送单位的设备,而块设备是以块(block)为传送单位的设备。字符设备文件对应于面向字符设备,例如键盘。而块设备文件对应于面向块设备,例如磁盘。

设备文件一般放在目录/dev 下。这个目录包含所有的设备文件,每个连接到计算机的设备至少有一个相应的设备文件。应用程序和命令读写外围设备文件的方式和读写普通文件相同。这是因为 Linux 的输入和输出是独立于设备的。这些设备文件是 fd0(对应于第一个软驱)、hda(对应于第一个 IDE 硬盘)、lp0(对应于第一个打印机)和 tty(对应于终端)。各种设备文件都模拟物理设备,因此也被称为虚拟设备(Pseudo Devices)。

◆ 管道文件

用于进程间相互通信的文件。Linux 拥有一些机制来允许进程间的互相通信。这些机制称为进程间通信机制(IneterProcess Communication(IPC) mechanisms)。管道(pipe)、命名管道(FIFO)、共享缓冲区、信号量、sockets、信号等都是进程间常用通信机制。pipe 用于父进程和子进程之间通信。FIFO 是一个文件,允许运行在同一台计算机的进程间进行通信。

10. 文件系统目录结构

Linux 的文件系统目录结构是属于分层树形结构。因此,文件系统的开始是由根目录(/)开始往下长,就像一棵倒长的树一样。Linux 操作系统包含了非常多的目录和文件,如图 2 的文件系统结构。

Linux 的文件目录结构就像是一棵树(Tree),它是由/(根)开始往下发展。在图 2 中方型代表目录,圆形代表文件。

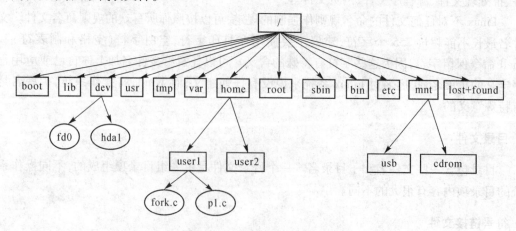

图 2　Linux 文件系统目录结构

附录　Linux 操作系统环境

　　Linux 把不同文件系统挂载(mount)在根文件系统下不同的子目录(挂载点)上,用户可以从根(/)开始方便找到存放在不同文件系统的文件。而 Windows 操作系统的每个文件系统以逻辑盘符形式给用户,例如 C:\(C 盘)、D:\(D 盘)。

　　在安装 Linux 系统时,系统会建立一些默认的目录,而每个目录都有其特殊功能。下面是 Linux 文件系统一些常用目录。

　　/(根目录):根目录位于分层文件系统的最顶层,用斜线(/)表示。它包含一些标准文件和目录,因此可以说它包含了所有的目录和文件。

　　/bin:存放那些供系统管理员和普通用户使用的重要的 Linux 命令的可执行文件。这个目录下的文件或者是可执行文件,或者是其他目录下的可执行文件的符号连接。例如一些常用命令 cat、chmod、cp、date、ls 等都放在这个目录中。

　　/boot:存放了用于启动 Linux 操作系统的所有文件,包括 Linux 内核的二进制映像。

　　/dev:也称设备目录,存放连接到计算机上的设备的对应文件。

　　/etc:存放和特定主机相关的文件和目录。这些文件和目录包括系统配置文件;/etc 目录不包含任何二进制文件。这个目录下的文件主要由管理员使用;普通用户对大部分文件有读权限。

　　/etc/X4 包含了 X 窗口系统的配置文件。

　　/home:存放一般用户的主目录。

　　/lib:存放了各种编程语言库。典型的 Linux 系统包含了 C、C++ 等库文件。目录/lib/modules 包含了可加载的内核模块。/lib 目录存放了所有重要的库文件,其他的库文件则大部分存储在目录/usr/lib 下。

　　/mnt:主要用来临时挂载文件系统,系统管理员执行 mount 命令完成挂载工作。

　　/opt:用来安装附加软件包。用户调用的软件包程序放在目录/opt/package_name/bin下,package_name 是安装的软件包名称。软件包的参考手册放在目录/ope/package_name/man 下。

　　/proc:当前进程和系统的信息,该目录仅存在内存。

　　/root:root 用户(管理员用户)的主目录。其他用户的主目录都位于/home 目录中。普通用户没有权限访问/root 目录。

　　/sbin:目录/sbin,/usr/sbin 和/usr/local/sbin 都存放了系统管理工具、应用软件和通用的根用户权限的命令。

　　/tmp:存放临时性的文件,一些命令和应用程序会用到这个目录。这个目录下的所有文件会被定时删除,以避免临时文件占满整个磁盘分区。

　　/usr:/usr 目录是 Linux 文件系统中最大的目录之一。存放用户使用的系统命令以及应用程序等信息。

　　/var:目录用来存放可变数据,这些数据在系统运行过程中会不断地改变。这些数据分别存储在几个子目录下。

◆ **主目录和当前目录**

　　当我们登录到 Linux 操作系统时,操作系统会登录指定的目录下(/home/用户名)。例如使用用户名 user1 登录时,就会到操作系统指定的目录/home/user1 中,这个目录称为主目录(home directory)或登录目录(login directory)。我们当前所在的目录称为当前目录(current directory)或工作目录,当前目录又可以用"."(读 dot)表示,当前目录的父目录可以用".."(读 dot dot)表示。

11. 文件系统挂载

在 Linux 中可以使用挂载(mount)不同的分区来使用文件系统,而不用像 Windows 操作系统使用 A:、B:、C:、D:、E:驱动器名字。在 Linux 中,还可以用指定路径来使用文件系统,而不用考虑它们的分区。

根目录(/)是文件系统最上层的目录,它包含所有的目录和文件。

当系统已经启动了 X-windows 图形用户界面时,光盘、软盘、U 盘或移动硬盘的挂载是自动完成,称为即插即用的。而在装有多操作系统的计算机中,要挂载 Windows 分区的文件系统仍然需要使用 mount 命令。

我们可以使用 mount 命令来挂载文件系统。使用 mount 命令必须要有 root 权限。

命令语法:mount [-t vfstype] [-o options] device dirname

常用参数:

- vfstype:文件系统类型
  - iso9660   cd-rom 使用的标准文件系统。
  - vfat   Windows 操作系统的 fat32 文件系统。
  - msdos   MS-DOS 的 fat 文件系统。
  - ntfs   Windows 操作系统的 ntfs 文件系统。
- device:设备文件,格式为/dev/xxyN
  - /dev   保存所有设备文件的目录。
  - xx   设备类型,如 IDE 硬盘为 hd、SCSI 硬盘和 usb 盘为 sd、软盘为 fd。
  - y   同种设备的顺序号,如第一个硬盘为 a。
  - N   同一个设备编号,如硬盘的第一个分区为 1,硬盘 1~4 为前面四个主分区,5 开始为逻辑分区,如:hda1、hda5、sda1。
- dirname:挂载目录,可以挂载在 mnt,也可以挂载在你的主目录下。如:
  - 软驱:/mnt/floppy
  - 光驱:/mnt/cdrom

例:使用 mount 命令把 USB 盘(假设 U 盘为 FAT32 文件系统)挂载在/mnt/usb 目录下的:

mount -t vfat /dev/sda1 /mnt/usb

我们可以使用 mount -a 来挂载所有在/etc/fstab 设定的文件系统。目前大多数的 Linux 发行版若是第一次挂载 ntfs 文件系统,必须要先安装相应的 ntfs 软件包。

使用 umount 命令来解除挂载。使用 mount /mnt/cdrom 来挂载光盘,而使用 umount /mnt/cdrom 来解除挂载。

12. 目录操作的基本命令

我们可以使用一些命令来浏览 Linux 文件系统结构、建立和删除目录、改变当前目录等。

◆ 列出目录内容 ls

使用 ls 命令来显示在指定目录中的文件或了目录的相关信息。
命令语法：ls [options] [pathname – list]
常用选项：
- -F 在列出的文件名或目录名后面加上不同的符号，表示各种文件内容的类型。这些符号及含义是：
  - / 表示目录
  - * 表示可执行文件
  - @ 表示符号连接文件
  - | 表示管道文件
  - = 表示 socket 文件
- a 显示所有的文件，包括隐藏文件等。
- -i 显示 inode 号。
- -l 显示详细信息，包括访问权限、连接数、所有者、组、文件大小（以字节数）和修改时间。
- -c 以最后修改的时间来排序文件。同 -l 选项一起使用。
- -r 递归地显示子目录。

下面是使用 pwd、cd、ls 命令的示例：
$ pwd　#显示当前工作目录
/home/user1
$ ls　#列出当前目录下的文件和子目录
fork.c p1.c book
$ cd book　#把工作目录改变为当前目录下的 book 子目录
$ ls　#显示 book 子目录下的文件和目录
ch1　ch2　ch3
$ pwd
/home/user1/book
$ ls ~　#列出主目录下的文件和目录
fork.c p1.c book
$ ls $HOME　#列出主目录下的文件和目录
fork.c p1.c book
$ cd　#返回到主目录

若当前目录/root 目录，我们使用 ls -a 来查看所有在 root 目录下的文件。其中，"."开头的是隐含文件。如果 ls 命令不带任何选项，它不会显示所有的文件和目录，尤其是那些隐藏文件。如文件 .、..、.bashrc、.cshrc、.login、.mailrc 和 .profile，这些文件都是隐含文件。

我们用命令 ls 加上各种选项来确定文件的属性。这些选项可以放在一起使用，并且不分先后次序。例如，你可以用 -l 选项获得目录的详细列表，列出了目录下文件的各种属性。如下所示：

```
$ ls -l
drwxrwxrwx      5 root    root    4096     9月  2   14:55 aa
-rw-r--r--      1 root    root    20       5月  22  18:02 acmd
-rw-r--r--      1 root    root    907      8月  8   2005 anaconda-ks.cfg
-rw-r--r--      1 root    root    30       3月  21  2007 bafile
-rw-rw-r--      1 root    root    78265    5月  23  00:08 bash.man.gz
-rwxr--r--      1 root    root    13       7月  16  00:33 ch15ex
drwxr-xr-x      2 root    root    4096     5月  22  17:10 dir1
lrwxrwxrwx      1 root    root    4        5月  22  17:4 dir1.hd -> dir1
```

用 ls -l 命令列出了文件和目录详细信息，其各部分内容的含义如表 6 所示。

表 6 命令 ls -l 输出各字段含义（字段按从左到右排列）

字 段	含 义

第 1 个字段的第 1 个字母	表示文件类型，其中：
	    - 普通文件
	    b 块设备文件
	    c 字符设备文件
	    d 目录
	    l 符号连接文件
	    p 命名管道（FIFO）文件
	    s socket 文件

第 1 个字段的其他 9 个字母	每一组三个字符，分别表示所有者、组和其他用户的访问权限，r 表示有读权限，w 表示有写权限，x 表示有读权限，- 表示没有对应的权限
第 2 个字段	文件的连接数
第 3 个字段	文件所有者的登录名
第 4 个字段	所有者的组的名字
第 5 个字段	文件大小，以字节为单位
第 6、7、8 字段	最近一次修改的日期、时间
第 9 个字段	文件名

在上面例子列出的文件中 acmd 是普通文件，aa 是目录，dir1.hd 是符号连接文件。

◆ **显示当前工作目录 pwd**

使用 pwd 命令来显示当前工作目录，这个命令经常要使用。它的用法简单，只要在操作系统提示符下输入 pwd 命令即可，如：

```
$ pwd
/root
```

◆ **更改工作目录 cd**

不同的文件可能存放在文件系统中的不同位置，使用 cd 指令来切换当前工作目录。

命令语法：cd [directory]

功能：把当前工作目录转到"directory"指定的目录，如果不指定参数，回到主目录。

例：我们的当前工作目录是 /home 目录，要转到 /usr 目录，用命令：

```
$ cd /usr
```

例：回到用户登录的主目录命令：

```
$ cd ~     或    $ cd
```

例：回到上一层目录命令：

```
$ cd ..
```

◆ **创建目录 mkdir**

使用 mkdir 命令来建立新的目录。

命令语法：mkdir [options] dirnames

常用选项：

-m 数字　按指定的访问权限创建目录，存取权限为八进制数。

-p　　　同时建立在指定目录路径中不存在的上一层目录。

例：在当前目录下创建 foo 子目录。

```
$ mkdir foo
```

◆ **删除目录 rmdir**

使用 rmdir 命令可以删除一个或多个空的子目录。

命令语法：rmdir [options] dirnames

常用选项：

-p　递归删除子目录 dirnames，当 dirnames 目录删除后，若其父目录为空时，也一同删除。使用 rmdir 命令时要注意，子目录被删除前应该是空目录。如果该目录非空，则会提示出错信息。

例：删除当前目录下的 foo 子目录：

```
$ rmdir foo
```

13. 文件操作的基本命令

◆ 建立文件 touch

可以使用 touch 命令来建立新的空文件，touch 命令也可用来将文件的访问时间或修改时间设置为当前时间或指定时间。

命令语法：touch [options] file – list

常用选项：

- -a　　　只修改文件访问时间，不改变修改时间。
- -c　　　若文件不存在，也不要新增此文件。
- -d date　将时间修改为 date 指定的时间。
- -f　　　强制建立文件。
- -m　　　只改变文件修改的时间，不改变访问时间，此项为缺省项。
- -r file　使用文件 file 的时间作为文件的修改时间。

例：我们使用 touch sample.h 命令来建立 sample.h 的文件。

```
$ ls sample.h
ls: sample.h: 没有那个文件或目录
$ touch sample.h
$ ls-l sample.h
-rw-r--r--    1 root    root           0  7月 29 15:36 sample.h
```

例：p1.html 文件已经存在，使用 touch p1.html 命令将文件 p1.html 的时间由原来 5月22日22:08 改成现在的时间 7月29日15:36。

```
$ ls -l p1.html
-rw-r--r--    1 root    root          12  5月 22 22:08 p1.html
$ touch p1.html
$ ls -l p1.html
-rw-r--r--    1 root    root          12  7月 29 15:37 p1.html
```

◆ 显示文本文件的内容 cat

cat 命令可以将一个或多个文件的内容输出到标准输出设备上，cat 命令也可以将多个文件内容合并，若不指定任何文件名称，则 cat 命令会从键盘读取，然后再输出到屏幕。

命令语法：cat [options] [file-list]

常用选项：

- -b　在每一个非空白行开头编上编号。
- -E　在每一行最后显示 $ 字符。
- -n　把每一行都编号。
- -s　当空白行数超过一行时，则以一行空白表示。

-T 显示 tab 字符为^I。

例:在 foo 文件每一个非空白行开头编上编号。

```
$ cat -b foo
    1    who
    2    pwd
    3    date
    4    echo linux
```

利用特殊字符">"将名称为 file1 与 file2 的文件合并成一个文件 file3:

```
$ cat file1 file2 > file3
```

若文件 file3 已经存在,则其内容会被覆盖;要避免这种情况发生,可用">>"代替">",新的内容就会附加在原有内容之后,而不会覆盖它。如 cat file1 file2 >> file3 命令,将文件 file1 和 file2 的内容附加到文件 file3 后面。

我们也可以使用命令 tac(把命令 cat 倒过来)来逆序显示一个文件。

◆ 分页显示文本文件内容 more

我们使用 more 命令来一页一页地显示文件内容。

命令语法: more [options] [file -list]

常用选项:
-d 在画面提示"按下空格键来继续,按下 q 键离开",缺省选项。
-f 计算实际行数。
-l 取消遇到^L 会暂停的功能。
-s 合并连续空白的行数为一行。
-<行数> 指定每次显示的行数。
+/<字符串>搜寻指定的字符串,从包含 str 那行的前两行开始显示。
+<行数> 从指定行数开始显示。

例:下面命令指定从第 50 行开始显示文件 file.txt 的内容。

```
$ more +50 file.txt
```

例:下面命令从包含字符串"df"的前面两行开始显示文件 file.txt 的内容。

```
$ more +/df file.txt
```

◆ 查看文件的开始或最后部分内容(head 和 tail)

在 Linux 中,显示文件开始和尾部内容的命令是 head 和 tail。

head 命令输出文件指定前面行数的内容,head 命令默认输出为 10 行。

命令语法:head [options] [file – list]

常用选项:
-c N 显示文件的前 N 个字节内容。
-N 显示开始的 N 行。

例:下面的命令在屏幕中显示文件 file.txt 的前面 5 行。

```
$ head -5 file.txt
```

命令 tail 用来显示一个或多个文件的尾部,默认显示 10 行。

命令语法:tail [options] [file – list]

常用选项:

-f　　　显示完文件的最后一行后,如果文件正在被追加,会继续显示追加的行,直到键入 <Ctrl> + <C>;

+/-n　　+n 表示显示从文件第 n 行开始的所有行;-n 表示显示文件的最后 n 行。

例:下面的命令,显示 foo 文件第 2 行开始的所有行。

```
$ tail +2 foo
pwd
date
echo linux
```

例:下面的命令,显示 foo 文件的最后 2 行。

```
$ tail -2 foo
date
echo linux
```

◆ **复制文件 cp**

使用 cp 来复制文件。

命令语法:cp [options] source-file1　destination-file2

功能:复制源文件 source-file1 到目标文件 destination-file2。如果 destination-file2 是一个目录,则把文件 source-file1 复制到目录 destination – file2 中去。

常用选项:

-a　　尽可能多地保持原文件的属性。
-b　　在删除或覆盖目标文件之前先备份。
-d　　当复制符号链接文件时,把文件或目录也建立符号链接,并指向源文件或目录。
-f　　强制复制文件或目录。
-i　　当覆盖文件前,先询问使用者。
-l　　对源文件建立硬链接(hard link)。
-p　　保留源目录或文件的属性。
-r　　递归复制文件。
-s　　对源文件或目录建立符号链接。
-u　　当源文件的修改时间比目标文件的修改时间新时才复制文件。

例:下面命令将文件 fork.c 拷贝到 ~/dir1 这个目录下,并改名为 y1.c,提示是否覆盖已存在的目标文件。

```
$ cp -i fork.c ~/dir1/y1.c
```

例：下面命令将 ~/dir1 目录中的所有文件及其子目录拷贝到目录 ~/dir2 中。

```
$ cp -r ~/dir1/ ~/dir2/
```

◆ **移动或更改文件名 mv**

我们使用 mv 命令来更改文件名称，或移动文件到指定目录。
命令语法：

```
mv [options] file1 file2
mv [options] file-list directory
```

功能：第一个命令：转移文件 file1 到 file2，或把文件 file1 重命名为 file2。
　　　第二个命令：把文件列表 file-list 中的所有文件转移到目录 directory 下。
常用选项：
-b　当需要覆盖文件时，则先行备份。
-f　强制覆盖文件。
-i　覆盖前先询问使用者。
-u　只有当源文件比目标文件新时，才覆盖目标文件。
例：将文件 edc.txt 重命名为 fork1.c。

```
$ mv edc.txt fork1.c
```

例：将 ~/dir1 中的所有文件移到当前目录（用"."表示）中。

```
$ mv ~/dir1/* .
```

◆ **删除文件 rm**

当某些文件不再需要的时候，应该把它们从文件系统结构中删除，以便释放磁盘空间来给其他文件和目录使用。我们使用 rm 命令来删除指定的文件。
命令语法：rm [options] file-list
常用选项：
-f　强制删除目录或文件。
-i　在删除文件或目录前，先询问使用者。
-r　删除文件时使用递归处理。
例：删除当前目录下子目录 dir1 中的文件 tmp.old。

```
$ rm dir1/tmp.old
```

例：强制删除文件 edc.txt 和 ~/dir1/fork。

```
$ rm -f edc.txt ~/dir1/fork
```

◆ **统计文件大小 wc**

我们使用 wc 来统计文件的行数、单词数和字节数。

命令语法:wc [options] file-list

功能:显示文件列表 file-list 中的文件的大小,包括行数、单词数和字符数(lines、words 和 characters)。

常用选项:
- -c   统计文件字节数。
- -m   统计文件字符数。
- -l   统计文件行数。
- -L   统计文件最长行数的长度。
- -w   统计文件单词数。

◆ 查看文件内容类型 file

Linux 不支持普通文件的扩展名类型,也就是说 Linux 系统文件扩展名没有特殊的含义,扩展名只不过是文件名字的一部分,所以不能够仅根据文件名的扩展名类型来确定文件内容。文本文件的内容可以在屏幕上显示,而要显示二进制文件的内容可能会导致你的终端崩溃,所以不能用打开文件方法来查看文件的内容,可以用 file 命令来检查文件内容的类型。这个命令通常用来确定一个文件是文本文件还是二进制文件。

命令语法:file [options] file-list

常用选项:
- -h   如果是符号链接,就显示它本身的文件类型而不显示它指向文件的类型。
- -f 'ffile' ffile 包含要检查的文件列表。

◆ 显示字符串 echo

我们可以使用 echo $HOME 指令来显示主目录。echo 命令用来在屏幕上显示字符串,echo 命令在编写 shell 脚本程序时非常有用。

命令语法:echo [options][string]

常用选项:
- -n   不输出行尾的换行符。
- -E   不解析转义字符。
- -e   解析转义字符。常用的转义字符有:
  - \c   回车不换行。
  - \t   插入制表符。
  - \\   插入反斜线。
  - \b   删除前一个字符。
  - \f   换行但光标不移动。
  - \n   换行且光标移置行首。

例:下面的第一个 echo 命令用来显示字符串,第二个 echo 命令用来显示存放当前目录的环境变量 PWD 的值。

```
$ echo sample
sample
```

```
$ echo $PWD
/home/user1
```

14. 命令行中使用扩展符

◆ 代字符"~"扩展

当代字符"~"出现在命令行中某字符的起始处时,它就属于一个特殊的字符。

当"~"放在路径名的前面时,"~"代表了你的主目录。在命令行中,字符"~"被扩展成你的主目录,如下所示。

```
$ echo ~/linux
/home/user1/linux
```

当"~"放在一个用户登录名前面时,它就会被替换成该用户的主目录。下面的会话用两个例子来说明这种情况。命令 echo ~user1 用来显示用户 user1 的主目录的完整路径,命令 cd ~user1/share 用来进入到用户 user1 的主目录下的子目录 share。

```
$ echo ~user1
/home/user1
$ cd ~user1/share
$ pwd
/home/user1/share
```

◆ 花括号扩展

花括号扩展源自 C Shell,当不能应用路径名扩展时,它为指定文件名提供了一个便利的方式。尽管花括号扩展主要用于指定文件名,该机制还可以用来产生任意字符串。shell 不会试着去用已有文件的名称去匹配花括号。

下面的示例演示了花括号扩展的工作原理。因为工作目录下没有任何文件,所以 ls 命令不会显示任何输出。命令 echo 显示了 shell 使用花括号扩展产生的字符串。此时,该字符串并不匹配文件名(在工作目录下没有文件)。

```
$ ls
$ echo chap_{1,2,3}.txt
chap_1.txt chap_2.txt chap_3.txt
```

shell 将 echo 命令的花括号中以逗号分隔开的字符串扩展成一个字符串列表。该列表中的每一个字符串都被加上了字符串 chap_,称为前缀;同时还被附加了字符串.txt,而这称为后缀。无论是前缀还是后缀都是可选的。花括号中字符串从左至右的顺序在扩展过程中仍然会保持。为了让 shell 特殊对待左右花括号并进行花括号扩展,花括号中至少要有一个逗号并且没有未引用的空白字符。

在有较长的前缀或者后缀时,花括号扩展很有用。

例:下面的示例将位于目录/usr/local/src/C 下的 4 个文件 main.c、f1.c、f2.c 和 tmp.c

复制到当前工作目录下:

```
$ cp /usr/local/src/C/{main,f1,f2,tmp}.c
```

还可以使用花括号扩展用相关的名字创建子目录:

```
$ ls -F
file1 file2 file3
$ mkdir dir{A,B,C,D,E}
$ ls -F
file1 file2 file3 dirA/ dirB/ dirC/ dirD/ dirE/
```

例:在下面的例子中,用命令 cat 依次显示目录 ~/course1/下 demo_set.c、demo_for.sh 和 demo_while.sh 三个脚本文件的内容。

```
$ cat ~/courses1/demo_{set,for,while}.sh
```

15. 正则表达式

正则表达式(regular expression)定义了由一个或多个字符串组成的集合。正则表达式被广泛应用于 Linux 和许多其他开源编程语言中。如我们可以在 vi 编辑器或 Perl 脚本中使用它们,而且不论它们出现在哪里,其基本原理都是一样的。

在正则表达式的使用过程中,一些特殊字符是以特定的方式来处理的。最常使用的特殊字符如表 7 所示。

表 7 正则表达式中最常使用的特殊字符

字符	含义
^	指向一行的开头
$	指向一行的结尾
.	任意单个字符
[]	方括号内包含一个字符范围,其中任何一个字符都可以被匹配,例如字符范围 a-e,或在字符范围前面加上^符号表示使用反向字符范围,即不匹配指定范围内的字符

如果指定了用于扩展匹配的 -E 选项,那些用于控制匹配完成的其他字符可能会遵循正则表达式的规则,如 grep(该命令是搜索指定文件中,有匹配的行)命令,我们就需要在这些字符之前加上\字符,如表 8 所示。

表 8 扩展匹配

选项	含义
?	匹配是可选的,但最多匹配一次
*	匹配 0 次或多次
+	匹配 1 次或多次
{n}	匹配 n 次

续表

选项	含义
{n,}	匹配 n 次或 n 次以上
{n,m}	匹配次数在 n 到 m 之间,包括 n 和 m

正则表达式看上去比较复杂。要掌握正则表达式的最简单方法就是多进行一些实验。

例:下面例子使用 grep 命令,查找以字母 5 结尾的行。我们需要使用特殊字符 $。

```
$ grep 5$ students
John      Johnsen     2003     503     555
Nabeel    Zhang       2007     434     555
```

例:下面例子用扩展 grep 模式来搜索正好只有 8 个字符长的全部由小写字母组成的单词。通过指定一个匹配字母 a 到 z 的字符范围和一个重复 8 次的匹配来实现这一工作。

```
$ grep -E [a-z]\{8\} students
Jamie davidson    2006    515    001
```

16. 排序文本文件

使用 sort 命令来排序文本文件。排序按照大小顺序可以分为递增排序和递减排序。排序一般根据某个字段或者部分字段的组合作为排序关键字,字段之间以空格或 TAB 字符分开。

命令语法:sort [options] [filename -list]

功能:对文件列表中的文本文件中的内容按行排序,若不带-o 选项,排序后的结果在标准输出设备上输出。

常用选项:

-b 忽略字段前的空格符或 TAB。

-d 根据常用的字母表排序,忽略除字母、数字、空格以外的字符。

-f 认为大小写字母是相同的。

-k n1[,-n2] 指定从第 n1 个字段开始、第 n2 个字段结束(如果没有指定 n2,则以行的末尾为结束)为关键字。

-o filename 将排序好的内容输出到 filename 文件中而不是标准输出。

-r 以逆序排序。

-u 重复行仅输出一次。

例:下面的命令对文件 students 进行排序,使得 sort 第 1 遍按照整个行排序(-k 1),第 2 遍按照第 5 字段(-k 5)排序。

```
$ cat students
John Johnsen         2003    503    555
Hand Kitt            2007    503    444
David Kendall        2004    229    41
John Johnsen         2005    301    999
Kelly Kimberly       2005    555    123
Maham Wang           2004    713    888
Jamie davidson       2006    515    001
Nabeel Zhang         2007    434    555
$ sort -k 1 -k 5 students
David Kendall        2004    229    41
Hand Kitt            2007    503    444
Jamie davidson       2006    515    001
John Johnsen         2003    503    555
John Johnsen         2005    301    999
Kelly Kimberly       2005    555    123
Maham Wang           2004    713    888
Nabeel Zhang         2007    434    555
```

17. 查找文件

可以使用 find、whereis 和 which 来搜索文件或命令。

◆ **find 命令**

使用 find 命令来查找符合表达式的目录列表。find 命令使用递归的方式来搜索文件和目录。

命令语法：find [directory-list] [expression]

功能：搜索目录列表中的目录，找出符合表达式（第二个参数）描述的文件。表达式可以由一个或者多个标准组成。

表达式中的参数选项：

"-exec CMD\;"如果命令（CMD）的退出状态为 0（即该命令返回值为真），则该文件符合要求；使用转义分号（\;）可以终止命令。命令中的一对花括号（{}）代表查找到的文件名。

-inum N   搜索 inode 为 N 的文件。
-links N   搜索有 N 个链接的文件。
-mount   不搜索挂载文件系统的目录。
-name pattern 搜索文件名匹配 pattern 的文件。
-newer file   搜索修改时间在 file 之后的文件（即比 file 新的文件）。
-ok CMD   和-exec 相同，执行 CMD 时需要确认。
-perm octal   搜索访问权限等于 octal（八进制数字）的文件。

命令	说明
-print	显示符合要求的路径和文件名。
-size ±N[c]	搜索文件大小为 N 块。字符 c 用来确定块的大小,默认为 512 个字节。+N 表示大小超过 N 块的,-N 就是小于 N 块的。
-type C	文件的类型为 C,C 可以是一个特殊类型。最普通的类型是 d(目录)和 f(普通文件)。其他可用的类型请参考使用手册。
-user username	搜索所有权为 username 的文件。
\(expr \)	当表达式为真结果为真;表达式可以用 OR 和 AND 组合。
! expr	取反,当表达式为假时结果为真。
-amin 分钟	搜索在指定分钟内被存取的文件。
-anewr 文件	搜索最近被存取的文件。
-atime 小时	搜索几小时内被存取的文件。

例:find 最常用的功能是在一个或多个目录中搜索一个文件。下面的命令在主目录下搜索 yk.gif,并显示文件的路径。如果在多个目录中找到目标文件,那么每一个包含文件的目录都会显示出来。

```
$ find ~ -name yk.gif -print
```

例:下面的命令是搜索主目录下文件名为 sample 或者以 .old 结尾的文件,显示它们的绝对路径,并将它们删除。括号用来标明需要匹配的表达式,在 \(和 -o 前后必须要有空格。这个命令没有提示直接删除匹配的文件;如果删除前要提示,用参数 -ok 替换 -exec。这里的 -o 为 OR(或)操作。

```
$ find ~ \( -name sample -o -name '*.old' \) -print -exec rm {} \;
```

例:在当前目录下搜索比文件 world 要新的,并且是普通文件。

```
$ find . -newer world -type f -print
```

◆ whereis 命令

使用 whereis 命令来搜索系统中是否有我们指定的命令或文件,以及它所在的目录及路径。也可以使用 whereis 命令来搜寻我们所要命令的说明。

命令语法:whereis [options] [filename-list]

常用选项:

- -b 只搜索执行文件。
- -m 同时搜索命令的说明文件。
- -s 仅搜索源代码文件。
- -u 搜索不包含指定类型的文件。
- -B 目录 在指定的目录下搜索执行文件。
- -S 目录 在指定的目录下搜索源代码文件。

例:使用 whereis ftp 来搜索 ftp 服务器的所在目录,使用 whereis -b cat 来搜寻 cat 命令的所在目录。作者的 Linux 系统显示如下结果。

```
$ whereis ftp
```

```
ftp: /usr/bin/ftp /usr/share/man/man1/ftp.1.gz
$ whereis -b cat
cat: /bin/cat
```

◆ **which 命令**

如果系统中有多个版本的命令,which 命令告诉我们当键入某个命令执行时,shell 到底调用了哪个版本的命令。我们也可以用 which 命令来搜索指定的文件,而 which 命令是根据环境变量 $PATH 中所列出的路径来搜索符合要求文件的。

我们使用 which ps 命令来在环境变量 $PATH 所指定的路径中搜索 ps 文件。

```
$ which ps
/bin/ps
```

18. 搜索文件内容

Linux 有功能强大的搜索文件内容的工具,可以查找文本文件中包含特定的表达式、字符串或者模式的行。比如,你有一个文件包含公司职员的记录,一条记录一行,你想搜索关于 zhang 的记录。搜索文件内容的命令有 grep、egrep 和 fgrep。下面对 grep 命令作简要描述。

命令语法:grep [options] pattern [filename-list]

功能:按照给定的模式、字符串或表达式搜索文件列表中的文件。如果没有文件列表,则从标准输入读入数据。

常用选项:
- -c 仅输出匹配的行数目,而不是输出匹配的行。
- -i 在匹配的过程中忽略字母的大小写。
- -l 仅输出有匹配行的文件名,而不输出真正的匹配行。
- -n 匹配时同时输出行号。
- -s 不显示错误信息。
- -v 打印出不匹配的行。

我们使用 find 命令在文件系统中搜索文件,而使用 grep 命令在文件中搜索字符串。一种常见的用法是在使用 find 命令时,将 grep 作为传递给 -exec 的一条命令。

例:下面的命令,搜索 students 文件中包含"2005"的行,匹配的行在标准输出上输出,并输出行号。

```
$ grep -n '2005' students
```

例:下面的命令显示 students 文件中行首字母为 B 到 E 间的内容。^表示行首。

```
$ grep '^[B-E]' students
```

在"正则表达式"这一节内容中已经有多个 grep 命令的例子,请读者参阅。

19. 压缩文件、解压缩文件与打包文件

Linux 操作系统不仅有一些压缩、解压缩命令,而且还支持对压缩文件的多种操作。这些命令中包括 Unix 系统中的文件压缩命令和文件解压缩工具。在这里我们仅介绍部分 GNU 下的工具。

◆ **gzip 命令**

gzip 可以用来压缩文件。压缩后的结果会存在一个文件中,使用原来的文件名加上.gz 作为扩展名。压缩文件保留原文件的访问及修改时间、所有权和访问权限。原文件将会从文件结构中删除。

命令语法:gzip [options] [filename-list]

常用选项:

- -c 压缩后文件输出至标准输出设备,而不更动原文件。
- -d 解压缩文件。
- -f 压缩和解压缩时,强制重写已存在的文件。
- -l 显示压缩文件字段信息:
    compressed size:压缩文件的长度;
    uncompressed size:压缩前文件的长度;
    ratio:压缩率(如果未知,则为 0.0%);
    uncompressed_name:压缩前的文件名。
- -n 当压缩文件时,不储存原来的文件名称及时间。
- -N 压缩文件时,储存原来的文件名称及时间。
- -r 递归处理目录结构。
- -t 测试压缩文件。
- -v 显示每个压缩文件的名字和压缩率。
- -# #为 1 到 9,数值越大压缩率越高。根据#的值控制压缩的速度(压缩比率),默认值为 6。

命令 gzip bash.txt 压缩 bash.txt 文件,它的压缩后文件名会变成 bash.txt.gz。

命令 gzip-d bash.txt.gz 解压缩文件,还原成原来的文件 bash.txt。

◆ **gunzip 命令**

gunzip 执行解压缩的操作,把压缩文件还原到原始文件。命令 gzip 使用-d 这个选项也可以执行解压缩。和 gzip 命令类似,gunzip 也使用 -c、-f、-l 和-r 等选项完成相应的操作。

命令 gunzip bash.txt.gz 来解压缩 bash.txt.gz 文件。使用命令 gunzip -l *.gz 来显示所有压缩文件的压缩信息。

使用 zipinfo 命令来显示压缩文件的信息,命令 zipinfo -v g.zip 显示 g.zip 的详细信息。

◆ **zcat 和 zmore 命令**

zcat 命令把压缩文件解压后输出到标准输出设备。zcat 可以显示用 gzip 或者compress 压缩的文件的内容。zmore 命令可以一屏一屏地显示压缩文件的内容。zcat 和 zmore 命令都允许指定一个或多个文件作为参数。下面是 zcat 的简要描述：

命令语法：zcat　[options][filename-list]

常用选项：

-r　递归访问目录结构,显示子目录中的文件。

-t　检查压缩文件的完整性。

例：下面的命令,使用 zcat 命令将压缩文件 best.c.gz 和 conb.c.gz 解压,并将它们输出到 goodman.c 的文件中。

```
$ zcat best.c.gz conb.c.gz > goodman.c
```

◆ **tar 命令**

用 tar 命令将多个文件打包成一个备份文件或从备份文件中取出文件。

命令语法：tar [options][filename-list]

常用选项：

-c　建立新的备份文件。

-r　将文件附加在备份文件后面。

-farchname　用 archname 作为存档或恢复文件的备份文件名；默认是/dev/mto。如果 archname 是 -,从标准输入读(对解压文件),或写到标准输出(对建立档案文件),这是当 tar 用作管道时的一个特性。

-t　以类似 ls -l 格式列出磁带上的内容(备份在磁带上的文件名)。

-u　将把比备份文件中更新的文件加入到备份文件中。

-x　从备份文件中取出文件。

-z　在 tar 创建备份文件时,使用 gzip 命令对它进行压缩；而从备份文件提取文件时,用 gzip 命令来解压备份文件。

-v　详细显示文件处理过程,用 x 选项解压文件的过程或存档文件的过程。

例：下面命令用 tar 程序将所有 *.help 文件打包成 bash.help.tar 的备份文件。

```
$ tar -cvf bash.help.tar *.help
```

例：下面命令用 tar 程序来解开 linux 内核包文件 linux-2.6.15.tar.gz。

```
$ tar -zxvf linux-2.5.15.tar.gz
```

20. RPM 包管理

RPM 指的是 RedHat Package Manager 的缩写,它是由 RedHat 公司所开发的工具。

RPM 维护一个已安装软件包和它们的文件数据库,可以使用简短的命令就可完成安装、删除安装、查询、校验、升级 RPM 软件包。

RPM 有五种基本操作模式（不包括软件包构建）：安装、删除安装、升级、查询和校验。想了解完整的选项和细节，请使用 rpm -- help 命令。

RPM 包的名称有其特有的格式，如典型的 RPM 软件名称类似于：

```
linpio-1.0-i386.rpm
```

该文件名包括软件包名称"linpio"；软件的版本"1.0"。其中包括主版本号和次版本号；"i386"是软件所运行硬件平台；最后"rpm"作为文件的扩展名，代表文件的类型为 RPM 包。

命令语法：rpm [options] [rpm-filename]

常用选项：

- -v　　显示安装过程的详细信息。
- -h　　显示安装进度。
- -a　　查询所有安装的软件包。
- -f filename　　查询指定文件名的软件包。
- -p rpm-filename　　查询指定的软件包。
- -d　　只有列出文件。
- -i　　显示软件包信息，包含名称、版本和描述。
- -l　　列出软件包的文件。
- -R　　列出相关的软件包。
- -s　　显示软件包内文件的状态。
- -U rpm-filename　　升级指定的软件包。
- -q　　使用交互模式。
- -e rpm-filename　　删除指定的软件包。
- -F rpm-filename　　更新指定的软件包。
- -i rpm-filename　　安装指定的套件。

例：安装 apache-2.2.4 软件包。

```
$ rpm -ivh apache-2.2.4
```

例：删除软件包，当我们要移除套件时可以使用下面这个命令。

```
$ rpm -e  apache-2.2.4
```

21. 文件存取权限

在 Linux 系统中，系统管理员为每个使用者创建一个账号，账号包括登录名和密码；所有的登录名都是公共可知的，以明文的形式保存在/etc/passwd 文件中，而密码则只有相应的用户自己才知道，这样就保证用户不能访问其他用户的文件。在创建账号时，Linux 系统管理员也为每个用户设置群组。一个用户可以属于多个群组，所有的群组和它的成员都在/etc/group 的文件中。

Linux 系统有一个特殊的用户,可以访问系统中所有的文件,而不论这个文件的访问权限是什么。这个用户通常被称作是超级用户(或 root 用户),是计算机系统的管理者,通常计算机系统管理员才拥有这个特殊账号。在 Linux 系统中,超级用户的用户名是 root,用户 ID 是 0。

使用 id 命查看用户和组 id。

命令语法:id [options] [username]

常用选项:

- g   显示用户所属组的 ID。
- G   显示用户所有群组的 ID。
- n   显示用户名,与-ugG 选项一起使用。
- r   显示实际 ID,与-ugG 选项一起使用。
- u   显示用户 ID。
- -- help   显示帮助文档。

在 Linux 系统中,文件有三种访问权限:读 read(r)、写 write(w)和执行 execute(x)。

对于文件:

r:读权限允许你读某个文件。

w:写权限允许你修改或删除某个文件。

x:执行权限允许你执行某个文件,执行权限只对可执行文件起作用,比如可执行的二进制文件或者是脚本文件,对其他格式的文件,执行许可没有任何作用。

对于目录:

r:读权限允许你可以读出这个目录的内容,即可以使用 ls 命令来列出这个目录下的所有内容。

w:写权限表明你可以在这个目录下建立或者删除一个目录项。

x:执行权限是你可以搜索这个目录。因此,如果你没有对目录的执行权限,那么就不能使用 ls -l 命令来列出目录下的内容或者是使用 cd 命令来把该目录变成当前目录。

Linux 的文件用户分为文件的所有者(User)、群组(Group)和其他人(Others)这三种类型。三种用户和三种访问权限,Linux 文件就有 9 种不同的访问权限组合,如表 9 所示。

表 9   Linux 系统文件访问权限

用户类型	访问特权类型		
	读(r)	写(w)	执行(x)
User(u)	X	X	X
Group(g)	X	X	X
Others(o)	X	X	X

X 的值可以是 1(即允许该操作)或者是 0(即禁止该操作)。因此可以用 1 位(bit)来表示每一种权限,用三个位来表示该类用户的文件存取权限,因此每一类的文件用户可以有 8 种可能的操作权限。这 3 位二进制数的值可以用八进制数 0 ~ 7 来表示。

总共用 9 位来表示三种用户存取文件的三种权限,用八进制值 000 ~ 777 来表示。第一个八进制值表示文件拥有者对该文件拥有的权限;第二个八进制值表示群组对该文件拥有的权限;第三个八进制值表示其他用户对该文件所拥有的权限。

在 linux 系统中显示文件权限时,"0"用短横线"-"(dash)表示,"1"值根据所在的位置用符号"r"、"w"或"x"表示。于是用户对文件访问权限是"0"的可以表示成"---",访问权限是 7 的可以表示成"rwx"。

22. 改变文件的存取权限

◆ 改变文件的存取权限命令 chmod

用 chmod 命令来改变文件的存取权限。
命令语法:
chmod [options] octal-mode file-list
chmod [options] symbolic-mode file-list
常用选项:
-R   递归地修改所有的文件和子目录的权限。
-f   强制指定存取权限。
参数:
file-list   要改变权限的文件列表。
symbolic-mode   符号模式。
octal-mode   八进制模式。

符号模式"symbolic-mode",格式为 \<who\> \<operator\> \<privilege\>,其中 who、operator 和 privilege 的可能取值如表 10 所示。

表 10 权限符号

Who	Operator	Privilege	
u(User)	+ 增加特权	r	读
g(Group)	- 删除特权	w	写
o(Other)	= 设置特权	x	执行
a(All)		u	用户当前的访问特权
ugo(All)		g	组当前的访问特权
		o	其他用户的当前访问特权
		s	设定用户或组的 ID 位
		t	粘滞位

例:将当前目录下的所有文件和目录都改成只有文件所有者可以读、写与执行,即 rwx------。

    $ chmod 700 *

例：将 file 设置成只有所有者可以读、写和执行，而设置群组只能读取。

   $ chmod 740 file

例：将可读、可写和可执行的权限设定给 file 文件所有者。

   $ chmod u=rwx file

例：将文件 file 的所有者可写和可执行的权限删除。

   $ chmod u-wx file

◆ **改变文件或目录的所属群组命令 chgrp**

用 chgrp 命令来改变文件或目录的群组。
命令语法：chgrp [options] group file-list
常用选项：
-c 只有当群组改变时才报告。
-R 递归地处理所有的文件和子目录。
例：将 dir 目录的文件群组改成 root 群组。

$ chgrp -c root dir1

◆ **更改文件或目录的所有者命令 chown**

用 chown 命令来改变文件或目录的所有者。
命令语法：chown [options] username file-list
常用选项：
-c 只有当群组改变时才报告。
-R 递归地处理所有的文件和子目录。
例：将 acmd 文件的所有者改成 root。

   $ chown -c root acmd

◆ **设置缺省文件权限 umask**

当我们要建立文件时，也会设定文件的存取权限，使用权限掩码 mask 将文件的权限给限制住。预设的权限掩码的默认值为 022。
命令语法：umask [mask]
我们的文件存取权限为预设的存取权限(777)减去权限掩码。
文件的存取权限 = 预设的存取权限 - 权限掩码
我们使用 umask 指令来观看目前权限掩码的设定值，预设为 022。所以它设定的权限为 777-022=755(rwxrw-rw-)。当我们建立文件或目录时，它也会建立其存取权限为 755(rwxrw-rw-)。
我们使用 umask 013 命令来设置权限掩码为 013。因为设置权限掩码为 013，所以建立文件目录时，它的存取权限为 777-013=764(rwxrw-r--)。使用命令 mkdir dirtmp 来建立子目录,所建立的 dirtmp 子目录的权限为 rwxrw-r--。

23. 特殊权限位 SUID、SGID、Sticky

◆ **SUID(Set – User – ID)位**

　　SUID 为设置执行位。当命令执行的时候,当前启动命令的用户所拥有的权限与该执行文件所有者的存取权限相同。

　　命令语法:

　　chmod 4xxx file – list

　　chmod u + s file – list

"xxx"是八进制数,表示对文件的读、写和执行的权限;八进制数 4(二进制 100)则用来表示 SUID 位已经被置为 1。当设置 SUID 位为 1 时,如果用户对该文件有执行权限,那么执行位被设置为"s",否则执行位变为"S"。

◆ **SGID(Set – Group – ID)位**

　　SGID 为设定执行文件拥有该文件所属群组的相同存取权限。SGID 的工作方式同 SUID 类似。

　　命令语法:

　　chmod 2xxx file – list

　　chmod g + s file – list

◆ **Sticky 位**

　　Sticky 固定位为特殊的文件权限,它让文件只有它的所有者或超级用户才能去移动这个文件或删除这个文件。我们可以使用 chmod 1xxx 指令,就可以加入这个 Sticky 固定位。或者我们也可以使用 chmod +t 文件或目录来加入这个 sticky 固定位。

　　命令语法:

　　chmod 1xxx file – list

　　chmod +t file – list

例:下面的命令将 sample 文件设置为 Sticky 固定位,sample 的文件权限变成 rwxrwxr – t,这表示只有 root 超级使用者可以移动 sample 这个文件,而 sample 也将固定在这个目录中。

```
$ ls -l sample
-rwxr-x-wx    1 root    root      13  4月  3 19:19 sample
$ chmod 1775 sample
$ ls -l sample
-rwxrwxr-t    1 root    root      13  4月  3 19:19 sample
```

24. 硬链接

硬链接(hard link)就是指向文件的索引节点(inode)。使用 ln 命令为一个文件创建链接。

命令语法：

ln [options] existing-file new-file

ln [options] existing-file-list directory

功能：在第一种格式中，"existing-file"为要建立链接的文件的路径名，"new-file"为新链接文件的路径名。在第二种格式中，"existing-file-list"为要创建链接的普通文件的路径名列表。工具 ln 将在"directory"目录下创建新的链接，文件名与"existing-file-list"中的相同。

常用选项：

-b 若新链接文件已存在，则强制链接(带-f选项)，在删除文件前先备份。

-f 不管"new-file"存在与否，都创建链接。

-i 询问是否覆盖文件。

-n 如果"new-file"已存在，不创建链接。

-s 为"existing-file-list"创建一个符号链接，并命名为"new-file"。

不带任何选项的 ln 命令将为文件创建一个硬链接，前提条件是执行 ln 命令的用户在指向该文件(文件名是路径名的最后一个组成部分)的路径名所包含的所有目录中都有执行权限。

例：下面的例子说明了 ln 命令是如何在"existing-file"所在的同一目录下创建一个硬链接。本例只是示范一下如何使用 ln 命令，而并不代表实际情况中建立和使用硬链接都得那样做。

```
$ ln file1 file1.hard
```

当建立了 file1.hard 链接文件后，file1 和 file1.hard 具有相同的索引节点号，它们都是指向同一个 file1 的文件内容，因此它们的文件大小都相同。用 ls -il 命令可以显示我们目前工作目录文件的属性(包含它们的索引节点号)。

```
$ ls -il file1*
82785 -rw-r--r-- 2 root root 120 7月10 14:53 file1
82785 -rw-r--r-- 2 root root 120 7月15 9:21 file1.hard
```

上面显示的长列表中，第三个字段"2"是链接数。若删除文件 file.hard，则 file1 的链接数会变成 1。请你做一下实验，观察结果。

硬链接不可以在不同文件系统的文件间建立链接。

25. 符号链接

使用 ln 命令带-s 选项来建立符号链接(symbolic link)，从已存在的文件或目录到新的文件或目录。符号连接文件类似于 Windows 操作系统的快捷方式。

例:命令 ln -s file1 file1.soft 为 file1 文件建立一个符号连接文件(又称软链接 soft link),符号连接文件名为 file1.soft。这时它们各自有不同的文件名称和索引节点号,file1 和 file1.soft 的索引节点是不相同的。但 file1.soft 的文件内容是 file1 文件名(或路径名),大小为 5 个字节。用 ls -il 命令,可以看到有一个 file1.soft - > file1 文件,这表示文件 file1.soft 是指向文件 file1。

```
$ ln -s file1 file1.soft
$ ls -il file1 file1.soft
82785  -rw-r--r--  2 root root 120  7月10 14:53  file1
82963  lrwxrwxrwx  1 root root   5  7月15  9:30  file1.soft - >file1
```

符号链接文件可以跨越不同文件系统。符号链接没有硬链接那样的缺点和限制,也可以在目录间建立链接;符号链接指向的文件可以被任何编辑器编辑而不会产生不好的影响,只要文件路径名称不变。

26. 显示进程属性的命令

Linux 系统每一个进程都具有一些属性,包括所有者的 ID、进程名、进程 ID(PID)、进程状态、父进程的 ID、进程已执行的时间等。从用户角度来看,其中最有用的属性是 PID,很多进程控制命令用它作为参数。我们可以使用 ps 命令查看进程的这些属性。

命令语法:ps [options]

说明:Linux 的 ps 命令支持 Unix 的 System V、BSD 和 GNU 版本的选项。System V 中的选项可以组合,选项前要有"-"号;BSD 的选项也可以组合,但是前面没有"-"号;GNU 选项前要有两个"--"号。不同类型的选项可以混合。

常用选项:

(1) System V 选项

-a　　显示所有在终端上执行的进程信息,包括其他用户的进程信息。

-e/-A　　显示所有在系统中执行的进程信息。

-j　　采用作业控制格式显示所有信息(包含 Parent PID、group ID、session ID)。

-l　　长列表来显示进程的状态。

-r　　显示运行状态的进程。

-u　　显示使用者进程的信息。

-u ulist　　显示指定 ulist 用户列表中有对应的 UID 或者名称的用户的进程信息(UID 或者用户名由逗号分开)。

-t tlist　　选取列在 tlist 中的终端上的进程;如果没有 tlist,显示不带参数 ps 命令执行的结果。

-x　　显示进程的所有信息。

-f　　显示进程间的层次关系。

(2) BSD 选项

u ulist　　显示在 ulist 列表中有对应的 UID 或者名称的用户的进程信息(UID 或者用户

名由逗号分开)。

- a   显示所有终端上执行的进程信息,包括其他用户的进程信息。
- e   显示系统中所有运行的进程的信息。
- f   显示进程层次结构。
- j   采用作业控制格式显示所有信息(包括父 PID、组 ID、会话 ID 等)。
- l   用长列表来显示状态报告信息。
- p   根据进程 ID 显示对应的信息。
- t tlist   显示在 ulist 列表中有对应的 UID 或者名称的用户的进程信息;如果没有 tlist,显示不带参数 ps 命令执行的结果。
- x   以不受当前控制终端限制的方式选取进程。

可以使用 a(或者 -a)选项来显示在终端下所有进程的信息。执行如下命令,显示信息如下。

```
$ ps a
PID   TTY     STAT  TIME  CMD
1837  pts/0   S     0:02  bash
2007  pts/0   R     0:00  ps
```

命令输出多列来显示每个进程的信息。命令 ps -l 按照长列表格式显示系统中的进程信息。表 11 简要介绍命令输出中各种字段的含义。

表 11   ps -l 命令的输出中字段的含义

字段	含义
USER	进程执行者的用户名
UID	进程执行者的用户 ID
PID	进程的 ID,每一个进程都有它自己唯一的进程编号
PPID	父进程的进程 ID
VSZ	按照块计算的进程(代码+数据+栈)内存映像的大小
RSS	驻留集的大小:物理内存的大小,用 KB 字节表示
F	与进程有关的标志,它用来指示:进程是否是用户进程或者内核进程,进程为什么停止或进入休眠等
WCHAN	等待管道,对于正在执行的进程或者进程处于就绪状态并等待 CPU,该域为空,对于等待或者休眠的进程,这个域显示该进程所等待的事件,即进程等待在其上的内核函数
STAT	进程状态
TTY	进程执行时的终端
%CPU	进程占用 CPU 时间的比例
%MEM	进程占用内存的比例
START	进程开始执行的时间
TIME	到目前为止进程已经运行的时间,或者在睡眠和停止之前已经运行的时间
COMMAND	进程的名字,命令名

其中 STAT 字段为进程状态,含义如下:
D   不可中断睡眠(通常为 I/O 操作)。
N   低优先级进程。
R   可运行进程队列中的进程,等待分配 CPU。
S   处于睡眠状态进程。
T   进程被跟踪(traced)或者停止(stoped)。
Z   僵死状态的进程。
W   完全交换到磁盘上的进程。

另外,可以使用 top 命令来实时监视 CPU 的活动状态。

top 命令执行时,我们可以用各种命令与之交互。使用交互命令时,top 提示你一个或者多个与它要完成的工作有关的问题。按下 < N > 键,top 询问想要显示的进程数目;输入数字后按 < Enter > 键,top 便开始显示那么多的进程。类似的,如果想终止一个进程,按 < K > 键后 top 提示输入想要终止进程的 PID;输入后,按 < Enter >',top 便终止了该进程。在显示 CPU 活动状态时,按下 < H > 键就可以看到 top 的功能键功能。按下 < Q > 键就可以离开 top 了。

用 free 命令可以显示物理内存和 swap 分区的使用情况。和 top 命令不同的是,free 命令会在显示当前内存使用情况后退出命令,而不会像 top 命令一样持续进行监视。如果希望持续监视系统内存使用情况,可以用参数" – s 间隔秒"。例如命令 free – s 10,每 10 秒检查一次内存使用情况。

27. kill 命令

当我们要终止指定的程序或进程时,我们可以按 < Ctrl > + < C > 来终止一个前台进程,也可以使用 kill 命令终止指定编号进程。

kill 命令是通过向指定进程发送信号,操作系统根据信号来实现对指定进程如何操作,信号是进程之间的一种通信机制。进程接收到信号后,可以采取以下三种行为之一:
- 接受 Linux 内核规定的默认动作;
- 忽略该信号;
- 截获该信号并且执行用户定义的动作。

对于大多数信号,缺省的动作将导致进程终止。有关信号帮助信息可以运行 man -2 signal 命令来查看它的联机帮助手册。kill 命令的语法如下:

```
kill [ -signal_number] proc-list
kill -l
```

功能:发送"signal_number"信号到 PID 的进程或者 jobID(作业号)的进程;jobID 必须以"%"号开始。命令 kill -l 返回所有信号的号码以及名字的列表。

常用的信号:
1   挂断(退出系统)
2   中断(< Ctrl > + < C >)

3　退出(<Ctrl> + <\>)
9　强制终止
15　终止进程(默认的信号)

对忽略 15 号信号或者其他信号的进程,需要使用 9 号信号,即强制终止信号,发送给该进程。kill 命令能够终止 PID 在 PID – list 中的进程,只要这些进程属于使用 kill 命令的用户。

例:下面的第一个命令为强制撤销进程 PID 为 795 的进程,第二个命令为强制撤销作业号为 3 的进程。

```
$ kill -9 795
$ kill -9 %3
```

28. 进程和作业控制命令

前台和后台执行命令的语法如下所示。注意命令和 & 之间不需要空格。有时为了清楚起见,可以使用空格。

命令语法:
command　　　(在前台执行)
command&　　(在后台执行)

命令 find / – name file1-print > file1.p 2 >/dev/null,它搜索整个文件系统,寻找一个名为 file1 的文件,并把该文件所在目录的名称存到文件 file.p 中;错误的信息存放到文件/dev/null,也就是 Linux "黑洞" 中。这个命令要花费较多的时间,它与文件系统的大小、用户登录数目表现出的系统负荷以及系统中运行的进程数目有关。所以,如果想在该命令执行过程中做其他工作,则不能这样执行,因为该命令是在前台执行。

find 命令最适合在后台执行。在它执行的时候,可以做其他工作。前面的命令应该按下面的方式来执行。

```
$ find / -name file1-print > file.p 2 >/dev/null &
[1] 755
```

在 shell 返回信息中,方括号中的数字是该进程的作业号(job number);另外一个数字是进程 PID。这里,find 命令的作业号是 1,其 PID 为 755。作业是一个不运行于前台的进程,并且只能在关联的终端上。这样的进程通常在后台执行或者成为被挂起的进程。

有许多工作都需要花费很多时间来执行,因此放到后台是比较好的。例如:sort 命令、gcc 命令、make 命令、find 命令等。可以使用 fg 命令把后台的进程移到前台执行。

命令语法:fg [%jobID]
功能:把作业号为 jobID 后台进程转到前台执行。
常用参数:
%或者% +　　当前的作业。
% -　　　　前一个作业。
%N　　　　作业号为 N。

%Name　　　　作业的开头名字为 Name。

%?Name　　　命令中含有 Name 的作业。

执行 fg 命令时,如没有带 jobID 参数,它将把当前作业转到前台。任何特定时间使用 CPU 的作业被称为当前作业。

当在前台运行命令的时候,为了能够返回 shell 提示符,需要挂起这个进程,在 shell 完成一些工作后又返回到被挂起的进程。可以使用 <Ctrl> + <Z> 挂起一个前台进程。使用命令 fg 把一个被挂起的进程转到前台;使用 bg 命令把被挂起的进程转到后台。

bg 命令的语法和 fg 命令的语法非常相像。

命令语法:bg [%jobID]

功能:恢复执行作业号在 jobID 中给出的那些被挂起的进程或作业。

常用参数:

%或者% +　　当前的作业。

% -　　　　　前一个作业。

%N　　　　　作业号为 N。

%Name　　　 作业的开头名字为 Name。

%?Name　　　命令中含有 Name 作业。

我们使用 jobs 命令显示所有挂起的和后台进程的作业号,确定哪一个是当前的进程。在 jobs 命令的输出里,当前进程前面有一个" + "标志,而其他进程通常前面加一个" - "来标志。

命令语法:jobs [option] [%jobID]

功能:显示所有在 jobID 中指明的被挂起的和后台进程的状态;如果没有列表,则显示当前进程的状态。可选参数"jobID"可以是以"%"符号开头,以空格符分隔的一串作业号。

常用选项: -l　显示该作业的 PID。

29. 命令行中使用操作符

◆ 命令的顺序和并发执行

在一个命令行中输入多个命令来顺序或者并发执行它们。下面给出同一命令行中多个命令顺序执行的命令描述。

命令语法:command1;command2;command3;…;commandN

例:date;echo "hello linux";who;

上面例子中,用分号作为各个命令的分隔符。第一个是输入 date 命令,第二个是输入 echo 命令,第三个是输入 who 命令。它们会顺序地先从 date 执行,执行完再执行 echo 命令,最后才会执行 who 命令。

我们可以在每一个命令后面加上一个"&"符号来使同一命令行中的命令并发执行。以"&"结尾的命令也会在后台执行。"&"符号前后都不必加空格,为了清楚,也可以加上。

命令语法:command1& command2& command3& …& commandN&

例:date & echo "hello linux"& uname;who

上面例子中，date 和 echo 命令并发执行，然后顺序执行 uname 和 who 命令。date 和 echo 命令在后台执行，而 uname 和 who 命令在前台执行。

◆ 命令行中 AND 操作

AND 操作允许我们按照这样的方式执行一系列命令：只有在前面所有的命令都执行成功的情况下才执行后一条命令。

命令语法：command1 && command2 && command3 && …&& commandN

从左开始顺序执行每条命令，如果一条命令返回的是 true，它右边的下一条命令才能够执行。如此继续直到有一条命令返回 false，或者所有命令都执行完毕。&& 的作用是检查前一条命令的返回值。AND 操作在编写 shell 脚本程序中经常用到。

例：在下面的例子中，先执行 ls sample，检查文件 sample 是否存在。如果 sample 存在，那么就执行 rm sample，即删除 sample 文件。如果 sample 文件不存在，那么 rm sample 命令就不执行了。如果删除文件 sample 成功，则显示"sample 文件已被删除"信息。

$ ls sample && rm sample && echo "sample 文件已被删除"

◆ 命令行中 OR 操作

OR 操作允许我们持续执行一系列命令直到有一条命令成功为止，其后的命令将不再被执行。它的语法是：

命令语法：command1 || command2 || command3 || … || commandN

从左开始顺序执行每条命令。如果一条命令返回的是 false，那么它右边的下一条命令才能够被执行。如此循环直到有一条命令返回 true，或者列表中的所有命令都执行完毕。OR 操作在编写 shell 脚本程序中经常用到。

|| 操作和 && 操作很相似，只是继续执行下一条命令的条件现在变为其前一条语句必须执行失败。

例：在下面的例子中，先执行 ls sample，检查文件 sample 是否存在。如果 sample 不存在，那么就执行 touch sample，即创建 sample 文件。如果 sample 文件存在，那么 touch sample 命令就不执行了。如果创建空文件 sample 成功，则显示"文件 sample 已被创建"。

$ ls sample || touch sample && echo "文件 sample 已被创建"

30. 输入重定向

输入重定向用小于符号"<"来表示。它用来断开键盘和"命令"的标准输入之间的关联，然后将输入文件关联到标准输入。这样，如果命令从标准输入中读取输入，这个输入就是来自输入文件，而不是键盘。

命令语法：command < filename

功能：command 命令的输入来自于 filename 文件。

例：我们可以使用 mysql data < data.sql 来将 data.sql 的数据输入到 mysql 的 data 数据库中。

$ mysql data < data.sql

31. 输出重定向

我们可以使用"命令 > 输出文件",将命令产生的数据输出到输出文件中。大于" > "的符号为输出的符号。

命令语法: command > filename

功能:command 命令输出的内容送到文件 filename 中,而不是送到显示器中。

例:下面的命令将 create.c 的数据输出到 output.c,该命令等价于复制 create.c 文件,新的文件名为 output.c,即 cp create output 命令。

    $ cat create.c > output.c

重定向可能覆盖文件。在重定向命令执行前,如果该文件已存在,那么,shell 将重写,覆盖原来文件的内容。若不想这样,你可以使用"〉〉"符号,把命令输出添加到该文件末尾。例如在命令 cat create.c > output.c 执行前,output.c 文件已存在,可以使用 cat create.c〉〉output.c 命令,该命令不覆盖 output.c 文件,而是把 cat 命令的输出内容添加在 output.c 文件末尾。

为避免文件被覆盖,在 bash 中,我们可以用带有 –o 选项的 set 命令来设定 noclobber 参数,如下所示。

    $ set -o noclobber

当然,如果要永久设定这个选项,将这条命令放在文件 ~/.profile 中。

当设定了 noclobber 选项后,若重定向输出到某个已存在的文件,则 shell 将报告错误信息。可以用 >| 操作符强制覆盖一个文件,如下面的命令:cat memo letter >| stuff。

可以执行命令 set +o noclobber 来允许覆盖文件。

32. 使用文件描述符实现输入和输出重定向

Linux 的内核为每个已打开的文件赋予一个整数,称为文件描述符。标准输入、标准输出、标准出错的文件描述符分别是 0、1、2。bash 和 POSIX shell 允许用户打开文件并且将文件描述符关联到它们身上,而 TC shell 却不允许使用文件描述符。其他文件描述符通常情况下是从 3 到 19,称为用户定义的文件描述符。

通过使用文件描述符,在 bash 和 POSIX shell 中标准输入和标准输出能够分别用 0 <、1 > 和 2 > 操作符来重定向。因此 cat 1 > outfile 与 cat > outfile 是等价的。同样,ls –l foo 1 > outfile 与 ls –l foo > outfile 是等价的。

文件描述符 0 能够作为" < "操作符的前缀,显式地指出从一个文件重定向输入。

使用 2 > 操作符,在执行命令时,若有错误,则被重定向。

例:在下面所示的命令中,在执行 grep 命令中若有错误,则把错误输出到 output.error 文件中。

    $ grep "Joson" students 2 >ouput.error

我们可以把小于 < 符号和大于 > 符号用在同一条命令中,实现更复杂的功能。
命令语法:

```
command < input-file > output-file
command > output-file < input-file
```

例:下面例子中,cat 命令的输入来自于 create.c 文件,同时 cat 命令再将数据输出到 stdout.c 的文件中。

```
$ cat < create.c > stdout.c
```

例:下面的例子中,cat 命令的输入来自文件 ch1、ch2、ch3,它的输出内容送到了文件 ch.out 中,出错信息送到了文件 ch.error 中。如果这三个文件中的某一个不存在,或者用户对某一个没有读的权限,这条命令就会产生错误信息。

```
$ cat ch1 ch2 ch3 1 > ch.out  2 > ch.error
```

可以用一条命令实现重定向标准输入、标准输出和标准出错。

例:下面的 sort 命令,将一个名为 students 的文件中的各行进行排序,并且将排序好的内容输出到 students.sort。如果由于 students 文件不存在而造成 sort 命令不能执行,错误信息被送到显示器,而不是文件 sort.error。原因在于当 shell 判断文件 students 不存在的时候,标准错误依然关联到控制台上。

```
$ sort 0 < students 1 > students.sort 2 > sort.error
```

在下面的命令中,如果文件 students 不存在,错误信息将送到文件 sort.error。原因在于错误重定向已经在 shell 判断文件 students 不存在之前完成了。

```
$ sort 2 > sort.error 0 < students 1 > students.sort
```

前面这个例子原因在于,在 shell 命令行的解析中,重定向操作按照从左到右的顺序进行。

复制文件描述符,下面的命令将 cat 命令的标准输出和标准错误都重定向到文件 ch.out.error。

```
$ cat ch1 ch2 ch3 1 > ch.out.error 2 >&1
$ cat ch1 ch2 ch3 2 > ch.out.error 1 >&2
```

字符串 2 >&1 告诉 shell,文件描述符 2 为文件描述符 1 的副本,这样的结果是导致标准输出和标准错误输出都被重定向到文件 ch.out.error 中。字符串 1 >&2 告诉 shell,文件描述符 1 为文件描述符 2 的一个副本。

33. 管道命令

可以用管道(pipe)操作符"|"来连接进程。在 Linux 下,通过管道连接的进程可以同时运行,并且随着数据流在它们之间的传递可以自动地进行协调。

命令语法:command1 | command2 | command3 |…| commandN

功能:将命令 command1 的标准输出连接到 command2 的标准输入,command2 的标准输出连接到 command3 的标准输入，command3 的标准输出连接到……，commandN – 1 的标准输出连接到 commandN 的标准输入。

例：在命令 ls -l | more 中，命令 more 将命令 ls -l 的输出作为它的输入。这条命令的实际意义是将 ls -l 的输出分屏显示到显示器上。

    $ ls-l |more

例：下面的命令中，将 who 命令的标准输出作为 sort 命令的标准输入，sort 的标准输出作为 lpr 命令的标准输入。

    $ who -a |sort |lpr

例：假设我们想看看所有系统中运行的进程的名字，但不包括 shell 本身，可以使用下面的命令：

    $ ps -aux |sort |uniq |grep-v bash |more

这个命令首先按字母顺序排序 ps 命令的输出，再用 uniq 命令去除重复的内容，然后用 grep-v bash 命令删除名为 bash 的进程，最终将结果分屏显示在屏幕上。

34. gcc 编译器

Linux 下最常用的 C 编译器是 GNU gcc(http://gcc.gnu.org)。GNU gcc 是 Gnu/Linux 操作系统中的编译器套件，使用它能够编译 C、C++ 和 Objective C 编写的程序。gcc 是一个交叉平台的编译器，支持在不同 CPU 平台上开发基于不同体系结构硬件的软件。如同其他的编译器，gcc 可以在编译时优化执行代码，而且能够产生调试代码。

命令语法：gcc [options] filename – list

常用选项：

– ansi	以 ANSI 标准。
– c	跳过连接步骤，编译成目标(.o)文件。
– g	创建用于 gdb(GNU DeBugger)的符号表和调试信息。
– l 库文件名	连接库文件。
– m 类型	根据给定的 CPU 类型优化代码。
– o 文件名	将生成的可执行程序保存到指定文件中，而不是默认的 a.out。
– O[级别]	根据指定的级别(0~3)进行优化；数字越大，优化程度越高。如果指定级别为 0(默认)，编译器将不做任何优化。
– pg	产生供 GNU 剖析工具 gprof 使用的信息。
– S	跳过汇编和连接阶段，并保留编译产生的汇编代码(.s 文件)。
– v	产生尽可能多的输出信息。
– w	忽略警告信息。
– W	产生比默认模式更多的警告信息。

gcc 有 100 多个的编译选项。很多的 gcc 选项包括一个以上的字符，因此必须为每个选项指定各自的连字符，并且像大多数 Linux 命令一样不能在一个单独的连字符后跟一组选

项。表12列出了gcc常用的命令行选项。全部的选项可以通过Linux帮助命令man查看。

表12 gcc常用命令行选项

选 项	描 述
-o filename	指定输出文件名,如果不指定filename,缺省文件则是a.out
-c	只编译产生目标文件(.o文件)不链接
-DFOO=BAR	定义预处理宏FOO,其值为BAR
-IDIRNAME	将DIRNAME路径加到头文件搜索目录中
-LDIRNAME	将DIRNAME路径加到库文件搜索目录中
-static	静态链接库文件
-lFOO	链接名为libFOO的库文件
-g	在可执行代码中包含标准调试信息
-ggdb	在可执行代码中包含gdb特有的调试信息
-On	指定优化编译的级别n,n可以为1、2、3
-ansi	使用ANSI/ISO C的标准语法
-pedantic	允许发出ANSI/ISO C标准所列出的警告
-pedantic -error	允许发出ANSI/ISO C标准所列出的错误
-w	关闭所有警告
-Wall	允许发出gcc的所有警告
-werror	编译时将警告作为错误处理
-v	显示在编译过程中每一步用到的命令

例如,下面的两个命令是不同的:

```
gcc -p -g hello.c
gcc -pg hello.c
```

第一条命令告诉gcc编译hello.c时为prof命令建立剖析(profile)信息并且把调试信息加入到可执行的文件中;第二条命令只告诉gcc为gprof命令建立剖析信息。

例:下面gcc命令,不带任何选项,编译后生成a.out可执行文件。./a.out是运行该程序,即在当前目录下查找a.out文件。

```
$ gcc hello.c
$ ./a.out
```

例:下面gcc命令,带-o选项,编译后生成可执行文件名为hello。

```
$ gcc -o hello hello.c
```

例:可以用-c选项编译成目标文件,下面命令中,前三个gcc编译后生成目标文件fd.o、fs.o、fm.o。最后一个gcc命令,连接已编译好的目标文件,生成可执行程序文件名为fall。

```
$ gcc -c fd.c
```

```
$ gcc -c fs.c
$ gcc -c fm.c
$ gcc fd.o fs.o fm.o -o fall
```

例:在命令行上键入如下命令编译,运行这个程序:

```
$ gcc kinfo.c -o kinfo
$ ./kinfo
```

其中,kinfo 前的"./"指明执行当前目录下的程序。否则,shell 会按环境变量 PATH 所设定的路径(缺省不包括当前目录)查找命令,并提示命令 kinfo 不存在。

使用 gcc 命令对源程序 kinfo.c 进行编译连接,-o 参数指定生成的可执行文件名为 kinfo。gcc 在编译过程中可以分为预处理、编译、链接三个阶段。在预处理阶段,gcc 运行预处理程序 cpp 展开源程序中的宏,并插入#include <filename> 所包含的头文件内容;然后 gcc 将预处理后的源代码编译成与机器相关的目标代码;最后,链接程序 ld 链接目标代码创建名为 kinfo 的可执行二进制文件。程序员可以通过选项让 gcc 在编译的任何阶段结束后停止整个编译过程以检查编译器在该阶段的输出信息。比如,gcc 的 -E 选项可以使 gcc 在预处理后停止编译过程:

```
#gcc -E kinfo.c -o kinfo.cpp
```

此时打开 kinfo.cpp 会发现头文件内容和其他预处理符号已被插入到其中。

-c 选项使 gcc 停止在生成目标代码结束。如下命令将 kinfo.cpp 编译为目标代码:

```
#gcc -x cpp-output -c kinfo.cpp kinfo.o
```

其中,-x 选项告诉 gcc 从指定的步骤(即预处理输出)开始编译。

最后,使用 -o 链接目标文件生成二进制代码:

```
#gcc kinfo.o -o kinfo
```

35. make 工具

Linux 有个很强大的工具 make,它可以管理多个模块。make 工具提供灵活的机制来建立大型的软件项目。make 工具依赖于一个特殊的、名字为 makefile 或 Makefile 的文件,这个文件描述了系统中各个模块之间的依赖关系。系统中部分文件改变时,make 根据这些关系决定一个需要重新编译的文件的最小集合。如果我们的软件包括几十个源文件和多个可执行文件,这时 make 工具特别有用。

命令语法:

make [选项][目标][宏定义]

常用选项:

- -d   显示调试信息。
- -f 文件 此选项告诉 make 使用指定文件作为依赖关系文件,而不是默认的 makefile 或 Makefile,如果指定的文件名是"-",那么 make 将从标准输入读入依赖关系。

-n　　　　不执行 makefile 中的命令,只是显示输出这些命令。
-s　　　　执行但不显示任何信息。

◆ **make 规则**

GNU make 的主要功能是读进一个文本文件 makefile,并根据 makefile 的内容执行一系列的工作。makefile 的默认文件名为 GNUmakefile、makefile 或 Makefile,当然也可以在 make 的命令行中指定别的文件名。如果不特别指定,make 命令在执行时将按顺序查找默认的 makefile 文件。多数 Linux 程序员使用第三种文件名 Makefile。因为第一个字母是大写,通常被列在一个目录的文件列表的最前面。

Makefile 是一个文本形式的数据库文件,其中包含一些规则来告诉 make 处理哪些文件以及如何处理这些文件。这些规则主要是描述哪些文件(称为 target 目标文件,不要和编译时产生的目标文件相混淆)是从哪些别的文件(称为 dependency 依赖文件)中产生的,以及用什么命令(command)来执行这个过程。

依靠这些信息,make 会对磁盘上的文件进行检查,如果目标文件的生成或被改动时的时间(称为该文件时间戳)至少比它的一个依赖文件还旧的话,make 就执行相应的命令,以更新目标文件。目标文件不一定是最后的可执行文件,可以是任何一个中间文件并可以作为其他目标文件的依赖文件。

一个 Makefile 文件主要含有一系列的 make 规则,每条 make 规则包含以下内容:

目标文件列表:依赖文件列表。
<TAB>命令列表。

目标(target)文件列表:即 make 最终需要创建的文件,中间用空格隔开,如可执行文件和目标文件;目标也可以是要执行的动作,如"clean"。

依赖文件(dependency)列表:通常是编译目标文件所需要的其他文件。

命令(command)列表:是 make 执行的动作,通常是把指定的相关文件编译成目标文件的编译命令,每个命令占一行,且每个命令行的起始字符必须为 TAB 字符。

除非特别指定,否则 make 的工作目录就是当前目录。target 是需要创建的二进制文件或目标文件,dependency 是在创建 target 时需要用到的一个或多个文件的列表,命令序列是创建 target 文件所需要执行的步骤,比如编译命令。

例:有以下的 Makefile 文件:

```
$ cat Makefile
```

一个简单的 Makefile 的例子,以#开头的为注释行。

```
test: prog.o code.o
        gcc -o test prog.o code.o
prog.o: prog.c prog.h code.h
        gcc -c prog.c -o prog.o
code.o: code.c code.h
        gcc -c code.c -o code.o
clean:
        rm -f *.o
```

上面的 Makefile 文件中共定义了 4 个目标：test、prog.o、code.o 和 clean。目标从每行的最左边开始写，后面跟一个冒号"："，如果有与这个目标有依赖性的其他目标或文件，把它们列在冒号后面，并以空格隔开。然后另起一行开始写实现这个目标的一组命令。在 Makefile 中，可使用续行号"\"将一个单独的命令行延续成几行。但要注意在续行号"\"后面不能跟任何字符(包括空格键)。

一般情况下，调用 make 命令可输入：

`$ make target`

target 是 Makefile 文件中定义的目标之一，如果省略 target，make 就将生成 Makefile 文件中定义的第一个目标。对于上面 Makefile 的例子，单独的一个"make"命令等价于：

`$ make test`

test 是 Makefile 文件中定义的第一个目标，make 首先将其读入，然后从第一行开始执行，把第一个目标 test 作为它的最终目标，所有后面的目标的更新都会影响到 test 的更新。第一条规则说明只要文件 test 的时间戳比文件 prog.o 或 code.o 中的任何一个旧，下一行的编译命令将会被执行。

在检查文件 prog.o 和 code.o 的时间戳之前，make 会在下面的行中寻找以 prog.o 和 code.o 为目标的规则，在第三行中找到了关于 prog.o 的规则，该文件的依赖文件是 prog.c、prog.h 和 code.h。同样，make 会在后面的规则行中继续查找这些依赖文件的规则，如果找不到，则开始检查这些依赖文件的时间戳，如果这些文件中任何一个的时间戳比 prog.o 的新，make 将执行"gcc-c prog.c-o prog.o"命令，更新 prog.o 文件。

以同样的方法，接下来对文件 code.o 做类似的检查，依赖文件是 code.c 和 code.h。当 make 执行完所有这些嵌套的规则后，make 将处理最顶层的 test 规则。如果关于 prog.o 和 code.o 的两个规则中的任何一个被执行，至少其中一个 .o 目标文件会比 test 新，那么就要执行 test 规则中的命令，因此 make 去执行 gcc 命令将 prog.o 和 code.o 连接成目标文件 test。

在上面 Makefile 的例子中，还定义了一个目标 clean，它是 Makefile 中常用的一种专用目标，即删除所有的目标模块。

◆ **Makefile 中的变量**

Makefile 中的变量就像一个环境变量。事实上，环境变量在 make 中也被解释成 make 的变量。这些变量对大小写敏感，一般使用大写字母。

Makefile 中的变量是用一个字符串在 Makefile 中定义的，这个字符串就是变量的值。只要在一行的开始写下这个变量的名字，后面跟一个"="号，以及要设定这个变量的值即可定义变量，下面是定义变量的语法：

`VARNAME = string`

引用变量时，把变量用花括号括起来，并在前面加上 $ 符号，就可以引用变量的值：

`${VARNAME}`

make 解释规则时，VARNAME 在等式右端展开为定义它的字符串。变量一般都在

Makefile 的前面部分定义。按照惯例,所有的 Makefile 变量都应该是大写。如果变量的值发生变化,就只需要在一个地方修改,从而简化了 Makefile 的维护。

现在利用变量把前面的 Makefile 重写一遍:

```
OBJS = prog.o code.o
CC = gcc
test: ${OBJS}
        ${CC} -o test ${OBJS}
prog.o: prog.c prog.h code.h
        ${CC} -c prog.c -o prog.o
code.o: code.c code.h
        ${CC} -c code.c -o code.o
clean:
        rm -f *.o
```

除用户自定义的变量外,make 还允许使用环境变量、自动变量和预定义变量。使用环境变量的方法很简单,在 make 启动时,make 读取系统当前已定义的环境变量,并且创建与之同名同值的变量,因此用户可以像在 shell 中一样在 Makefile 中方便地引用环境变量。需要注意的是,如果用户在 Makefile 中定义了同名的变量,用户自定义变量将覆盖同名的环境变量。此外,Makefile 中还有一些预定义变量和自动变量,但是看起来并不像自定义变量那样直观,如表 13 所示。

表 13 make 工具的一些常用预定义变量

预定义变量	含　义
$@	当前目标文件的名字,如应用于创建库文件时,它的值就是库文件名
$?	比当前目标文件新的依赖文件(即当前目标文件所依赖的那些文件)列表
$<	比当前目标文件新的第一个依赖文件
$^	用空格隔开的所有依赖文件(重复出现的文件名只保留一个)

在上面的例子中,可以简化为:

```
OBJS = prog.o code.o
CC = gcc
test: ${OBJS}
        ${CC} -o $@ $^
prog.o: prog.c prog.h code.h
code.o: code.c code.h
clean:
        rm -f *.o
```

参考文献

[1] Syed Mansoor Sarwar,等. 李善平,等译. Linux 教程. 北京:清华大学出版社, 2005

[2] 李善平,季江民,尹康凯. 边干边学 – Linux 内核指导. 杭州:浙江大学出版社, 2008

[3] Daniel P. Bovet, Marco Cesati. Understanding The Linux Kernel(开源电子书), 3rd Edition. 2005

[4] Robert Love . Linux Kernel Development(开源电子书), 2nd Edition. 2005

[5] Learning about Linux Processes.

http://linuxgazette.net/133/saha.html

[6] Do You Volatile? Should You?

http://www.kcomputing.com/volatile.html

[7] Linux 2.6.16.

http://kernelnewbies.org/Linux_2_6_16

[8] Kernel threads made easy.

http://lwn.net/Articles/65178/

[9] Linus on process and thread.

http://evanjones.ca/software/threading-linus-msg.html

[10] LinuxThreads.

http://pauillac.inria.fr/~xleroy/linuxthreads/

[11] Linux 线程实现机制分析.

http://www-128.ibm.com/developerworks/cn/linux/kernel/l-thread/

[12] 线程的基本概念.

http://www.dqwoo.com/article.asp?id=82

[13] Linux 线程模型的比较:LinuxThreads 和 NPTL.

http://www.ibm.com/developerworks/cn/linux/l-threading.html

http://www.linuxforum.net/forum/showflat.php?Cat=&Board=linuxK&Number=214284&page=73&view=collapsed&sb=5&o=all

[14] NPTL.

http://kerneltrap.org/node/422

http://people.redhat.com/drepper/nptl-design.pdf

[15] Implementing a Thread Library on Linux.

http://evanjones.ca/software/threading.html

[16] GNU Pth.

http://www.gnu.org/brave-gnu-world/issue-7.en.html
http://www.gnu.org/software/pth/

[17] Linux 内核 procfs 文件系统指南.
http://linux-security.cn/ebooks/procfs/Linux%20Kernel%20Procfs%20Guide.htm
http://kernel.org/doc/htmldocs/procfs-guide/index.html

[18] Linux procfs 介绍.
http://en.wikipedia.org/wiki/Procfs

[19] The Linux /proc Filesystem as a Programmers' Tool.
http://www.linuxjournal.com/article/8381

[20] RedHat Guide: The /proc File System.
http://www.redhat.com/docs/manuals/linux/RHL-7.3-Manual/ref-guide/ch-proc.html

[21] Understanding the Proc File System.
http://www.linuxfocus.org/English/January2004/article324.shtml

[22] /proc 文件系统详细介绍.
http://www.haiyang8.com/info/252/255/2007/200707036158.html

[23] Driver porting: The seq_file interface.
http://lwn.net/Articles/22355/

[24] Linux kernel seq_file HOWTO.
http://kernelnewbies.org/Documents/SeqFileHowTo

[25] seq_file 编程接口介绍.
http://lwn.net/Articles/22355/
http://lkml.org/lkml/2007/7/23/381

[26] Filesystem Hierarchy Standard.
http://www.pathname.com/fhs/

[27] fs porting from 2.4 to 2.6.
http://kerneltrap.org/node/16

[28] Creating Linux virtual filesystems.
http://lwn.net/Articles/13325/

[29] Porting device drivers to the 2.6 kernel.
http://lwn.net/Articles/driver-porting/

[30] 解析 Linux 中的 VFS 文件系统机制.
http://www.ibm.com/developerworks/cn/linux/l-vfs/index.html

[31] File System Primer.
http://wiki.novell.com/index.php/File_System_Primer

[32] File systems.
http://www.nondot.org/sabre/os/articles/FileSystems/

[33] Second Extended File System. http://www.nongnu.org/ext2-doc/

[34] Design and Implementation of the Second Extended Filesystem.
http://e2fsprogs.sourceforge.net/ext2intro.html

[35] 从文件 I/O 看 Linux 的虚拟文件系统.
http://www.ibm.com/developerworks/cn/linux/l-cn-vfs/
[36] Linux 2.6.11 内核文件 IO 系统调用详解.
http://linux.ccidnet.com/art/741/20070404/1052621_1.html
[37] Linux 2.6.17.9 内核文件系统调用详解.
http://bbs.driverdevelop.com/simple/index.php?t101742.html